「もの」はどのように つくられているのか？
改訂版

プロダクトデザインのプロセス事典

Chris Lefteri 著
田中浩也 監訳　水原文 訳

© Text 2019 Chris Lefteri and Central Saint Martins College of Art & Design
© 2024 O'Reilly Japan, Inc. Authorized translation of the English edition.

Japanese translation rights arranged with Hachette UK Limited through Japan UNI Agency, Inc., Tokyo

本書の原書「Making It, 3rd Edition」は、最初にLaurence King Publishing Ltd.によって英語版が出版されました。
本書は、株式会社オライリー・ジャパンがHachette UK Limitedとの許諾に基づき、翻訳したものです。
日本語版の権利は株式会社オライリー・ジャパンが保有します。

本書の内容について、株式会社オライリー・ジャパンは最大限の努力をもって正確を期していますが、
本書の内容に基づく運用結果については、責任を負いかねますので、ご了承ください。

本書で使用する製品名は、それぞれ各社の商標、または登録商標です。
なお、本文中では、一部のTM、®、©マークは省略しています。

Making It
3rd Edition

Manufacturing Techniques
for Product Design

Laurence King Publishing

目次
Contents

009 序文 ──「ものの読み書き」に向けて
（田中浩也）

012 はじめに

016 プロセスの比較

1. 固体の切断

024 マシニング加工

027 コンピュータ数値制御（CNC）切削加工

030 電子ビーム切断（EBM）

032 ろくろ加工

035 ジガリングおよびジョリイング

039 プラズマアーク切断

2. シート

044 ケミカルミリング ［別名］フォトエッチング

046 型抜き加工

048 ウォータージェット切断
［別名］水圧マシニング加工

050 ワイヤ放電加工（EDM）および切断

052 レーザー切断

054 酸素アセチレン切断
［別名］酸素切断、ガス溶接、またはガス切断

056 板金加工

058 ガラス曲げ加工

060 電磁的鋼鉄加工

062 金属スピニング加工

065 金属切削加工

067 Industrial Origami®

070 熱成形

073 爆発成形 ［別名］高エネルギー速度成形

076 アルミニウムのスーパーフォーミング

079 自由内圧成形鋼鉄

082 金属注気加工

084 合板曲げ加工

087 合板深絞り立体成形

090 合板プレス加工

3. 連続体 092

094 カレンダー加工
096 吹込みフィルム
098 Exjection®
100 押出成形
103 引抜成形
106 Pulshaping™
108 ロール成形
110 ロータリースウェージング
　　 [別名] ラジアル成形
112 事前成形織込み
116 ベニヤ単板切削

4. 薄肉・中空 118

120 手吹きガラス
122 ガラス管ランプワーク加工
124 吹きガラスと中空成形
128 ガラスプレスと中空成形
131 プラスチック中空成形
133 射出中空成形
136 押出中空成形
138 ディップ成形
141 回転成形 [別名] ロト成形および回転鋳造
144 スリップキャスティング
147 金属の油圧成形
150 後方衝撃押出成形 [別名] 間接押出成形
153 パルプ成形
156 接触圧成形
158 真空含浸プロセス（VIP）
160 オートクレーブ成形
162 フィラメントワインディング
165 遠心鋳造
168 電気鋳造

5. 固化

170

172	焼結
174	ホットアイソスタティック成形（HIP）
176	コールドアイソスタティック成形（CIP）
178	圧縮成形
180	トランスファー成形
182	発泡注入成形
185	ベニヤ板外殻への発泡注入成形
188	木材注気加工
191	鍛造
194	粉末鍛造［別名］焼結鍛造
196	精密鋳込プロトタイピング（pcPRO®）

6. 複雑

192

200	射出成形
203	反応射出成形（RIM）
205	ガス利用射出成形
207	MuCell® 射出成形
210	インサート成形
213	マルチショット射出成形
216	加飾成形
218	積層加飾成形
220	金属射出成形（MIM）
223	高圧ダイカスト
226	セラミック射出成形（CIM）

228	インベストメント鋳造 ［別名］ロストワックス鋳造
232	砂型鋳造
235	ガラスのプレス加工
238	加圧スリップキャスティング
240	粘性塑性加工（VPP）

7. 多様なデジタル・ファブリケーション

242

244	インクジェット印刷
246	紙ベースのラピッドプロトタイピング
248	コンタークラフティング
250	ステレオリソグラフィ（SLA）
254	微小金型の電気鋳造
256	選択的レーザー焼結（SLS）
259	フィラメントワインディングの Smart Mandrels™
261	漸進的板金加工
264	3D ニッティング
266	デジタル光合成
268	熱溶融積層方式（FDM）
270	マルチジェットフュージョン
272	マルチジェットプリンティング ［別名］ポリジェット、フォトポリマー
274	高速液体プリンティング

8. 仕上げテクニック

〈装飾的〉

278 昇華型印刷

278 真空蒸着

279 フロック加工

279 酸エッチング

280 レーザー彫刻

280 スクリーン印刷

281 電解研磨

281 タンポ印刷

282 スエード皮膜

282 箔押し

283 オーバーモールディング

283 サンドブラスト加工

〈機能的〉

284 i-SDシステム

284 加飾成形（フィルムインサート成形）

285 自己修復性皮膜

285 撥水性皮膜

286 セラミック皮膜

286 粉体塗装

287 リン酸塩皮膜処理

287 溶射

288 表面硬化

288 高温塗装

289 厚膜蒸着

289 保護皮膜

290 ショットピーニング

290 プラズマアーク溶射

291 亜鉛めっき

291 バリ取り

292 化学研磨 [別名] 電解研磨

292 蒸気メタライジング

293 デカール印刷

293 ピクリング（酸洗い）

294 付着防止皮膜（有機）

294 付着防止皮膜（無機）

〈装飾的・機能的〉

295 クロムめっき

295 陽極酸化処理

296 収縮包装

296 ディップコーティング

297 釉薬がけ

297 ほうろうがけ

298 9. 接合

312	用語解説
316	索引

300 接合の手法

302 メタルクラッディング

302 UV接着

303 高周波溶着

303 超音波溶着

304 スポット溶接

304 ガス溶接

305 アーク溶接

305 TIG溶接

306 ハンダ付け

306 線形および回転摩擦接合

307 プラズマ表面処理

307 プラスチックと金属のナノ接合

308 レーザー溶着・溶接

308 熱可塑性プラスチックの溶着

309 摩擦攪拌接合

309 摩擦スポット接合

310 テキスタイルの接合手法

311 接着

311 組立

序文——「ものの読み書き」に向けて

田中 浩也

　この本を手に取られたあなたはいま、印刷された文字を眼で追い、情報として読み取っていることだろう。情報は神経を介して脳へと伝わり、言語として処理され理解へと到達している。

　しかし同時にまた、眼だけでなく、あなたの指もこの本のどこかに物理的に触れているはずだ。もしかすると両手で本の重さ全体を支えているかもしれない。本は、文字情報を運ぶ媒体であるが、同時にこれ自体が「もの＝物体」、すなわち「大量生産プロダクト」でもある。ちなみに、それは電子書籍になったとしても変わらない。あなたがスクリーン上の文字を読むために触れているPCや端末は、大量生産プロダクト（工業製品）に他ならないからだ。

　では一旦本を閉じて、机の上へと眼を移してみよう。私の家の場合、ガラスのジョッキ、陶器の花瓶、布の財布、プラスチックの文具立て、金属の鍵、ラップトップ・コンピュータなどが乱雑に散らかっているリビングの風景が飛び込んでくる。それらを乗せている机は木製だ。これらはすべて、多種多様な素材・材料が加工されてつくりだされた、大量生産の日用品である。しかしここでちょっと冷静に考えてみたい。それらひとつひとつが「どのようにつくられてきたものなのか」把握できているだろうか？　すぐに説明できるだろうか？　こどもから質問されたら、答えられるかどうか自信がない気がするのではないか。そう、わたしたちは、たくさんの「もの」に囲まれて毎日を過ごしており、その「機能」を日々利用してはいる一方、肝心の「つくられかた」――ものの来歴は、ブラックボックスのままにしてきてしまったのである。

　現在の情報化社会では、「文字の読み書き」の量と速度が圧倒的に増えた。しかしその半面、「ものの読み書き」の経験があまりにも少なくなっている、と感じるのは私だけだろうか？　本書は、従来ならば「ものをつくること」を専門に学びたいと考える美大や芸大、あるいは高専のテキストブックとして読まれるべきものだったのだろう。しかし現在のような状況では、本書の読者はもはやそうした層だけとは限らない。自分たちの身のまわりにある、当たり前のものたちが、どのようにしてつくられてきたのかを、改めて知りたい、分かりたいと思う「すべての人たち」に対して、本書は開かれているのである。

それを駆動するのは純粋な知的好奇心だけで十分だ。ガラスのジョッキ、陶器の花瓶、布の財布、プラスチックの文房具立て、木の箱、金属の鍵、ラップトップ・コンピュータのそれぞれを、把握し、納得し、説明し、そして身のまわりを理解して、日常を再定義すること。それはまるで「謎解き」に近い楽しい読解の経験なのである。これが「ものの読み書き」のうち、「読み」に相当するリテラシーとなる。

　さて、ものを「読んだ」後には、「書く」ことがやってくる。実際につくってみるのだ。いま、Make:やFabLab、ハッカソンやメイカソンといった活動が広がり、ウェブサービス、ソフトウェア、そしてハードウェアの領域で自分たちなりの面白いものを自分たちの手でつくろうとする人が徐々に増えてきている。ホームセンターで木を買ってきて、かなづちと釘で打ち付ける「日曜大工」、布と糸を買ってきてミシンで縫いつけてコスプレの服などをつくる「手芸」、LEDやスピーカーで回路をつくる「電子工作」の文化は相互に融合し、新たな局面を迎えつつある。こうしたものづくりの知識は、それ自体を楽しむ愛好者たちによってネット上で広められ、オープンかつシェアの文化がそれを後押しする。パーソナル（ソーシャル）ファブリケーションのムーブメントは、こうしてわたしたちの社会に着実に根を張りつつある。

　しかしまだ意外とブラックボックスのままにされてきたのが、素材や材料の「加工」や「成型」の知識であった。ネット上にもまだこうした情報は出てきていない。その一因は、プロセスに特殊な機械が使われており、それらはもっぱら工場の中にあって一般に見ることができなかったことにあるだろう。そんな状況下において、本書は、分かりやすい図解と、プロセスの結果である代表的なプロダクトの紹介を通じて、「加工」や「成型」についての網羅的な説明を届けてくれる最良の教科書である。一番の特徴は、プロセスに含まれる創意工夫の「愉しさ」を伝えてくれる魅力的なページ構成だ。まるで仮想の工場見学のように、現場へと誘ってくれる。私も、自分のスキルを鍛え直そうと、さまざまなジャンルのもののつくりかたを復習していた数年前に、この本（原著）に出会い、貪るように読んだ思い出がある。カラーの写真も、本の厚みも、なんだか久しぶりに「教科書らしい教科書」の典型に思えて、持っているだけでワクワクした。だから、日々かばんに入れて携帯していたものだ。いま、その日本語版が出版されることは、素直にうれしい。

大量生産の真の現場は、工場である。映画のメイキング映像のように、プロダクトの裏に隠された「プロセス」を知ることができれば、わたしたちのものの世界に急に奥行きが生まれ、視野が豊かになる。身のまわりのあらゆるものが、まるで「教科書」のように見え、ものをつくっている工房や工場はまるで「学校」のように思えてくるのだ。本書は、そうした「文字」だけではない、「もの」の世界への一歩を踏み出すための、副読書である。一読して、ウズウズする気持ちが止められなくなったとしたら、いま自分の住んでいる地域のどこにどんな工場があるのか、調べてみるのがよいのではないだろうか？　早速、そこにアクセスしてみたらどうだろう？　情報だけでは決して得ることのできない、身体性の宿った生の経験が、情報化時代の突破口としてわたしたちを待っていてくれるように思えるのだ。

（改訂版にあたっての付記）

　初版からおよそ10年が過ぎた改訂版では、2つの大きな改訂が行われている。ひとつは7章に、特長ある3Dプリンティングとその派生技法が豊富に加筆されたことである。3Dプリンターはこの10年で日常的なものになったが、プロセスも組み合わせ技法もまだ進化を続けている。その現在形を確認することができる。

　もうひとつは接合の手法についての9章が追加されたことだ。もともと本書では、ほぼすべての技法に対して「持続可能性」についての記述があり、環境問題や資源の有限性への配慮がなされていた。近年はさらにリユースやリファービッシュにつながる「分解可能な」ものづくりへの機運も高まっている。しかしこの章で扱うのは、分解・組み立て以前に、丈夫な接合を通じて長寿命で壊れない「部品」をつくるための各種プロセスである（部品が壊れてしまうようでは、分解も組み立ても成り立たない）。「ものづくり」に対する好奇心とリスペクトに溢れ、筆者の一貫した視点がより強化された改訂となっている。

はじめに
Introduction

人は未知のもの、秘密を暴くこと、そして今まで気づかなかった近代社会の性質を明らかにすることに興味をひかれるものだ。チョコレートビスケットや牛乳びんが作られて行く製造ラインを工場の窓越しに見せてくれる子ども向けのTV番組であったり、通りすがりの人に昔ながらの職人の製作手法を見せてくれる家内制工業であったり、さらに身近なところでは、映画製作者がさまざまに趣向を凝らして現実をあざむく、特殊効果で我々を楽しませてくれるDVDの「ボーナス特典」などもその例だ。中でもデザイナーは、常に新しい手法を試しつつ、古い技術に新しい技術を取り込み、デザインの世界に適用しようとしてきた。

電球を1分間に2千個作り出したり、極細の柔軟な光ケーブルを作り上げるために使われる機械の発明は、いつも私に驚異の念とその誕生への興味を抱かせる。どのような創造力の持ち主が、高温で粘着性のある溶けたガラスを塔の上からゆっくりと滴下させ、厚さ1mmに満たないガラス管に引き伸ばして光ファイバーを製作するプロセスを考え出したのだろうか？　あるいは1分間に300個の速度でスチールワイヤからアイコン的なゼムクリップを作り上げるプロセスや、ひとつとして同じもののない色の渦巻きパターンのビー玉を作り出すプロセスを？　しかしこれら独特の製法で作り出された製品特有の製造プロセスは、別の本で取り扱われるべきものだ。この本では、何らかのプロダクトの製造に関連した手法、簡単に言えば工業デザインに関連する手法を提示する。

非常な好評を博した本書『Making It』の初版（日本では未訳）の刊行以来、製造の世界では技術革新が数多くもたらされ、そのいくつかはこの新たな版に追記されている。電磁的加工（electromagnetic forming）など非常に特殊なものもあれば、Industrial Origami®など古くからある手法を再評価したもの、さらには射出成形（injection moulding）と押出成形（extrusion）を組み合わせたExjection®など、2つのプロセスを組み合わせたものもある。また、すでに確立された製造手法の注目すべき利用方法もいくつか収録した。例えばMarcel WandersのSparkling Chairは、プラスチックボトルの製造に使われている射出中空成形（injection blow moulding）をスケールアップして、家具の製造に適用したものだ。

近年では、より持続可能なアプローチをデザインに求める傾向が高まっている。重要性を増しつつあるエネルギー使用量や材料の節約、さらには環境に配慮した生産の要求に対応するため、このような複雑な領域の一端を読者へ紹介し、考慮すべき重要なポイントを指摘する項目も付記している。さらに、この版には仕上げテクニックに関する重要なセクションが新たに付け加えられた。部材に着色、塗装、スプレー、あるいは機能性の増強や追加を行うことによって、製品を刷新することは非常に一般的だからである。16から21ページに掲げたチャートには、それぞれのテクニックについて製造ボリュームやコストなど、主要なファクターの概略を一覧表として掲載してあるので、読者には簡便な比較表として、またこれらの重要な情報へのクイックリファレンスとして役立つだろう。

すでに述べたようにこの本の狙いは、工業

デザインの文脈からモノの隠れた側面を探ることである。工作機械の世界をのぞき見て、液体や固体、シート、粉末や金属のかたまりを3次元の製品へと変貌させるために、工作機械がどのように独創的かつ巧妙に構成されているかを見て行こう。今まで本では取り上げられなかったような方法で、これらの作品を調べてみよう。大量生産に見られる独特の面白さもわかってもらいたい。デザイナーが良い製品をつくるために、そして単なる手段ではなく創造的なプロセスの一部として製造工程を活用するために、手法について自由に発想することもお勧めしたい。

　私のやりたかったことは、技術マニュアルや業界紙、そしてエンジニアリング業界の協会や団体のウェブサイトに存在するすべての情報を取り込み、モノづくりの世界への実用的な手引きとなる、デザイナーのためのガイドとしてまとめ上げることだった。それはある意味では、立体オブジェクトの大量生産やバッチ生産に関連する手法のすべてを、モノづくりの進化に関するこの重要な局面において、紹介することにもつながるだろう。今では、昔からの古いアイディアがデザイン業界によって再評価され、新たな可能性と共に生まれ変わりつつある。このことは我々が製品を作り、選び、そして消費する方法を大きく変える可能性を秘めている。かつて、デザインはモノづくりに従属する存在であったため、創造性や成形の形状や費用は制約されていた。多くの場合、いまだにこれは真実だが、次第にモノづくりは新材料や斬新なアイディアに新たな製造手法を適用し、製造ボリュームについての先入観に挑戦する、新たな機会を生み出すツールとみなされるようにもなってきている。

　この本に取り上げた実例の一部は、まだ開発段階にある技術について述べている。つま

りデザイナーやメイカーの手にした新しいツールは物理的なツールではなく、工場設備なのだ。例えばMalcolm JordanのCurvy Compositesは卒業展示のデザインプロジェクトだったが、結果として木材を成形するまったく新しい方法を生み出した。また私は、実際には大量生産品の範疇には収まらないかもしれないが新たな方向を指し示しているように思える風変わりなプロセスや、工業生産の形を取りながらも手工芸的なアプローチと組み合わされたアイディア、さらには小規模で入手しやすいマシンを再利用するプロジェクトもいくつか取り上げることにした。

　産業革命以前、モノづくりは周囲の地理に影響されることが多かった。例えば陶器は、Wedgwoodなど数多くの陶器工場を生み出した土地であるイングランド西北部のStoke-On-Trentなど、粘土が豊富な地域でデザインされ製造されていた。大規模な森林の広がる土地には、家具の製造に特化したコミュニティが多く見られた。スキルや原材料を提供していたのは、地域資源であった。グローバル経済は地域資源に打撃を与え、多くのコミュニティを破壊してしまったが、現在ではテクノロジーのおかげでモノづくりが小規模手工芸ユーザーへ、そして消費者の手へと回帰しつつある。それは意図的に、新たな製品やテクノロジーによって主導されたり、マシンについて自由に発想し、意図されていない使い方をしている人々によって主導されたりすることもある。何の変哲もないインクジェットプリンターのラピッドプロトタイピングへの応用は、そのような例のひとつだ。

　このように製品やテクノロジーを再利用することは、進化の重要な要素である。実験し、物事を組み合わせ、いろいろと入れ替え、頭の中にある既存の思い込みを転換するのだ。モノづくりに対する我々の貪欲な欲求は、とど

まるところを知らない。しかし、職人の古い
ツールが材料を成形する手工具だったとすれ
ば、職人の新しいツールは工作機械だ。100
ポンドも出せばインクジェットプリンターが
購入でき、中身を取り出してその仕組みを試
してみることができるし、CADで作成された
データを利用してさまざまな新たなモノを作
り出すこともできる。人が最初に「モノ」を作
り始めたときには、木材を手に入れて、その
特性をある程度理解すれば、それを切ったり
削ったりして実用的な製品を作り出すことが
できた。ある意味では、その木材に取って代
わったのがインクジェットプリンターという
テクノロジーであり、改造され、さまざまに
工夫されて膨大な数の製品を生み出している。

おそらく、この種のテクノロジーの中で最
も風変わりなのは、「改造インクジェットプ
リンター」を使って生きた臓器を作り上げよ
うとしている、世界中の科学者たちのさまざ
まなチームによって開発されたものだろう。
これは、隣同士に置かれた細胞はくっつきあ
うという昔からの知識をもとにして、細胞を
支える土台のように熱可逆性ゲルを使って
組織を作り上げるというものだ。サウスカロ
ライナ医科大学 (Medical University of South
Carolina) のチームでは、細胞を配置する際の
サポートとしてこのゲルを用いている。この
ゲルはそれ自体、温度上昇などの刺激に反応
して液体からゲルに瞬間的に変化するようデ
ザインされているという点で興味深い。この
性質を利用すれば、ゲルにサポートされた形
で体内に組織を埋め込むことができ、その後
ゲルは溶けてしまう。

とはいえ、この本で主に扱うのは大量生産
技術である。その中には十分に確立されたも
のもあれば、非常に新しいものもある。これ
らのツールを使いこなすために必要なのは、
ツールのすべての形態を理解することと、そ

してデザインにとって意味がある形で提示す
ることだ。アイディアを呼び起こし、新しく創
造的な結びつきが作り出されるように働きか
ければ、その結びつきによってテクノロジー
が新たな分野や業界に再適用されることにな
るかもしれない。この本の構造やレイアウト
は単純明快であり、気軽にモノづくりの世界
へ入り込めるようになっている。情報の提供
だけでなく、コンシューマリズムの世界の舞
台裏について新たな視点から見直し、理解を
深めてもらうことを願っている。

この本の使い方

この本のセクションは、そのプロセスで製
造できる部材の形状に基づいて分類されてい
る。これらの手法について知っておく必要が
ありそうな質問すべてに対する答は用意され
ていないが、文章とイラスト、そして製品の
写真の組み合わせにより、わかりやすく基本
の概要を示している。図中の視覚的な説明は、
プロセスの原理と最終的な部材の作成に至る
ステップを端的に表現したものであり、工作
機械の正確な描写を意図したものではない。

特徴の説明文は大きく2つの部分に分かれ
ている。最初の部分は特定のプロセスの概要
説明であり、それに続くリストはそのプロセ
スに関する重要なポイントを示している。

● 長所と短所

ここでは箇条書きによって製造手法の概要
を示し、重要な特徴を簡単に説明している。

● 製造ボリューム

ここでは、一品生産のラピッドプロトタイ
ピングから、単一の稼働で何十万個もの大量
生産まで、さまざまな手法に可能な製造ボ
リュームを示している。

● 単価と設備投資

特定の製造手法を採用する際の判断材料として、必要な初期投資を知っておくことは重要だ。これは手法によって大きく異なり、例えばさまざまな形態の射出成型など、塑性加工手法では数万ポンドに達する可能性があるが、CADベースの手法では成形型の費用が必要ないため、初期費用は最小限で済む。

● スピード

スピードは、生産のスケールと一定時間内に製造可能な個数を理解するうえで重要なファクターである。例えば10,000個のガラス瓶を作るのであれば、1時間に5,000個を製造可能な自動化された吹きガラス中空成形プロセスは適切ではないだろう。そのような短い生産期間での初期費用や成形具は、非常に高額となるからだ。

● 面肌

これは、特定のプロセスから期待できる表面の仕上がりの種類を簡単に説明したものだ。これもプロセスによって大きく異なり、また完成品とするために二次的なプロセスが必要となる場合もある。

● 形状の種類・複雑さ

ここでは、部材の形状に影響する制約や、考慮すべきデザインの特徴などが存在する場合に、それらに関するガイダンスを提供する。

● スケール

これは、特定のプロセスから製造できる製品のスケールを示すものだ。例えば直径3.5m（11½フィート）にもおよぶ金属薄板をスピニング可能なメタルスピナーなど、驚くべき事実が提供される場合もある。

● 寸法精度

プロセスが達成可能な精度は、材料によって決まる場合が多い。例えば機械による金属の切断やプラスチックの射出成形は、高い精度を達成できる。一方、ある種のセラミックのプロセスでは、正確な仕上げ寸法を達成することはずっと困難だ。このセクションでは、このような精度の例を挙げる。

● 関連する材料

これは、取り上げたプロセスで成形可能な材料の種類と範囲のリストだ。

● 典型的な適用例

その製造手法が採用される典型的な製品および業界のリスト。ここで「典型的」という単語は強調しておく必要がある。このリストは網羅的なものでなく、そのプロセスの説明を補完するために十分な例を挙げたものにすぎないからだ。

● 同様の技法

これは、取り上げた製造形態の代用として考慮可能な、この本で取り上げられているその他のプロセスを示したものだ。

● 持続可能性

持続可能性の領域に該当する重要なポイントの一部を、ごく簡単に説明したもの。これによって読者は、エネルギー使用量や有毒化学物質、さらには材料の廃棄率などについて、より賢い判断が下せるだろう。

● さらに詳しい情報

ここには、さらに詳しい情報の掲載されたウェブリソースの一覧が示されている。これには、この本への寄稿者も含まれている。関連する団体が存在する場合には、それも示した。

プロセスの比較
Comparing Processes

凡例 ★ ⋯⋯ 低 ★★ ⋯⋯ 中 ★★★ ⋯⋯ 高	資本投資額	1時間あたり 生産部材数	表面仕上げの品質
1. 固体の切断			
マシニング加工	★	★／★★	★★★
コンピュータ数値制御（CNC）切削	★	★／★★	★★★
電子ビーム切断（EBM）	★★	★	★
ろくろ加工	★	★／★★	★★
ジガリングおよびジョリイング	★	★★／★★★	★★★
プラズマアーク切断	★	★★／★★★	★★★（端面の仕上がり）
2. シート			
ケミカルミリング	★★	★★★	★★
型抜き加工		★★	★★（端面の仕上がり）
ウォータージェット切断	★	★／★★	★★（端面の仕上がり）
ワイヤ放電加工（EDM）	★	★／★★	★★
レーザー切断	★	★／★★	★★（木材）／★★★（金属）
酸素アセチレン切断	★	★★	★★
板金加工	★★／★★★	★／★★	★
ガラス曲げ加工	★★★	★	★★★
電磁的鋼鉄加工	★★★	★★★	★★★
金属スピニング加工	★★	★／★★	★
金属切削加工	★★	★★★	★
Industrial Origami®	★／★★／★★★	★／★★／★★★	★★★
熱成形	★／★★／★★★	★／★★／★★★	★★（型による）
爆発成形	★★	★／★★／★★★	★★
アルミニウムのスーパーフォーミング	★★★	★★	★★★
自由内圧成形鋼鉄	★	★★	★★
金属注気加工	★	★★	★★★
合板曲げ加工	★★／★★★	★／★★／★★★	★／★★／★★★（木材による）
合板深絞り立体成形	★★★	★★★	★
合板プレス加工	★★	★	★★★

これ以降の数ページにわたって続く表を参考にして、
さまざまなプロセスを比較し、読者自身の製品にどれが最も適しているかを評価してほしい。
プロセスは、章に分類された種類にしたがい、その章で説明する順番に並べてある。
詳細な情報については、それぞれの章の内容を参照してほしい。

形状の種類	サイズ	寸法精度	関連材料
複雑な固体	S、M、L	★★★	木材、金属、プラスチック、ガラス、セラミックス
複雑な固体。CADで作成可能な任意の形状	S、M、L	★★★	実質的にあらゆる材料
複雑な固体。CADで作成可能な任意の形状	S、M	★★★	実質的にあらゆる材料 （融点が高いと加工速度は低下する）
対称形	S、M	★★★（金属） ★★（その他）	セラミック、木材、金属、プラスチック
固体	S、M	★	セラミック
シート状	S、M、L	★★	導体金属
シート	S、M	★★★	金属
シート	S、M	★★★	プラスチック
シート	S、M、L	★★	ガラス、金属、プラスチック、セラミック、石材、大理石
シート	S、M、L	★★★	導体金属
シート	S、M、L	★★★	金属、木材、プラスチック、紙、セラミック、ガラス
シート	S、M、L	★★	鉄系材料、チタン
シート	S、M、L	★★	金属
シート	S、M、L	★	ガラス
シート		★★★	磁性金属
シート	S、M、L	★	金属
シート	S、M、L	★★★	金属
シート／複雑	S、M、L	★★★	金属、プラスチック、複合材料
シート	S、M、L	★★	熱可塑性プラスチック
複雑	S、M、L	★★★	金属
シート／複雑	S、M、L	★★	超弾性アルミニウム
中空	M、L	★	金属
シート	S、M、L	★★★	金属、プラスチック
シート	M、L	★	木材
シート	S、M	★	ベニヤ板
シート	S、M	N/A	ベニヤ板

凡例	★ ……低 ★★ ……中 ★★★ ……高	資本投資額	1時間あたり 生産部材数	表面仕上げの品質

3. 連続体

	資本投資額	1時間あたり生産部材数	表面仕上げの品質
カレンダー加工	★★★	★★★	★★★
吹込フィルム	★★★	★★★	★★★
Exjection®	★★★	★★★	★★★
押出成形	★	★	★★★
引抜成形	★★	★	★★
Pulshaping™	★★	★★★	★★
ロール成形	★★★	★★★	★★★
ロータリースウェージング	★	★★ / ★★★	★★★
事前成形織込み	★	★ / ★★ / ★★★	★★
ベニヤ単板切断	N/A	N/A	★★

4. 薄肉・中空

	資本投資額	1時間あたり生産部材数	表面仕上げの品質
手吹きガラス	★ / ★★ / ★★★	★ / ★★	★★★
ガラス管ランプワーク加工	★	★ / ★★ / ★★★	★★★
吹きガラス中空成形	★★★	★★ / ★★★	★★★
ガラスプレス中空成形	★★★	★★ / ★★★	★★★
プラスチック中空成形	★★★	★★★	★★★ (分割線は残る)
射出中空成形	★★★	★★★	★★★
押出中空成形	★★★	★	★★★
ディップ成形	★	★★ / ★★★	★
回転成形	★★	★★ / ★★★	★★
スリップキャスティング	★ / ★★ (部材の数による)	★ / ★★ / ★★★	★★
金属の油圧成形	★★★	★★★	★ / ★★ (材料による)
後方衝撃押出成形	★	★ / ★★	★★
紙パルプの成形	★★★	★★★	★
接触圧成形	★★★	★	★★ / ★★★ (手法による)
真空浸漬プロセス (VIP)	★★	★	★★★
オートクレーブ成形	★★	★★	★ / ★★ (ゲルを添加した場合)
フィラメントワインディング	★	★ / ★★ / ★★★	★★ (仕上げが必要)
遠心鋳造	★ / ★★ / ★★★ (型の材料による)	★ / ★★	★ / ★★ (プロセスによる)
電気鋳造	★	★	★★★

形状の種類	サイズ	寸法精度	関連材料
シート	L	N/A	織物、複合材料、プラスチック、紙
シート／チューブ	L	★★★	LDPE、HDPE、PP
連続／複雑	S、M、L	★★★	木材、プラスチック、金属
シート／複雑／連続	M、L	★★★	プラスチック、木材ベースプラスチック、複合材料、アルミニウム、銅、セラミック
厚みが一定の任意形状	S、M、L	★★★	熱硬化性プラスチックとガラス・炭素繊維の任意の組み合わせ
さまざまな押出成形された断面、連続	L	★★★	熱硬化性樹脂とガラス・炭素またはアラミド繊維
シート	M、L	★★／★★★（厚さによる）	金属、ガラス、プラスチック
チューブ	S、M	★★	延性金属
シート	M、L	N/A	織込み可能な任意の合金、主にステンレスや亜鉛メッキ鋼
シート／連続	M、L	N/A	木材
任意	S	★	ガラス
対称形	S、M	★	ホウケイ酸ガラス
単純な形状	S、M	★	ガラス
単純な形状	S、M	★	ガラス
単純な丸い形状	S、M、L	★★★	HDPE、PE、PET、VC
単純な形状	S	★★★	PC、PET、PE
複雑	S、M	★★	PP、PE、PET、PVC
柔らかく柔軟で単純な形状	S、M	★	PVC、ラテックス、ポリウレタン、エラストマー、シリコーン
任意	S、M、L	★	PE、ABS、PC、NA、PP、PS
単純なものから複雑なものまで	S、M	★	セラミック
チューブ、T型断面	S、M、L	★★★	金属
対称形	S、M	★★★	金属
複雑	S、M、L	★★／★★★（プロセスによる）	紙（新聞紙および段ボール）
開口部のある薄い断面	S	★	炭素・アラミド・ガラスおよび天然繊維、熱硬化性樹脂
複雑	M、L	★	樹脂、グラスファイバー
単純	S、M、L	★	繊維および熱硬化性ポリマー
中空の対称形	L	★★★	繊維および熱硬化性ポリマー
チューブ状	S、M、L	★★★（プロセスによる）	金属、ガラス、プラスチック
複雑	S、M、L	★★★	電気めっき可能な合金

凡例	★ …… 低	資本投資額	1時間あたり 生産部材数	表面仕上げの品質
	★★ …… 中			
	★★★ …… 高			

5. 固化

焼結	★★ / ★★★	★★	★★★
ホットアイソスタティック成形（HIP）	★★	★	★★★
コールドアイソスタティック成形（CIP）	★★	★	★★
圧縮成形	★★	★★★	★★★
トランスファー成形	★★ / ★★★	★★★	★★★
発泡注入成形	★★★	★★★	★
ベニヤ板外殻への発泡注入成形	★★	★★	N/A
木材注気加工	★	★	N/A
鍛造	★ / ★★ / ★★★	★ / ★★ / ★★★	★
粉末鍛造	★★	★★ / ★★★	★★
精密鋳込プロトタイピング（pcPRO®）	★	★	★

6. 複雑

射出成型	★★★	★★★	★★★
反応射出成型（RIM）	★★★	★★	★★★
ガス利用射出成型	★★★	★★★	★★★
MuCell® 射出成型	★★★	★★★	★★★
インサート成形	★★★	★★★	★★★
マルチショット射出成型	★★★	★★★	★★★
加飾成形	★★★	★★★	★★★
積層加飾成形	★★★	★★★	★★★
金属射出成型（MIM）	★★★	★★	★★★
高圧ダイカスト	★★★	★★★	★★★
セラミック射出成型	★★★	★★	★★★
インベストメント鋳造	★★★	★★	★★★
砂型鋳造	★	★★	★
ガラスのプレス加工	★★	★★★	★★
加圧スリップキャスティング	★★★	★★★	★★★
粘性塑性加工（VPP）	★★★	★★★	★★★

7. 多様なデジタル・ファブリケーション

インクジェット印刷	★	★	★★
紙ベースのラピッドプロトタイピング	★	★	★
コンタークラフティング	★	★	★
ステレオリソグラフィ（SLA）	★	★	★
微小金型の電気鋳造	★	★★★	★★★
選択的レーザー焼結（SLS）	★	★	★
フィラメントワインディングの Smart Mandrels™	★★	★	N/A
漸進的板金加工	★	★★	★★★
3D ニッティング	★	★★★	N/A
デジタル光合成	★	★★	★★★
アクティブ素材のFDM	★	★	★
マルチジェットフュージョン	★	★	★★
マルチジェットプリンティング	★	★	★★★
ラピッド液体プリンティング	★	★	★

形状の種類	サイズ	寸法精度	関連材料
複雑／固体	S、M	★★	セラミック、ガラス、金属、プラスチック
複雑／固体	S、M、L	★★	セラミック、金属、プラスチック
複雑／固体	S、M	★★	セラミック、金属
固体	S	★★	セラミック、プラスチック
複雑／固体	M、L	★★★	複合材料、熱硬化性プラスチック
複雑／固体	S、M、L	★★	プラスチック
固体	M、L	★★	木材、プラスチック
固体	M、L	★★	木材、プラスチック
固体	S、M、L	★	金属
複雑／固体	S、M、L	★★	金属
複雑／固体	S	★★★	プラスチック
複雑	S、M	★★★	プラスチック
複雑	S、M、L	★★★	プラスチック
複雑／固体	S、M、L	★★★	プラスチック
複雑	S、M、L	★★★	プラスチック
複雑	S、M	★★★	プラスチック、金属、複合材料
複雑	S、M	★★★	プラスチック
複雑	S、M	★★★	プラスチック、金属、複合材料
複雑	S、M	★★★	プラスチック、金属、複合材料
複雑	S、M	★★★	金属
複雑	S、M、L	★★★	金属
複雑	S、M	★★★	セラミック
複雑	S、M、L	★★★	金属
複雑	S、M、L	★	金属
中空	S、M、L	★★★	ガラス
中空	S、M、L	★★	セラミック
複雑	S、M、L	★★	セラミック
シート	S	★★★	その他
複雑	S	★★★	その他
複雑	L	★★★	セラミック、複合材料
複雑	S、M	★★★	プラスチック
平たん	S	★★★	プラスチック
複雑	S、M	★★★	金属、プラスチック
中空	S、M、L	★★	プラスチック
シート	S、M、L	★	金属
複雑	S、M	★★	糸
複雑	S、M	★★★	各種プラスチック
複雑	S、M	★★★	各種プラスチック
複雑	S、M	★★★	PA12
複雑	S、M	★★★	光硬化可能なプラスチック樹脂または 鋳造用ワックス
複雑	S、M	★★★	バイオレジン

固体の切断
Cut from Solid

切削工具を使って材料を切削する

この章では、もっとも古くからモノづくりに用いられてきたいくつかのプロセスを取り上げる。これらのプロセスは、工具を使って材料を切り離したり成形したり取り除いたりするもので、きわめて容易に分類可能だ。近年、これらのプロセスの「野蛮な」部分が、次第にCADベースの工作機械で自動化されるようになってきた。これらの工作機械は大部分の材料をやすやすと切り刻むことができるため、ラピッドプロトタイピングの技術を活用する新たな手段をもたらし、歴史上多くの作品を作り出すために生涯を費やした職人たちに取って代わるものとなりつつある。

マシニング加工
Machining

ろくろ加工（turning）、ボーリング加工（boring）、フェーシング加工（facing）、ドリル加工（drilling）、リーミング加工（reaming）、フライス盤加工（milling）、ブローチング加工（broaching）を含む

マシニング加工を含む一連の製造手法に対しては、「チップフォーミング」（切削の結果として材料の「チップ」ができる、あらゆる切削テクニックを意味する）という包括的な用語がよく使われる。すべてのマシニング加工プロセスは、何らかの形態の切削が伴う点が共通している。またマシニング加工は、仕上げを行ったりねじ山などの細部を二次的に付け加えたりするための、二次加工（post forming）の手法としても利用される。

「マシニング」という用語それ自体も、多種多様のプロセスを指して使われる。その中には、ろくろ加工、ボーリング加工、フェーシング加工、ねじ切り加工（threading）など、金属を切削するさまざまな旋盤加工（lathe operation）が含まれる。これらはすべて、回転する材料の表面に切削工具を当てることによって行われる。ろくろ加工（32ページも参照のこと）は外側の表面を切削することを指すのが一般的だが、ボーリング加工は内部の空洞を切削することを指す。フェーシングは切削工具を使って、回転する工作物の平坦な端部を削り込むことだ。これは端面をきれいにするために行われるが、同じツールを使って余分な材料を取り除くこともできる。ねじ切り加工は鋭い、刻み目のついた工具を使って、あらかじめド

製品	Mini Maglite® 懐中電灯
デザイナー	Anthony Maglica
製造業者	Maglite Instruments Inc.
製造国	米国
製造年	1979

非常に独特な工学的美観を特徴とするこのMaglite® 懐中電灯は、さまざまなチップフォーミングのテクニック、特にろくろ加工を用いて製造されたものだ。しかし、グリップに見られる表面の模様は、ローレット切り（knurling）と呼ばれるプロセスを用いた二次加工によって作られている。

Information

● 製造ボリューム

種類によって異なるが、フライス盤および旋盤での自動化されたコンピュータ数値制御（CNC）加工では、同時に複数の切削工具を複数の部品に作用させることによって、十分に大きなボリュームの製造が可能だ。ここで説明するさまざまなテクニックには、個別部材の手作業によるマシニング加工も含まれる。

● 単価と設備投資

一般的に言って、成形型（tooling）費用は発生しないが、マシンへの工作物の取り付けと取り外しによって生産速度は低下する。しかし、このプロセスは短い生産期間でも経済的だ。フライス盤および旋盤での自動化されたCNC加工では、CADファイルを用いてプロセスの自動化を行い、バッチ生産または大量生産によって複雑な形状を作り出すことができる。大部分の作業には標準的な切削工具が使えるが、専用の切削工具を作成する必要があるかもしれない。この場合には全体的なコストが上昇することになる。

● スピード

具体的なプロセスによって異なる。

● 面肌

マシニング加工では、ある程度の研磨が行われるため、二次加工の必要なしにすばらしい結果を得ることも可能だ。また切削工具で、超平坦な表面を作り込むこともできる。

● 形状の種類・複雑さ

旋盤で作業する場合、部品は軸対称であることが必要とされる。工作物は固定された中心軸のまわりを回転するからだ。フライス盤加工される部品は最初金属ブロックの形をしており、はるかに複雑な部材に成形することができる。

● スケール

マシニング加工された部材は、腕時計の部品から巨大なタービンまで、さまざまなサイズにわたる。

● 寸法精度

マシニング加工された材料は、通常±0.01mm（1⁄2500インチ）という非常に高いレベルの寸法精度が達成可能だ。

● 関連する材料

マシニング加工は金属に対して行われるのが一般的だが、プラスチック、ガラス、木材、そしてセラミックスでさえマシニング加工プロセスは利用できる。セラミックスの場合には、新しい形態のセラミックス加工が可能な、マシニング加工用に特にデザインされたガラスセラミックスがいくつかあり、Macorというブランドが特によく知られている。Mykroyという米国の会社が作り出した、雲母をガラスで接合したMycalexという材料もマシニング加工可能なセラミックであり、火入れの必要を省くことができる。

● 典型的な製品

ピストンやねじやタービンなどの産業用のユニークな部品、そしてさまざまな産業向けの大小の部品など。車の合金ホイールは、旋盤上で表面仕上げされる場合が多い。

● 同様の技法

「マシニング加工」という用語はそれ自体が非常に広い範囲のプロセスを含む手法のファミリであるが、動的旋盤加工（32ページ）は伝統的な旋盤加工の代替手法とみなすこともできる。

● 持続可能性

ここに挙げたプロセスは機械的なエネルギーのみを利用し熱を必要としないため、エネルギー消費量は低い。しかし、これらのプロセスは本質的に材料を削り取るものであるため、大量の廃棄物が作り出されてしまう。材料によっては、廃棄物の再利用やリサイクルが可能だ。

● さらに詳しい情報

www.pma.org
www.nims-skills.org
www.khake.com/page88.html

リルで開けておいた穴にねじ山を作るプロセスだ。

ドリル加工とリーミング加工も、(フライス盤や手作業でも行うことはできるが) 一般的には旋盤加工の一種だが、これらには別の切削工具が必要となる。すべての旋盤加工と同様に、工作物は回転チャックの中心に固定される。ドリル加工は穴あけというわかりやすい作業だが、リーミング加工には既存の穴を広げてなめらかな仕上げを行うことが必要となるため、数枚の刃先を持つ専用のリーミング工具を使って行われる。

その他のマシニング加工にはフライス盤加工やブローチング加工がある。フライス盤加工は、ドリルに似た回転する切削工具を使って、多くの場合は金属の表面を彫り込んで行く (ほとんどの金属以外の固体材料に対しても行うことができる)。ブローチングは、穴やスロットなどの複雑な内部構造 (鍛造後のスパナヘッドの内部形状など、191ページを参照) を作るために利用されるプロセスだ。

1. 金属の塊をフライス盤加工するための、非常に単純なセットアップ。フラットドリルの刃先に似た切削工具が、固定された工作物の上方に見える。

2. 旋盤加工のわかりやすいセットアップ。切断される金属のチューブがチャックに固定され、まさに切削工具が当てられようとしている。

長所	+ さまざまな形状を作成できるという意味で、非常に汎用性が高い。
	+ 実質的にすべての固体材料に対して行える。
	+ 精度が高い。
短所	− 時間がかかる場合がある。
	− パーツは、使用する材料の標準サイズに制約されることが多い。
	− 切削時に切りくずが発生するため、材料の利用率が低い。

コンピュータ数値制御(CNC)切削加工
Computer Numerical Controlled (CNC) Cutting

製品	シンデレラ・テーブル
デザイナー	Jeroen Verhoeven
材料	フィンランド産白樺積層合板
製造業者	Demakersvan
製造国	オランダ
製造年	2004

「シンデレラ」シリーズのこのテーブルの超現実的な構造と形は、ハイテクマシンは私たちにとって隠されたシンデレラであるという製造者の思いを申し分なく映し出している。このテーブルは、伝統的でロマンチックな家具をひとひねりして、完全にモダンな製造プロセスを使って作り上げられたものだ。

コンピュータ数値制御(CNC)マシンが固体材料をやすやすと、まるでバターでも切るように切断して行く様子は、畏怖の念すら起こさせる。6本までの軸に沿って回転するヘッド上に切削ヘッドがマウントされているため、まるで自動化された彫刻家ロボットのように、さまざまな形状を彫り上げることができるのだ。

ここで取り上げた家具はオランダのデザイングループDemakersvanのメンバーであるJeroen Verhoevenのデザインしたものだが、実際の構造と同じようにその意味においても多層的（マルチレイヤ）なものになっている。Demakersvanによれば、「工業製品はどのように作られているのだろうか。その偉大な奇跡は、よく見てみるとすばらしい現象だ。ハイテクマシンは私たちにとって、隠されたシンデレラである。ロボット化された製造ラインで働かされている彼らには、もっといろいろなことができるはずだ。」

この思いは、彼らのシンデレラ・テーブル（写真）として現実のものとなった。このテーブルは個別に切断され、張り合わされ、そしてまたCNCマシンで切断された57層の白樺積層合板から作り上げられている。CADファイルからの情報を利用して、非常に入り組んだ3次元形状を彫り上げられる多軸CNCマシンの能力を、このテーブルは完璧に具現化している。これはまた、まったく新たな形のユニークな例でもある。一片の材料を実質的にどんな形にも切断できるプロセスによって、昔ながらの材料から作られたこのテーブルは、Demakersvanが「ハイテク製造テクニックに隠された秘密」と呼んでいるものを垣間見せてくれる。

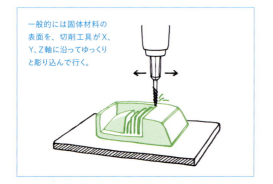

一般的には固体材料の表面を、切削工具がX、Y、Z軸に沿ってゆっくりと彫り込んで行く。

1. 個別に切断された合板のシートがクランプで締め付けられ、マシニング加工されようとしているところ。

2. マシニング加工された内側の構造が見える。外側の表面はこれから切削される。

Information

● 製造ボリューム

加工速度が遅いため、CNC切削加工は一品もの
またはバッチ生産に最も適している。

● 単価と設備投資

成形型は必要ないが、切削作業とCADによる3
次元データの作成には時間がかかりがち。

● スピード

スピードは、材料、形状の複雑さ、そして必要
とされる表面仕上げなど、いくつかの要因に左
右される。

● 面肌

良好だが、材料によっては後仕上げが必要とな
るかもしれない。

● 形状の種類・複雑さ

コンピューターの画面で表現できるものなら、
実質的にどんな形状でも。

● スケール

小さな部材から巨大な物体まで。例えば米国の
CNC Auto Motion社は、水平移動距離15メー
トル（50フィート）、垂直軸方向の移動距離3
メートル（10フィート）、そして6メートル（20
フィート）幅のガントリーを持つ、怪物サイズ
のマシンを製造している会社のひとつだ。

● 寸法精度

高い。

● 関連する材料

CNC技術は、木材、金属、プラスチック、御影
石、そして大理石など、さまざまな材料の切断
に利用できる。また、フォームやモデリング用
粘土（典型的な製品を参照）の切断にも使える。

● 典型的な製品

射出成型工具、ダイカッター、家具の部材、そ
して手の込んだ複雑な形状の手すりなど、複雑
な注文生産のデザインには最適だ。また自動車
のデザインスタジオでは、フォームやモデリン
グ用粘土による実物大の車のラピッドプロトタ
イピングにも使われている。

● 同様の技法

多軸ヘッド上にレーザーを搭載したレーザー切
断（52ページ）が、おそらく最も近い手法だろう。

● 持続可能性

マシンの精度が非常に高いため、不良品または
エラーのために生じる損失は最小限で済む。さ
らに、切断されるパーツの配置を効率的にデザ
インすることによって、無駄になる材料も最小
限にできる。材料によっては、廃棄物の再利用
やリサイクルが可能だ。

● さらに詳しい情報

www.demakersvan.com
www.haldeneuk.com
www.cncmotion.com
www.tarus.com

長所	+	実質的にどんな材料にも使える。
	+	CADファイルから直接デザインを切り出せる。
	+	入り組んだ複雑な形状の切削にも柔軟に対応できる。
短所	−	大量生産向きではない。
	−	時間がかかる場合がある。

電子ビーム切断（EBM）
Electron-Beam Machining (EBM)

製品	3つのフランジを持つカスタムインプラント
材料	チタン
製造国	スウェーデン
製造年	2005

この寛骨プレートの表面はスパッタリングを呈しているが、これはこのプロセスによく見られる結果だ。

長所	+	精度が高い。
	+	切断される材料との接触がないため、最小限の固定しか必要としない。
	+	小規模なバッチ生産に用いることが可能。
	+	汎用性が高くひとつのツールで同時に切断、溶接、そして焼きなましが可能。
短所	−	レーザー切断（52ページ）と比較した場合、真空容器が必要という短所がある。
	−	精度が低くてもよければ、レーザー切断も同様に効果的。
	−	エネルギー消費量が大きい。

電子ビーム切断（EBM）は、部材の切断や溶接、あるいは焼きなましに使われる汎用的なプロセスだ。マシニング加工のひとつであり、ミクロン単位の高精度で非常に微細な切断が可能であるなど、数多くの利点がある。EBMは、高エネルギーの電子ビームをレンズによって収束させ、非常に高スピード（光速の50〜80%）で部材の特定の領域へ照射することによって、材料を熱して溶解させ、蒸発させることによって行われる。このプロセスは、ビームが空気中の分子に衝突して経路がそれたりしないように、真空室の中で行われる必要がある。

Information

● 製造ボリューム
一品またはバッチ生産に適している。
● 単価と設備投資
パターンがCADファイルによって駆動されるため、成形型のコストは存在せず、その意味では投資額は低い。しかし、電子ビーム機器自体は非常に高額だ。
● スピード
電子ビームは非常に高速で移動するため、切断のスピードは高い。例えば、厚さ1.25mm（1/20インチ）の板に直径125ミクロンまでの穴を、ほぼ瞬時に開けることができる。当然、材料の種類とその厚さがサイクル時間に影響する。厚さ0.175 mm（1/150インチ）のステンレス鋼の部材に幅100mm（4インチ）のスロットを作る際には、分速50mm（2インチ）で切断されることになるだろう。インプラント（前頁）の製造には、4時間かかった。
● 面肌
このプロセスは、例えば切断面近くのスパッタリングなど、表面にさまざまな模様が生じるので、用途によっては望ましくないかもしれない。
● 形状の種類・複雑さ
このプロセスは、薄い材料に細い線状の穴を開けるのに最適だ。ビームは10〜200ミクロンにまで収束させることができるので、非常に高い精度が必要な場合にはコストは正当化できる。
● スケール
真空室を使用する短所として、部材のサイズが限定されてしまう。

● 寸法精度
非常に高く、10ミクロンという精細な切断も可能だ。厚さが0.13mm（1/200インチ）を超える材料では、切断面は2度というわずかなテーパー状となる。
● 関連する材料
実質的にどんな材料でも可能だが、融点の高い材料では加工速度が低下する。
● 典型的な製品
エンジニアリング用途やここに示した医療インプラント以外にも、EBMの非常に興味深い利用方法としてはカーボンナノチューブの接合がある。どんな材料もナノスケールでの接合は困難だが、EBMは材料との接触がないためチューブをつぶさず接合できる。
● 同様の技法
レーザー切断（52ページ）およびプラズマアーク切断（39ページ）。
● 持続可能性
このように強力なビームを高速に照射するには、非常に大量のエネルギーが消費される。しかし、電子ビーム切断には汎用性があり、1サイクルで複数の加工が行えるため、このエネルギーは効率的に利用される。さらに、切断される材料との接触がないため、マシンの損傷や摩耗は最小限となり、メンテナンスにかかる材料の消費量が減少する。
● さらに詳しい情報
www.arcam.com
www.sodick.de

ろくろ加工

Turning

材料を回転軸上にマウントし、薄片を削り取って行くプロセスは何千年も前から行われていた。ろくろ加工で一般的に使用される材料は木材だが、「未焼結の (green)」セラミックを同様の丸い回転対称の形に工業的に作り上げる際にも非常によく使われる。

セラミックのろくろ加工では、粘土を調合して作られたセラミックの生地を押し出して、「パグ (pug)」と呼ばれるものを作る。この、革ほどの硬さの粘土のかたまりが旋盤にマウントされ、手作業または自動化された切削工具によってろくろ加工される。

まだ研究段階にあるようだが、動的旋盤加工と呼ばれる、ろくろ加工の進化形も存在する。これは、手作業で部材を取り外したり入れ替えたりする必要なく、軸対称ではないエンジニアリング用途の金属部品の製造を可能とするものだ。CADプログラムで定義された形状が直接旋盤に供給され、横軸に沿って切削工具が上下に移動する。

製品	すりこぎ
材料	セラミック炻器と木製ハンドル
製造業者	Wade Ceramics
製造国	英国

木製のハンドルとセラミック製のヘッドの両方に、ろくろ加工が用いられている。

Information

● 製造ボリューム

一品から可能。一品の場合、成形型とセットアップの費用は法外なものとなり得るが、これは具体的な要求条件にもよる。大量生産の場合には、自動化されたプロセスが必要とされるだろう。現在のところ動的旋盤加工はまだ揺籃期にあり、小規模の生産や一品ものに最適だ。

● 単価と設備投資

ボリュームにもよるが、ホットまたはコールドアイソスタティック成形（174ページおよび176ページを参照）やスリップキャスティング（144ページ参照）などの他のセラミック製造手法と比較すれば低い。動的旋盤手法には成形型が存在しないため、コストが安くできるのは明らかだ。

● スピード

製品による。例えば、単純なろうそく立ては45秒、すり鉢は1分、すりこぎは50秒かけて作られる。動的旋盤加工のテクニックでは、切断の長さと深さとの関係で部品の製造されるスピードが決まる。凸部の数が多く、くぼみが大きいほど、加工速度は低下する。

● 面肌

表面のきめは細かいが、材料による（例えば、ここに示したすりこぎのセラミック製のヘッドよりも、木製のハンドルのほうがきめは荒い）。

● 形状の種類・複雑さ

回転対称の形に限られる。動的旋盤加工は、金属加工用旋盤上で行われる伝統的なろくろ加工を大幅に改善したものであり、伝統的に鋳造によって作られてきたような、はるかに複雑な部品が製造できる。

● スケール

例えば、英国のWade Ceramicsによって製造される標準的な最大のサイズは、直径350mm（13¾インチ）、長さ600mm（23½インチ）だ。動的旋盤の手法では、最大長300mm（11¾インチ）、最大作業直径350mm（13¾インチ）が可能だ。

● 寸法精度

精度は±2%、または0.2mm（¹⁄₁₂₅インチ）のいずれか大きいほうとなる。しかし、旋盤上で金属を切削する場合、特にCNC（コンピュータ数値制御）を用いた場合には、精度はより高くなる。動的旋盤加工では、精度は±1mm（¹⁄₂₅インチ）だ。

● 関連する材料

ろくろ加工に一般的な材料はセラミックスと木材だが、ほとんどどんな固体材料でもこの方法で切削できる。動的旋盤加工には大部分の金属とプラスチックが使えるが、高硬度の炭素鋼は扱いにくいかもしれない。

● 典型的な製品

ボウル、プレート、ドアの取っ手、すりこぎ、セラミック製の電気がいし、および家具。

● 同様の技法

セラミックについては、ジガリングおよびジョリング（35ページ）の両方で、同様の回転セットアップが用いられる。

● 持続可能性

このプロセスは基本的に、材料を取り除くことによって立体形状を作り出すものであり、そのため大量の材料が廃棄されてしまう。材料によってリサイクルは可能な場合もあれば、できない場合もある。

● さらに詳しい情報

www.wade.co.uk

2. セラミック製のすりこぎが、平たんなスムージング工具を使って仕上げ加工されているところ。

1. すり鉢を手回しのろくろで加工しているところ。輪郭の形状をした金属製の工具によって、正確な輪郭が形成される。

長所	+	少量生産にも大量生産にも適している。
	+	さまざまな範囲の材料に用いることができる。
	+	成形型の費用を抑えられる。
	+	動的旋盤プロセスでは、1回の旋盤加工で回転対称ではない形状を切削できる。
短所	−	標準的なろくろ加工は、回転対称の部品に限られる。
	−	動的旋盤プロセスでは、切削深さと凸部の数によって表面の仕上がりは劣化し、また速度も低下する。

ジガリングおよびジョリイング
Jiggering and Jollying

ジガリングおよびジョリイングは、切削加工とはあまり関係なさそうな言葉だが、ボウルなどの中空の形、あるいは皿などの平らな形のセラミックを大量生産するための手法だ。これらの手法を手っ取り早く理解するには、陶器用ろくろの上で粘土を形作ることを考えてみてほしい。しかし工業プロセスになると職人の手は輪郭の形状をした切削工具に置き換わり、これが台の上で回転する粘土を削り取って行くことになる。ジガリングでは、型によって内側の形状が決まり切削工具が外側の輪郭を形成するが、ジョリイングでは切削工具が内側の輪郭を形成する。

ジョリイングは深さのある器を形成するのに使われる。まず粘土のかたまりを押し出して円盤状に切り出し、これを使ってライナーを形成する。ライナーとは、最終的な製品と同じプロポーションに形成された、粘土のカップのようなものだ。このライナーがカップの型の内側に置かれ、ジョリイング台の上で回転する軸に取り付けられる。ここで、手で粘土

製品	Wedgwood® の皿
材料	ボーンチャイナ
製造業者	Wedgwood®
製造国	英国
製造年	1920

このクラシックなWedgwood®のデザインは、ジガリングによって作られたものだ。このプロセスは1759年にJosiah Wedgwoodが製陶業を始めてから、ろくろを動かすのに電気を使うようになった以外はほとんど変化していない。このような皿をひっくり返してみれば、粘土をかき取ったヘッドの形状がわかる。

を形作るのと同じような作業が行われる。回転する軸の上で、粘土は型の内側に押し付けられ、壁ができる。次に、断面図の形状をしたヘッドがカップの中に降りてきて粘土を削り取り、最終的な内側の輪郭を正確に形成する。ジガリングはジョリイングと非常によく似たプロセスだが、深さのある器ではなく、浅い器を形成する際に使われる。これはジョリイングの内側と外側をひっくり返した工法で、内側ではなく、外側の表面を削ることによって輪郭が形成されることになる。やはり最初に

粘土のかたまりを形成するのは同じだが、これを「スプレッダー」と呼ばれる回転する台の上に置く。ここで粘土は均一な厚さの平らな輪郭に形成される。この、「バット」と呼ばれる厚みのあるパンケーキ状のものは、台から皿の型の上に移される。この型が、皿の内側の形を形成することになる。そして全体を回転させながら断面図の形状をしたヘッドが降りてきて粘土の外側を削り取り、均一な外形を正確に形成する。

Information

● 製造ボリューム
バッチ生産と大量生産の両方に用いられる。大規模な製陶工場では、ボウルや皿の標準的な生産方法として、これらの手法を用いているところが多い。

● 単価と設備投資
成形型はバッチ生産にも利用しやすい価格だ。このプロセスは、短期間の手作り生産にも用いられる。

● スピード
ジョリングは平均で1分間に8個、ジガリングは平均で1分間に4個が製造できる。

● 面肌
表面の状態は、中間仕上げを必要とせず製品に釉薬がけをして火入れできる程度だ。

● 形状の種類・複雑さ
スリップキャスティング（144ページを参照）では製品の内側のディテールが外形によって完全に決まってしまうが、それと比較してジガリングとジョリングでは内側と外側の両方の輪郭を互いに独立して管理することができる。

● スケール
機械生産されたディナー皿の標準的なサイズは、火入れ後の直径約30cm（12インチ）まで。

● 寸法精度
±2mm（1/12インチ）。

● 関連する材料
すべての種類のセラミック。

● 典型的な製品
どちらの手法も主に食卓用の食器類の製造に使われており、どちらを使うかは器の深さによって区別される。ジョリングはポットやカップやボウルなど、一般的に深さのある容器の製造に用いられるが、ジガリングは皿やソーサー、浅形ボウルなど浅い製品に用いられる。

● 同様の技法
陶器用ろくろを使うことを除けば、ジガリングとジョリングに代わる最も近いセラミックの加工法はろくろ加工（32ページ）であり、成形型に大きな投資をせずにさまざまな輪郭の回転対称な形を作るために用いられる（その一方、より複雑なセットアップが必要となる）。代替手法としては、コールドおよびホットアイソスタティック成形（174ページおよび178ページを参照）や加圧スリップキャスティング（144ページ）なども挙げられる。

● 持続可能性
型から取り除かれた余分な粘土は再利用することにより、全体的な材料の消費量を減らすことができる。最初の形成作業はあまりエネルギーを使わないが、高温での粘土の焼結は非常にエネルギー集約的だ。しかし、1つの窯で数百個の製品を焼くことができるため、エネルギーは効率的に利用される。

● さらに詳しい情報
www.wades.co.uk
www.royaldoulton.com
www.wedgwood.co.uk

1. Cut from Solid

1. スプレッダー上に置かれた粘土のかたまり。

2. 平らな輪郭によって、均一な「バット」が形成される。

3. バットは手でスプレッダーから取り除かれる。

4. バットは型に、手作業で配置される。

5. 慎重に監視しながら、断面図の形状をしたヘッドを回転するバットに当てて、粘土を削り取る。

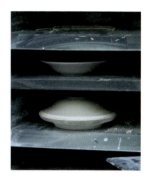

6. ジガリングによる製造に典型的な平たい形のスープ皿が、これから火入れされるところ。

長所	+	厚さと断面形状を完全に管理できる。
	+	スリップキャスティング（144ページを参照）よりも費用対効果が高い。
	+	スリップキャスティングよりもひずみが少ない。
短所	−	火入れ中の縮みのため、精度が低下することがある。
	−	これらのプロセスは陶器用ろくろと同じ原理に基づいているため、軸対称のパーツしか製造できない。

1. 固体の切断

1. 大まかに形作られた円盤（ライナー）が、深さのある型に押し込まれる。

2. 断面図の形状をしたヘッドが、回転する型の内側全体に均一にライナーを押し広げる。

3. 型と接触していた外側は、手作業で仕上げられる。

プラズマアーク切断
Plasma-Arc Cutting

この写真は、この切断手法の重工業的な性質を示している。鋼管を中心軸のまわりに回転させることによって、短い長さの切断にも対応している。

このプロセスを要約すると、「ツナギを着て遮光メガネのついたヘルメットをかぶった男たち」という表現で十分かもしれない。酸素アセチレン切断 (54ページを参照) と並んで、プラズマアーク切断は重工業の世界で使われており、熱切断法 (thermal cutting) と呼ばれる非チップフォーミング加工法に分類される。切断される金属を文字通り蒸発させるほど高温となった電離ガスの流れによって切断を行う。このプロセスには「プラズマ」という用語が使われている。プラズマとは、非常に高い温度に熱せられたガスのことだ。通常は窒素、アルゴン、または酸素などのガスがノズルの中心にある狭い隙間を通って流れるが、その心臓部には負に帯電した電極が組み込まれている。この電極に供給されるパワーが、ノズルの先端と切断される金属との接触部を通過して、電流が流れる。これによって強力な火花、すなわちアークが電極と金属の工作物との間に形成され、これによってガスは加熱されてプラズマ状態となる。このアークは27,800℃ (50,000°F) もの温度に達し、ノズルの通過にしたがって金属を溶かして行く。

「カーフ (kerf)」と呼ばれる切断ラインの幅は、金属板の厚さに応じて1〜4mm (1/25〜1/8インチ) の幅で変動する可能性があり、部材の寸法に影響するため、形状をデザインする際には考慮する必要がある。

プラズマアーク切断

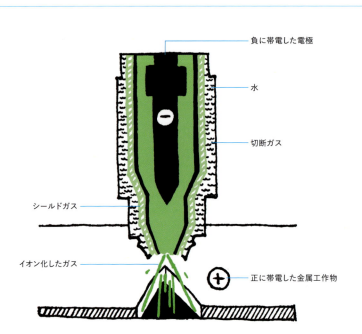

加圧された超高温の電離ガスが、水で冷却された狭いノズルを通って高速で流れることによって、正に帯電した切断される金属部材と電極との間にプラズマのアークが形成される。工作物はこれによって溶解し、発熱反応によって酸化される。

長所	+	手作業でも、自動化されたプロセスでも利用可能。
	+	厚板に適している。
	+	酸素アセチレン切断よりも、切断可能な金属の範囲が広い。
短所	−	2mm（1/12インチ）未満の厚さのシートには不適。

Information

● 製造ボリューム

プラズマアーク切断は、成形型を使わずに実施できるため、小バッチ数量向きの経済的なプロセスだ。

● 単価と設備投資

切断テンプレートを使うのでなければ、このプロセスは成形型を必要としない。自動化されたプロセスでは、形状の情報はCADファイルから供給される。

● スピード

一般的には非常に短いセットアップ時間しか必要としないが、スピードは材料の種類と厚さによって大きく左右される。例えば、25mm（1インチ）の鋼鉄のかたまりを300mm（12インチ）の長さにわたって切断するには約1分かかるが、2mm（1/12インチ）の部材は1分あたり2,400mm（94インチ）の速度で切断できる。

● 面肌

硬質ステンレス鋼を用いた場合であっても、このプロセスでは平滑でクリーンな切断面が得られ、その結果は酸素アセチレン切断（54ページを参照）を上回る。また費用と切断面の品質との兼ね合いで、さまざまなグレードの表面が得られるように切断をコントロールすることもできる。つまり長い時間をかければ、良い切断面が得られるのだ。

● 形状の種類・複雑さ

このプロセスは、肉厚の材料に最適だ。8mm（3/8インチ）未満の薄い金属は、このプロセスによってひずみが生じるおそれがある。その点は狭い断面の場合も同様だ。すべてのシート切断作業と同様に、ある形を別の形の中に入れ子に（ビスケットを作る際に、伸ばした生地を最大限に活用するためなるべく隙間を開けずに型抜き

をするように）すれば、経済的に材料を利用できる。

● スケール

手持ち式で切断される場合には、最大サイズの制限はない。おおよそ8mm（3/8インチ）よりも薄いシートは、ひずむおそれがある。

● 寸法精度

材料の厚さによるが、基本的には厚さ6〜35mm（1/4〜1 3/8インチ）のシート状材料については±1.5mm（1/17インチ）の精度を保つことが可能。

● 関連する材料

電気伝導性のある金属材料なら何でも。しかし、ステンレス鋼やアルミニウムが最も一般的だ。このプロセスは、鉄鋼の炭素含有量が高くなるほど困難になる。

● 典型的な製品

造船や機械設備部品などの重量構造物。

● 同様の技法

電子ビーム切断（EBM、30ページ）、酸素アセチレン切断（54ページ）、レーザー（52ページ）およびウォータージェット（48ページ）切断。

● 持続可能性

プラズマアーク切断は最もエネルギー集約的なプロセスのひとつであり、ガスに切断力を持たせるために非常な高温と高圧を必要とする。シートから形が切り出される場合があるため、廃棄される材料の量も多い。

● さらに詳しい情報

www.aws.org

www.twi.org.uk/j32k/index.xtp

www.hypertherm.com

www.centricut.com

シート
Sheet

材料のシートから加工される部材

ここ15年ほどで、シート材料から作られる製品の数は飛躍的に増加した。これは事前加工済み材料を出発点とすることで、製造コストが低減できるためかもしれない。また型抜きツールの費用対効果が大きく、さらにケミカルミリングなどのプロセスではまったく成形型のコストがかからないことが影響しているのかもしれない。しかし量販市場では、ポリプロピレンなどのプラスチックの型抜きによって、新しいパッケージや照明具、そして大がかりな家具なども大量に作られるようになってきた。おそらく、切断は製造業者で行われ、手折り加工や組み立ては消費者が行うという、これらの材料の特性がセールスポイントとなっているのだろう。

ケミカルミリング
［別名］フォトエッチング
Chemical Milling AKA Photo-Etching

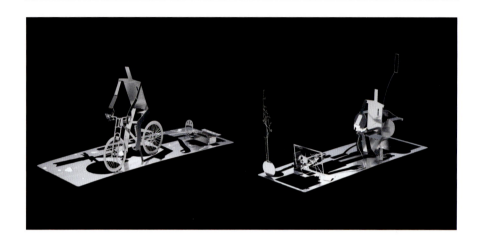

製品	Mikroman ビジネスカード
デザイナー	Sum Buxton
材料	ステンレス鋼
製造年	2003

これらの賢くデザインされたビジネスカードは、組み立てると一方は自転車に乗る人、もうひとつはオフィスの風景に変貌する。この微細で精緻なディテールは、非常に装飾的で微細な金属切断手法としてのケミカルミリングの能力を示す秀逸な例だ。

ケミカルミリングはフォトエッチングとも呼ばれ、写真現像と同様のプロセスで腐食性の酸を使って薄く平坦な金属シートに精緻なパターンを作成する優秀な手法だ。

ケミカルミリングはまず、処理対象の材料の表面にレジストをプリントするところから始まる。このレジストが酸の腐食作用に対する保護層となるが、これは線のパターンとして描いても、写真画像として印刷してもよい。

長所	+	成形型が必要ない。
	+	表面のディテールを作り出す、非常に柔軟性のあるプロセス。
	+	イメージはCADファイルからフィルムへレーザーでプロットされるので、デザインの変更が容易。
	+	微細な寸法精度。
	+	薄いシートに適している。
短所	−	金属にしか使えない。

部材の両面に酸がスプレーされると、金属の露出した（レジストのない）部分が化学薬品によって浸食される。プラスチックに用いられる型抜きプロセス（46ページを参照）と同様

に、折り線を「エッチング」するパターンによって、折り曲げて立体構造を作成できるような折り目をシートにつけることもできる。

Information

● 製造ボリューム

一品の製造も可能だが、このプロセスはバッチや大量生産のほうに向いている。

● 単価と設備投資

レジストの印刷によって硬質工具（hard tooling）が必要なくなるため、必要な初期費用は低い。しかし、大量生産品よりもバッチ生産品のほうが、劇的に単価が安くなることはあまりない。

● スピード

アートワークの複雑さによる。

● 面肌

金属の腐食のため、ハーフエッチングされた表面は荒く、マットなテクスチャーとなる。しかしこのテクスチャーが装飾的な効果を生み出すことも多い。切り口にバリは生じない。

● 形状の種類・複雑さ

このプロセスは、薄いシートや箔の切断に最適だ。また、レーザー切断（52ページを参照）によって生じがちな焼けなどの欠陥を生じることなく、非常に精緻な形状やディテールを作成することができる。

● スケール

一般的には、標準的なシートのサイズに制限される。

● 寸法精度

精度のレベルは、材料の厚さによって決まる。穴の大きさは金属の厚さよりも（通常は1〜2倍）大きくなくてはならず、このため厚さ0.025〜0.050mm（$\frac{1}{1000}$〜$\frac{1}{500}$インチ）の材料の精度は±0.025mm（$\frac{1}{1000}$インチ）となる。

● 関連する材料

チタンやタングステン、そして鋼鉄など、さまざまな金属がこのプロセスに使える。

● 典型的な製品

スイッチの接点などの電子部品、アクチュエーター、工業用ラベルや標識に使われるマイクロスクリーンやグラフィックスなど。この加工法は工業用部材にも使われ、また軍用にはミサイルの柔軟なトリガー装置を作るために使われている。このトリガーは非常に微細にできていて、目標に近づくにしたがって大気圧で形を変えるようになっている。

● 同様の技法

電子ビームマシニング（30ページ）、レーザー切断（52ページ）、板抜き（65ページの金属切削加工を参照）、および微小金型の電気鋳造（254ページ）。

● 持続可能性

このプロセスは有害な化学薬品の使用を必要とするが、汚染物質を除去して液体をリサイクルしプロセスへ再投入することによって、責任ある処理が行われるようになってきた。これによって、廃棄物と共に水の使用量も減少する。さらに、エッチングの複雑さと正確さのため二次加工が必要ないので、さらにリソースやエネルギーが節約できる。機械的な切削手法とは違って、廃棄された材料をリサイクルすることはできない。

● さらに詳しい情報

www.rimexmetals.com
www.tech-etch.com
www.precisionmicro.com
www.photofab.co.uk

型抜き加工
Die Cutting

このプロセスを最も単純にたとえるとすれば、キッチンでクッキー型を使ってクッキー生地から形を切り抜くことを考えてみてほしい。型抜きは紙やプラスチックへも簡単に適用でき、薄い材料に鋭い刃先を押し当てて一気に形を切り取る単純なプロセスだ。型抜きツールには、2つの役割がある。主な役割はシートから形を切り抜くことだが、2つ目は材料に折り目を付けて正しい位置で折り曲げられるようにすることだ。この折り目は、1枚のシートから立体形状やヒンジを作り出す際に必要となる。

製品	Norm 69 ランプシェード
デザイナー	Simon Karkov
材料	ポリプロピレン
製造業者	Normann Copenhagen
製造国	デンマーク
製造年	2002

69ランプシェード（左）は、ぎっしりと平らな状態でピザサイズの箱に入っている。箱に入っている型抜きされたプラスチックの平らな部品を、顧客が約40分かけて折り曲げて組み立てると、この複雑な構造となる。

長所	+	初期費用が低く、バッチ生産にも経済的。
	+	印刷と簡単に組み合わせることができる。
	+	多くの形状を、1回の型抜き作業で切り取ることができる。
短所	−	立体製品は手作業での組み立てが必要で、また一定の標準的な構造に限られる。

Information

● 製造ボリューム
数百個程度から数千個までの小規模バッチ。

● 単価と設備投資
カッターは低コストなので、小規模な生産にも非常に経済的なプロセスだ。材料のシートは1枚ずつ供給することもできるが、材料をロールで供給すれば最終製品のコストを大幅に引き下げることができるだろう。

● スピード
型抜きはパッケージ用途では一般的な製造プロセスであり、製造サイクルタイムは1時間あたり数千個まで。鋳造製品とは異なり、形状の複雑さは型抜きのスピードに影響しない。しかし、組み立て作業はより労働集約的だ。

● 面肌
表面は材料によって決まる。しかし切断面はクリーンで精密であり、カッターが材料を切断する際に非常に微細なアールが付く。ご推察のとおり、シートはさまざまな形態の印刷やエンボス加工、あるいはこれらの組み合わせによって仕上げることが可能だ。

● 形状の種類・複雑さ
形状の複雑さを実際に決めるのは、型抜きのサイズだ。おおよそ5mm（1/5インチ）未満の非常に細かいスロットは、型抜きするのが難しい。心に留めておくべきデザインの問題として、パーツのまわりの余分なプラスチックを取り去る必要があること、また小径の穴からプラスチックをきれいに取り除くのは困難だ、ということがある。

● スケール
多くの製造業者は1,000mm×700mm（28インチ）までの大きさのシートを何の問題もなく型抜きしてくれるはずだし、これよりも少し大きなサイズやロールからの直接加工に対応して

くれる業者もある。しかし、ロールの場合には材料の選択が制約されてしまう。1,000mm×700mm（28インチ）を超える大きなシートへの印刷は、大型の印刷機の利用が限定されるため、難しいかもしれない。

● 寸法精度
非常に高い。

● 関連する材料
使用されている材料は大部分ポリプロピレンであり、丈夫なヒンジが作り込めることがその理由だ。他の標準的な材料としてはPVC、ポリエチレンテレフタレート（PET）、紙、そしてさまざまな種類のカードなどがある。

● 典型的な製品
型抜きは、特に箱やカートンなどのパッケージ用途に広く使われている。この種の製品は、立体構造を作り上げるために組み立てが必要だ。その他の、より製品寄りの適用例としては、複雑な組み立てを必要とするランプシェード（写真）やおもちゃ、さらには家具などがある。

● 同様の技法
平らなシートを切り抜く手法としては、レーザー（52ページ）やウォータージェット切断（48ページ）を試してみるとよいだろう。

● 持続可能性
型抜きは、形を入れ子にして廃棄される材料を減らせば、材料の利用率という点でより経済的となる。材料の性質によって、廃棄物（かなりの量が生じる）を再加熱してリサイクルできるかどうかが決まる。

● さらに詳しい情報
www.burallplastec.com
www.ambroplastics.com
www.bpf.co.uk

ウォータージェット切断
[別名] 水圧マシニング加工
Water-Jet Cutting AKA Hydrodynamic Machining

19世紀の半ばごろから、ウォータージェットは鉱山で材料を取り除く方法として使われてきた。さらに進化した現代のプロセス（水圧マシニング加工とも呼ばれる）では、通常0.5mm（1/50インチ）ほどの途方もなく細い水のジェットが作り出され、20,000〜55,000psi（ポンド／平方インチ）という高圧で、音速の2倍もの速度でノズルから噴射される。ウォータージェット切断は水だけでも微細な切断を行えるが、ガーネットなどの研磨剤を添加すれば、より硬い材料を切り取るためにも使える。

製品	Princeチェア
デザイナー	Louse Campbell
材料	レーザー切断された金属の上にウォータージェット切断されたEPDM（エチレン・プロピレンジエンモノマー）、およびフェルト
製造業者	Hay
製造国	デンマーク
製造年	2005

このチェアの装飾的なパターンは、微細なパターンを切り取って立体形状を作成できる、ウォータージェット切断の潜在能力を示している。

長所	+	冷間プロセスなので、材料を加熱しない。
	+	ツールの接触がないので、切断面が変形しない。
	+	さまざまな厚さのさまざまな材料に、非常に細かいディテールを切り取ることができる。
短所	−	特に厚いものを切る際には、ジェットが材料へ食い込むにしたがって、元の経路からそれてしまうことがある。

Information

● 製造ボリューム

このプロセスは成形型を必要とせず、したがって一品の製作にも大規模な生産量にも同様に適している。

● 単価と設備投資

成形型がなく、デザインはCADファイルから得られるため、初期費用は低く、その結果として単価が高くなってしまうこともない。形は「入れ子」にして、シートの表面積を最大限に活用するように賢く配置することもできる（伸ばしたクッキー生地からクッキーを切り抜くときのように）。

● スピード

研磨剤入りのジェットは、厚さ13mm（½インチ）のチタンシートを1分間に160mm（6¼インチ）の速度で切り進むことができる。

● 面肌

切断面はまるでサンドブラスト加工されたようなエッジとなるが、レーザー切断（52ページを参照）で場合によって生じるようなバリはまったく生じない。

● 形状の種類・複雑さ

カッターはプロッターやCNCルーターと同じように動作するため、微細で精緻な形状を切り取ることが可能だ。しかし高い水圧のため、薄いシート状の材料はひずんだり曲がったりすることがある。レーザー切断のようなプロセスではそのような圧力が生じないため、この問題は回避できる。

● スケール

大部分の工業用途の切断は切断台の上で行われるため、使用できる材料のサイズは制約される。標準的なサイズは、最大で3m×3m（10フィート×10フィート）まで。厚さの上限は、材料によって異なる。

● 寸法精度

ジェットの精度は0.1mm（½50インチ）まで可能。特に厚い材料の場合、ジェットが入射地点からわずかに「うねる」ことがある。

● 関連する材料

ウォータージェット切断が提供する材料についての選択肢は非常に幅広い。ガラス、鋼鉄、木材、プラスチック、セラミックス、石材、大理石、さらには紙といった材料の中から選ぶことができる。またこの手法は、サンドイッチなどの食品を切るためにも使われている。とはいえ、特に水を吸収しやすい材料はこのプロセスには向いていない、ということには注意しておいたほうがよいだろう。

● 典型的な製品

装飾用の建築用パネルおよび石材。このプロセスは水中でも非常に良好に働くので、2000年にはロシアの潜水艦クルスクの救助作戦に使われた。

● 同様の技法

このプロセスは型抜き（46ページ）の代用として、またレーザー切断（52ページ）の熱を使わない代替手法として使うことができる。

● 持続可能性

切断に用いられる水をリサイクルしてプロセスへ再投入することにより閉ループサイクルを形成すれば、水の消費と資源が節約できる。さらに、ツールが接触しないため、部品交換に伴うメンテナンスや材料の使用量が減らせる。熱を必要としないためエネルギーの消費量はかなり低く、切断中に煙や有毒物質や汚染物質が排出されることもない。材料の性質によって、廃棄物（かなりの量が生じる）を再加熱してリサイクルできるかどうかが決まる。

● さらに詳しい情報

www.wjta.org
www.tmcwaterjet.co.uk
www.waterjets.org
www.hay.dk

ワイヤ放電加工（EDM）および切断

Wire EDM (Electrical Discharge Machining) and Cutting

ラム EDM（ram EDM）を含む

デザイナーたちは、デザインを表現する効果的な方法として、表面の装飾に再び目を向けている。エンジニアリング向けに利用されてきた工業的なテクニックを借用して、非常に精緻なパターンが作り出されるようになってきた。その装飾性は、まるで自然界かおとぎ話の世界から抜け出てきたかのように思えるほどだ。

数多くの風変わりな手法が、加工困難な材料へ複雑なパターンを刻み込むために発明されている。電気は、その現象が最初に観察された1770年代の昔から、科学者たちによって材料の切断や加工に利用されてきた。ワイヤEDM（放電加工）は、精緻なパターンを刻み込むために電気現象を利用する、最新の加工法のひとつだ。

ワイヤEDMは1970年代に商業展開されてから、次第に金属加工の有力な手法となってきた。ウォータージェット切断（48ページを参照）やレーザー切断（52ページを参照）などの加工法と同様、ワイヤEDMは非接触で材料を切断する手法だ。ワイヤEDMは他の2つほど一般的には使われてはいないし、超硬スチールや、高性能合金やカーバイド、チタンなどの切断困難な金属向けの手法ではあるが、やはり同等レベルの精緻な加工が行なえる。

ワイヤEDMは放電加工（スパーク加工とかスパーク腐食などと呼ばれる場合もある）の一種であり、スパークを使って材料を溶かし去ることによって非常に硬く伝導性のある金属を切断する。スパークは細い電線（電極）によって生成され、プログラムされた切断経路（CADファイルによって決定される）をたどる。電極と材料との間には接触がなく、スパークはその隙間を飛び越えて材料を溶かす。同時に脱イオン処理水が溶融点に噴射され、材料を冷却すると同時に削りくずを洗い流す。

「ラム」と呼ばれる、また別の種類のEDM加工法も存在する。名前が示すように、この手法では形状加工されたグラファイト電極をアーム（ラム）の先端に取り付け、材料の表面に押し当てて切削を行う。

Information

● 製造ボリューム

プロセスと形状の制御はオペレーターによって手作業で、またはCADファイルから行われるため、一品ものにも自動化された大量生産にも同様に適している。

● 単価と設備投資

成形型は必要としない。

● スピード

最新世代のEDMマシンは、材料の電気抵抗と、当然ながらその厚さに応じて、1分間に400mm^2（½平方インチ）までの速度で切断を行える。厚さ50mm（2インチ）の鋼鉄の部材は、1分間に約4mm（⅙インチ）の速度で切断できる。

● 面肌

ワイヤEDMは、すばらしい表面仕上げを実現できることで知られている。

● 形状の種類・複雑さ

精緻なワイヤによって、最も強靭な材料にも非常に精緻な形状を切り出すことができる。

● スケール

材料、発電機のサイズやパワーにもよるが、この加工法では500mm（20インチ）という驚くほどの厚さの金属のかたまりを切断できる。しかし、この場合切断速度は1分間に1mm（½₅インチ）未満となるため、非常に時間がかかることになるだろう。

● 寸法精度

ワイヤEDMは非常に精密であり、サブミクロン単位の精度が達成できる。

● 関連する材料

導体金属に限定される。材料の硬さが切断速度に影響しないため、硬い金属に最適な加工法だ。

● 典型的な製品

この加工法の大きな市場のひとつは、工業生産に用いられる超硬加工されたダイやカッターだ。その他の用途としては、航空宇宙産業向けの超強靭部材などが挙げられる。

● 同様の技法

レーザー切断（52ページ）および電子ビーム切断（EBM、30ページ）。

● 持続可能性

消費電力は非常に大きい。特に切断速度が遅い場合にはサイクルタイムが長くなるため、さらに消費電力は大きくなる。材料の消費量と廃棄物を減らすには、切断屑を溶かし直してリサイクルし、プロセスに戻す必要がある。

● さらに詳しい情報

www.precision2000.co.uk
www.sodick.com
www.edmmachining.com

長所	+	通常では加工が困難な金属に、精緻な形状を切り出すのに最適。
	+	物理的な力を加えずに切断する加工法。
	+	洗浄の必要がない。
短所	−	時間がかかる。
	−	電気伝導性のある材料に限られる。

レーザー切断
Laser Cutting

レーザー加工（laser-beam machining）を含む

ウォータージェット加工（48ページ参照）や電子ビーム切断（30ページ参照）と同様に、レーザー切断は金属を切断し装飾する非チップフォーミング手法だ。CADファイルからの入力に従って、非常に精密な加工が行える。簡単に言うと、光線を高度に集束させることによって1平方センチメートルあたり数百万ワットのパワーを生み出し、これによってその経路に存在する材料を溶かすことによって加工を行う。

レーザー加工はレーザー切断の一種で、多軸ヘッドを使って立体を切り取るものだ。強力な光線がCADファイルに指定された複雑な経路を描くので、細かく精密なデザインが可能となる。

これらの加工法は両方とも、通常の切削ツールでは正確に加工できないような部材を切断できる。どちらの手法も切断される材料とは接触しないので、最小限の固定しか必要としない。

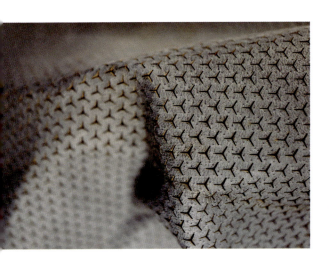

このレーザー切断された皮革は、レーザー切断において考慮が必要となる重要なポイントを示している。それは、レーザーの出力が精密に制御されなければ、材質によっては焼けが目立ってしまうということだ。

長所	＋ 工具の摩耗がなく、最小限の固定しか必要とせずに、一貫して精度の高い切断が可能。
	＋ 幅広い材料に適している。
	＋ 切断面の後処理を必要としない。
短所	－ 材料を切り出すための最適な厚みがあり、それを超えると問題が生じる場合がある。
	－ 大規模な生産には時間がかかりがちなため、一品またはバッチ生産に最も適している。

Information

● 製造ボリューム

バッチ生産に適している。

● 単価と設備投資

CADファイルによって切断が制御されるため、成型が必要なく、設備投資額も低い。

● スピード

すべての切断手法と同様に、この加工法のスピードは使われる材料の種類と厚さによって決まる。大まかな目安としては、厚さ0.5〜10mm（1/50〜3/8インチ）のチタン合金が1分間に2.5〜12m（8〜40フィート）の速度で切断できる。

● 面肌

この加工法は木材には焼けを起こすが、金属の場合には切断面はクリーンで後仕上げを必要としない。しかし、光沢の強い表面は反射器として働き効率が落ちてしまうため、金属の表面は切断前につや消しの状態にしておかなくてはならない。

● 形状の種類・複雑さ

マシンによって、レーザーは水平に、または多軸ヘッドにマウントされる。後者の場合には立体的で複雑な形状を切り取ることができるため、レーザー加工と呼ばれることがある。

● スケール

標準的なシートサイズに限定される。

● 寸法精度

精度は非常に高く、直径0.025mm（1/1000インチ）といった細い穴も可能だ。

● 関連する材料

ステンレス鋼や炭素鋼などの、硬い鋼鉄に使われることが多い。銅、アルミニウム、金や銀など は熱伝導率が高いため、より困難になる。木材、紙、プラスチックやセラミックスなど、非金属もレーザー切断できる。ガラスやセラミックスなどの材料は、他のテクニックでは複雑なパターンを切り取ることが難しいため、特にレーザー切断に向いている。

● 典型的な製品

金属部材、外科手術用の器具、木製のおもちゃ、金網やフィルターなど。レーザー切断されたセラミックスは工業製品の絶縁体として使われており、またレーザー切断されたガラスや金属を使って家具も作られている。

● 同様の技法

ウォータージェット切断（48ページ）、型抜き（46ページ）、電子ビーム切断（EBM、30ページ）、およびプラズマアーク切断（39ページ）。

● 持続可能性

レーザー切断は光線の強度を保つため非常にエネルギー集約的であり、厚い、または大きな部材を加工する際にはスピードがかなり遅くなる。しかし、ツールと材料との間には接触がないので、メンテナンスの必要性が低く、そのため部品交換に伴う原材料の消費量が減らせる。すべてのシート切断テクニックと同様、材料の廃棄率は高いことが多い。廃棄物を再加熱してリサイクルできるかどうかは、材料の性質による。

● さらに詳しい情報

www.miwl.org.uk

www.ailu.org.uk

www.precisionmicro.com

酸素アセチレン切断

[別名] 酸素切断、ガス溶接、またはガス切断

Oxyacetylene Cutting AKA Oxygen Cutting, Gas Welding or Gas Cutting

---

この金属板の加工法では、ノズル出口で混合された酸素とアセチレンが点火され、高温の炎を作り出す。金属はこの混合ガスによって予熱され、そして炎の中心部に高純度の酸素が吹き込まれることによって、工作物が急速に酸化される。熱による切断手法では酸素と鉄（またはチタン）との間の化学反応を利用するため、薄い、または細い材料は熱によってひずむのでこの加工法には適していない。

この種の切断手法は、手作業でも自動化されたプロセスとしても実施できる。手作業の場合には、ツナギに身を包み、フルフェイスの保護ヘルメットをかぶった作業者という、伝統的なイメージがこの加工法を象徴している。ただしこのような状況では、作業者は材料を切断しているのではなく、溶接していることも多いだろう。

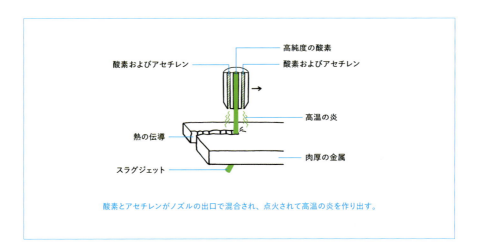

酸素とアセチレンがノズルの出口で混合され、点火されて高温の炎を作り出す。

長所	+	金属の厚板に適している。
	+	手作業にも自動化作業に適用可能。
短所	−	使用できる材料の範囲が狭い。

Information

● 製造ボリューム

金属の厚板を切断する他の手法と比較して、熱切断は小規模のバッチ生産の場合に経済的なプロセスだ。

● 単価と設備投資

切断テンプレートを使うのでなければ、この加工法は成形型を必要としない。自動化されたプロセスでは、形状の情報はCADファイルから供給される。これらの要因により、コストは低く抑えられる。

● スピード

スピードは、使用される材料の種類と厚さによって大きく左右される。この加工法は手作業でも、また高度に自動化された複数トーチのコンピューター制御システムで行われることもある。スピードは、1分間に3メートル（10フィート）にまで達することもある。

● 面肌

費用と切断面の品質との兼ね合いで、さまざまなグレードの表面が得られるように切断をコントロールすることもできる。つまり、切断に時間をかけるほど、良い切断面が得られるのだ。切断面の品質は材料によっても影響されるが、一般的にはプラズマアーク切断（39ページ）のほうが最良の仕上がりが得られる。

● 形状の種類・複雑さ

この加工法は、肉厚の材料に最適だ。8mm（⅜インチ）以下の金属は、非常な高熱によってひずむおそれがある。その点は狭い断面についても同様だ。すべてのシート切断作業と同様に、ひとつの形状を別の形状の中に入れ子に（生地からクッキーを切り取るときのように）して形状間のスペースを最適化すれば、経済的に材料を利用できる。切断面は通常、平面に対して90度となる。それ以外の角度も可能だが、そのために酸素アセチレン切断のセットアップをするのは、プラズマ切断ほど容易ではない。

● スケール

手持ち切断ツールを使えばサイズの上限はないが、自動化プロセスでは部材のサイズは機械のサイズによって制約される。

● 寸法精度

材料の厚さによるが、目安としては厚さ6〜35mm（¼〜1⅜インチ）の材料に対して±1.5mm（¹⁄₁₇インチ）の範囲。

● 関連する材料

鉄類金属とチタンに限定される。

● 典型的な製品

造船や機械設備部材などの重量構造物。

● 同様の技法

電子ビーム切断（EBM、30ページ）、プラズマアーク切断（39ページ）、レーザー切断（52ページ）、およびウォータージェット切断（48ページ）。

● 持続可能性

酸素アセチレン切断は、炎の熱を保つために並外れた高温を必要とするため、またトーチを遅い速度で動かす必要がありサイクルタイムが長いため、非常にエネルギー集約的な加工法だ。さらに、燃料と工作物の両方から、数種類の有害な化学物質が発生する。

● さらに詳しい情報

www.aws.org
www.twi.org.uk

板金加工
Sheet-Metal Forming

板金からモノを作り出すことは、人類が最も古くから手掛けてきたモノづくり手法のひとつだ。例えば古代エジプト人は、金などの柔らかい貴金属をシート状に加工し、そこから非常に精緻な形状を切り取っていた。

板金加工の最も洗練された適用例は、どこにでもあるホイッスルに見ることができる。固体成形（solid-state forming）という総称的なカテゴリーに分類されるホイッスルの製造はインダストリアル・クラフトであり、真ちゅう版を切断し、プレス成形し（65ページの金属切削加工を参照）、そして最後にめっきすることによってシート状の材料を立体に変化させる、多段階のプロセスからなる。しかし、このあまりにも単純化された説明では、これが精密な工業生産手法であるという事実が覆い隠されてしまう。完璧な音の高さのホイッスルを製造するためには、非常に高いレベルの精度が要求されるのだ。

ホイッスルの本体の基本的な構造は、3つの部品から構成されている。底面、マウスピース、そして上面と側面だ。これらの真ちゅう部材は、平面展開図に打ち抜かれ、雄型と雌型によってプレス成形される。こうして作られた部材はハンダ付けで組み立てられ、研磨されてニッケルめっきされる。最後の仕上げとして、コルク玉がマウスピースに押し込まれる。

どんな管楽器でも、非常に鋭いエッジを異なる速さで流れる空気が、2つの振動する気柱を作り出すことによって音を発生する。135年かけて、Acme Whistlesという英国のバーミンガムにある会社が、この非常に精密なプロセスを芸術的な領域にまで高め、たった3％というホイッスルの不良品率を達成した。わずかな、ほとんど目に見えないほどの欠陥でも音に影響してしまうことを考えれば、これは本当に精巧な工業生産の成し遂げた偉業と言えるだろう。

製品	Acme Thunderer ホイッスル
デザイナー	Joseph Hudson
材料	ニッケルめっきされた真ちゅう（写真はめっき前の真ちゅう）
製造業者	Acme Whistles
製造国	英国
製造年	1884

ここに示したAcme Thundererは組み立て前の段階で、ニッケルめっきもされていない。この写真は、最終的な製品を製造するためにどれだけの成形された部材が必要なのかということを示している。

Information

● 製造ボリューム

これは半自動化された手法であるため、さまざまな長さの製造工程に利用できる。

● 単価と設備投資

必要なセットアップと製造ボリュームによって大幅に異なる。宝石加工業者は、ほとんど投資を必要としない単純なツールを使うこともある。対照的に、ホイッスル（写真）の製造プロセスをセットアップするには何百万ポンドもの費用が必要とされるだろう。

● スピード

セットアップによって異なる。ここで紹介したAcme Thundererは、製造に最大3日間かかる。

● 面肌

一般的に言って、シート材料の表面仕上げによるが、研磨や塗装が必要となることが多い。

● 形状の種類・複雑さ

この種類のセットアップの性質から、ジグを作ることによって幅広い種類の非常に複雑な形状を作り出すことが可能だ。

● スケール

板金加工にはサイズの上限はない。

● 寸法精度

非常に高くできる。ホイッスルで完璧な音の高さを実現するためには、±0.0084mm（$\frac{1}{3000}$インチ）の精度が必要だ。

● 関連する材料

真ちゅうや銅、そしてアルミニウムなどの柔らかい金属は特に加工しやすいが、どんな板金にも使える。

● 典型的な製品

板金加工は、さまざまな業界で数多くの製品の製造に使われている。製品の範囲は金管楽器からコンピューターのハウジング、そして車のボディまで多岐にわたる。

● 同様の技法

平らな金属板に形を与えるための加工法としては、金属スピニング加工（62ページ）、打ち抜き加工およびパンチング（65ページの金属切削加工を参照）、ウォータージェット切断（48ページ）、レーザー切断（52ページ）、およびCNC曲げ加工がある。CNC曲げ加工とは、通常は金属のシート状の材料を、さまざまな形に折り曲げる加工法だ。ビスケットの缶を思い浮かべてみてほしい。

● 持続可能性

このプロセスは大部分自動化されているため、かなりの量のエネルギーを消費する一方で、製造工程の多さによってサイクルタイムは増加する傾向にある。しかし、余った金属や切断屑は、リサイクルしてプロセスに再投入することができる。アルミニウムは最もリサイクルされている材料のひとつだ。

● さらに詳しい情報

www.acmewhistles.co.uk

長所	+	この加工法の美点は、複雑な形状を持つ非常に精密な部材が作り出せることだ。
	+	成形具の費用が手頃。
短所	−	シート状の材料に限定される。
	−	製品となるまでに多数の製造工程が必要。

ガラス曲げ加工
Slumping Glass

ガラス曲げ加工とは、重力によってガラスに特定の形を与えることだ。板ガラスを十分に長い時間放っておくと形が次第にゆがんでくることは、大勢の人が知っている。しかし、ガラスを経済的な速度で変形できる弾性状態にするには、熱して十分に高い温度にする必要がある。少なくとも熱を加えなくては、加工に何百年もかかってしまうだろう。硬い板ガラスを耐熱鋳型（耐熱性のある材料でできた鋳型）の上に置き、炉に入れて630℃（1,165°F）に熱すると、ガラスは十分に弛緩して型に沿ってたわんで行き、冷却するとこれが恒久的な形となる。

Fiamテーブル（写真）を形作るには、まず12mm（½インチ）のクリスタルガラスの生地板を切り取る。コンピューター制御されたプロセスで、研磨剤の粉の混じったウォータージェットが小さなノズルから秒速1,000m（3,300フィート）もの速度で噴射される。これによって、どんな材料でも切断できるほど強力なジェットが形成される。平らな生地板を切り取ったら、次はそのシートを曲げなくてはならない。

ガラス板全体と耐熱鋳型が、まったく同じ臨界溶融温度に達しなくてはならない。非常に小さな温度変動も、ガラスを割ってしまうことがあるからだ。正しい温度に達すると、ガラスは弛緩して自重でたわみ、多少の手助けを行うことによって、型の中にくぼんで行く。

製品	Toki サイドテーブル
デザイナー	Setsu and Shinobu Ito （伊藤節+志信）
材料	フロートガラス
製造業者	Fiam Italia
製造国	イタリア
製造年	1995

テーブルトップのカーブ全体と、脚部の優しいカーブは、ガラス曲げ加工によって得られるシンプルな形状を示唆している。

このFiamの製品の見た目の単純さの中には、複雑な加熱プロセスが隠されている。曲げ加工室内部でガラスを正確に正しい温度に保つため、厳密な調整が必要なのだ。この製品のアイディアと形状は単純に見えるかもしれないが、この単純さは手の込んだ最新技術の使用によってのみ、（十分に高い成功率で）達成できるものなのだ。

Information

● 製造ボリューム
ガラス曲げ加工は一品製作にも、バッチ生産にも適した種類の加工法だ。

● 単価と設備投資
大部分の商業的に利用可能な鋳型はガラス状粘土かステンレス製だが、少量生産には石膏やセメント、さらにはファウンドオブジェを使うことも可能。形状の複雑さによって、この加工法では完成品の失敗率が高くなり、したがって単価も高くなることがある。

● スピード
これは工業的なプロセスだが、成形のスピードはきわめて遅く、またかなりの手作業を必要とする。

● 面肌
完全に平滑なガラスの表面が得られるし、テクスチャーを鋳型に組み込むこともできる。

● 形状の種類・複雑さ
このプロセスは重力を利用しているため、平らなシートから垂直方向のたわみによって作られる形なら、どんな形でも可能。

● スケール
ガラス板と、加熱用の炉の寸法によってのみ制限される。

● 寸法精度
ガラスを鋭角に曲げることが難しいため、またガラスの膨張のため、高い精度を達成することは難しいかもしれない。

● 関連する材料
ほとんどの種類の板ガラス（ホウケイ酸ガラスを含む）、ソーダ石灰ガラス、そして溶融石英やガラスセラミックなどの先進材料。

● 典型的な製品
ボウル、平皿、マガジンラック、テーブル、いすや食器類といった家庭用品。工業的な用途としては、車のフロントウィンドウ、照明用の反射板、かまどや暖炉ののぞき窓など。

● 同様の技法
ガラスを型の中ではなく、型の上にたわませることも有用なプロセスで、これは「ドレーピング」と呼ばれることがある。

● 持続可能性
ガラスを加工可能な状態に保つには高温を維持する必要があるため、ガラス加工は例外なく非常にエネルギー集約的なプロセスである。さらに、成形は手作業で行われるため、失敗が起こりやすい。エラーや破損による不良品は溶かし直してリサイクルし、プロセスに再投入できるが、これにはさらに加熱が必要となる。

● さらに詳しい情報
www.fiamitalia.it
www.rayotek.com
www.sunglass.it

| 長所 | + | たったひとつの工程で、板ガラスをユニークな立体形状に加工できる。 |
| 短所 | − | 時間がかかり、またデザインを試行錯誤するには高いレベルのスキルと経験が必要とされる。 |

電磁的鋼鉄加工
Electromagnetic Steel Forming

電磁パルスを製造に利用することは非常に面倒なことに思えるかもしれないが、この既存技術の新しい利用方法は、自動車業界において大型の鋼板部品の製造を革新する可能性を秘めている。

現在のところ大型の鋼板部品は、重い成形プレスで鋼板をダイの形に打ち抜く、金属打ち抜き加工法を使って切断されている。しかし、これには多くの欠点がある。機械のサイズが巨大になること、切断面の品質が低くギザギザしているため（多くの場合は手作業による）後仕上げ工程が必要となることなどだ。これらの理由から、電磁パルス加工が次世代の重要な鋼鉄加工法として脚光を浴びることになった。これによって上にあげた欠点が両方とも克服され、コストの削減と納期の短縮が可能となる。

2個の磁石をくっつけようとすると、磁石が引きあう力を感じたり、磁石の向きを逆にすれば互いに反発する力を感じたりする。この製造プロセスは、単純に後者の力を強力にしたものだ。これにはコイルと電流、そして鋼板を使って、はるかに強力な磁力を注意深く方向づけることが必要となる。コンデンサ（電流を貯蔵する素子）がコイルを通して急速に放電すると、その電流によって強力な磁場が生まれる。この磁場の圧力が、コイルの近くに置かれた鋼板に作用し、鋼板とコイル中の電流との間に非常に強い反発力が働くため、金属は変形する。エネルギーが集中的に方向づけられるため、まったく物理的接触なく、鋼板に精密で微細なパンチが行われる。その衝撃の圧力は、指先の爪ほどの面積に、小型車3台分の重さがかかっているのと同じだと言われている。

電磁パルスの利用というアイディアは新しいものではない。過去には、戦時中に電気通信を妨害する目的で使われたことがある。最近では、この技術は小径のチューブを形成するために使われてきた。科学者たちは、これを大型の鋼板に適用するためにチューブ形成用マシンを改造し、コイルと電荷の放電速度を増強した。研究者たちは、特定の形状とジオメトリで切断が行えるコイルの開発に取り組んでいる。

Information

● 製造ボリューム

このプロセスは主に、自動車業界の中で大量生産スケール向けに開発されている。

● 単価と設備投資

製造開始時の初期投資は高額。しかし、既存の電磁加工マシンのコイルをより強力なものに置き換えるだけで、簡単に改造できる。パーツのメンテナンス費用が低く、後仕上げプロセスが削減できるため、全体的なコストは低下する。

● スピード

このプロセスは、レーザー切断よりも最大で7倍速く部材を切断することができる。スピードは信じられないほど速い（直径30mm（1⅛インチ）の穴を0.2秒で打ち抜ける）。

● 面肌

このプロセスの主な利点は、もっぱら（打ち抜き加工で使われるような）切断ツールの代わりに磁場を使っていることに由来する。材料との間にまったく物理的接触が行われないため、どのパーツにも摩耗や損傷が起こらない。結果として、打ち抜かれた切断面は非常に正確で、後仕上げの必要がなく、したがってサイクルタイムとコストが削減できる。

● 寸法精度

テストによれば、このプロセスはステンレス鋼などの硬化金属に穴を打ち抜くことができ、またダイや型の必要なしに金属を成形するために

も使えることがわかっている。これは重厚な金属部材の生産にまったく新たな可能性を開くものであり、未来の自動車や輸送機関の製造には有用なツールとなることだろう。

● 関連する材料

幅広い磁性金属（つまり、アルミニウムなどにはこのプロセスは適さない）、そしてステンレス鋼やその他の硬化金属など、非常に堅い材料。

● 典型的な製品

このプロセスは、車のドアやフレームやボンネットなど、大型のパネルに最も適している。また洗濯機や食器洗い機、そして冷蔵庫などの家電製品にも利用できる。

● 同様の技法

アルミニウムのスーパーフォーミング（76ページ）、プレス加工（65ページ）、Industrial Origami®（67ページ）。

● 持続可能性

鋼板を変形するために必要とされる集中的な圧力のため、エネルギー消費量は非常に高くなると思われる。しかし、電磁的加工には成形具や鉄鋼との接触が必要とされないため、マシンの寿命にわたってメンテナンスとパーツ交換に伴う原材料の消費が節減できる。

● さらに詳しい情報

http://www.fraunhofer.de/en.html

長所	+	非常にクリーンで微細なパンチが行えるため、後仕上げの工程が省略できる。
	+	このプロセスでは型やダイの必要がなく、したがって大幅にコストが削減できる。
	+	打ち抜き加工と比べて、オペレーターがけがをするリスクが低下する。
短所	−	このプロセスはまだ開発段階にあるので、商業的に採算がとれるようになるまでにはしばらくかかるかもしれない。
	−	高い圧力が必要とされるため、エネルギー消費量は非常に高くなると思われる。

金属スピニング加工
Metal Spinning

ずり流動成形（sheer and flow forming）を含む

スピニングは、金属板を曲げるために広く使われているテクニックだ。その名前のとおり、この加工法では「生地板（blank）」と呼ばれる平らな金属の円板を回転（スピン）させながら、回転するマンドレルの周りに押し付け、密着させることによって、曲線的な薄肉形状が作成される。平らな金属板（生地板）は最初にマンドレルに突き当てた状態で固定され、次に両方が同じ方向に高速で回転される。そして回転する金属は、マンドレルと同じ形状になるまで、ツール（手作業のスピニングでは「へら（spoon）」と呼ばれることがある）で木製のマンドレルに押し付けられる。したがって、出来上がった部材はマンドレルの外側の形状のコピーになる。ひとつのセットアップでいくつかの作業を行うことができ、また工作物は凹入した断面（アンダーカット）があっても構わない。デザインプロファイルは中心線に対して実質的に無制限となるが、回転対称でなくてはならない。

製品	Spun
デザイナー	Thomas Heatherwick
材料	つや消し／光沢仕上げの鋼鉄や銅
製造業者	Haunch of Venison
製造国	英国
製造年	2010

これらのスピニング加工された大型の金属は、明確に見て取れるスピニングの当たり線を含め、この加工法によって生み出される典型的な形を余すところなく伝えてくれる。これらの工作物はかなり大きいものではあるが、さらに大きな形状も製作可能だ。

ずり流動成形（sheer and flow forming）はスピニングの進化形で、75％までの範囲で金属パーツの肉厚を任意に変化させるために使われる。凹面や円錐形、および凸面の中空のパーツには最適だ。

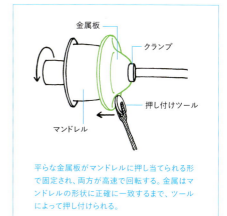

平らな金属板がマンドレルに押し当てられる形で固定され、両方が高速で回転する。金属はマンドレルの形状に正確に一致するまで、ツールによって押し付けられる。

1. 木製マンドレルの準備

2. 金属とマンドレルの両方を回転させながら、金属がマンドレルへ押し付けられる。

3. 金属の部材が、マンドレル上に形成される。

長所	＋	スピニングは大量生産にも非常に柔軟に対応できる一方で、小規模バッチ生産にも向いている。
	＋	成形具のコストが低い。
	＋	材料を除去（切削）したり、つなぎ合わせたりするプロセスを追加しなくても、複雑な形状が作れる。
短所	−	部材によっては、スピニング加工中に硬化してしまう場合がある。
	−	スピニングには後仕上げが必要となる場合が多い。
	−	この加工法では、金属が型の上で引き延ばされるため、肉厚のコントロールが制約される。

Information

● 製造ボリューム

一品の試作品からバッチ生産、および数千個の生産量まで。

● 単価と設備投資

押し付けツールやマンドレルは、部材のサイズと必要な数量に応じて木材または金属から作られる。少ない個数ならば安価な木製のマンドレルで十分だが、大量生産工程の場合には金属が適している（木製だと摩耗が激しいため）。

● スピード

製造サイクルタイムはプレス成形（65ページの金属切削加工を参照）よりも長いが、セットアップ時間はかなり短いため、金属スピニング加工はプロトタイピングや一品、そして小規模から中規模のバッチ生産に向いている。

● 面肌

スピニング加工された表面は、部材の外面に残る同心円状の当たり線を除去するため、磨く必要があるかもしれない。

● 形状の種類・複雑さ

これは、金属板から回転対称な形状を作り出すための、ひとつのテクニックに過ぎない。円盤、円錐、半球、そしてリングなどが、この加工法を使って作られる典型的な形状だ。アンダーカットや凹入したくぼみも、分割マンドレルを使えば可能だ。分割マンドレルは取り外しの際には、ミカンの房のように分割できるようになっている。中空の球などの閉じた形状は、半分ずつ作ってからつなぎ合わせて作成される。

● スケール

スピニング加工された金属製品の大きさは、下は直径10mm（⅜インチ）未満から製造でき、また反対に大きいほうでは米国のAcme Metal Spinningが差し渡し3.5m（11½フィート）もの形状を製造している。

● 寸法精度

金属はマンドレルに沿って引き延ばされるため、パーツの厚さはスピニング加工中に変化する。

平らな形状であるほど、金属を引き延ばす必要は少なくなる。

● 関連する材料

柔らかい延性のある銅やアルミニウム（最も普通）から硬いステンレス鋼まで、さまざまな金属にスピニングは適用できる。

● 典型的な製品

台所の中華鍋は、スピニングで作られる物品のよい例だ。外側の表面に同心円状の線として、スピニング加工の痕跡が残っているのが見られるかもしれない。その他の製品としては、花瓶、照明器具のランプシェード、カクテルシェーカー、つぼ、そしてさまざまな産業用部材の数々が挙げられる。

● 同様の技法

スピニングは、より複雑な製品を作り上げるために他のテクニックと組み合わされることが多い。例えば、加圧成形されたパーツは多くの場合、ネックやフランジ、フレアなどを作り込むためにスピニング加工される。スピニング加工よりもはるかになじみは薄いが、漸進的板金加工（261ページ）は、たったひとつのツールで金属板からさまざまな種類の複雑な形状を作り出せる新しい加工法だ。

● 持続可能性

金属スピニング加工は、パーツを長い時間、高速度で定常的に回転する必要があるため、利用される加工法の中では最もエネルギー集約的なもののひとつだ。しかし、成形された金属は強度が高いため、パーツには卓越した耐久性があり、ライフサイクルを伸ばすことが可能となる。さらに、製品の寿命の終わりには、金属は溶かして再利用できる。

● さらに詳しい情報

www.centurymetalspinning.com
www.acmemetalspinning.com
www.metalforming.com
www.metal-spinners.co.uk

金属切削加工
Metal Cutting

プレス成形（press forming）、せん断加工（shearing）、板抜き（blanking）、パンチング（punching）、曲げ加工（bending）、ミシン目加工（perforating）、ニブリング（nibbling）、および打ち抜き加工（stamping）を含む

金属業界では「切削」という言葉はほとんど用いられない。そのような技術的に漠然とした用語は、ほとんど意味をなさないからだ。切削加工プロセスは、チップフォーミングと非チップフォーミングという、2つの主要カテゴリーに分類できる。プレス成形、せん断加工、板抜き、パンチング、曲げ加工、ミシン目加工、ニブリング、そして打ち抜き加工は、すべて金属板の非チップフォーミングをさまざまな角度から説明する用語だ。一方、フライス盤加工（24ページのマシニング加工を参照）および旋盤上のろくろ加工（32ページ）などの手法は、チップフォーミングのテクニックだ。パンチングと板抜きは、両方ともシートの一部を取り除いて穴を形成するという意味では非常によく似ている。これらの加工法の違いは、パンチングではシートからその一部を取り除いて最終的な形にするのに対して、型抜きは（クッキー型を使って延ばした生地からたくさんクッキーを作るときのように）シートから別の形を作るプロセスだという点にある。飲料缶のふた（写真）の元になる金属板は、型抜きを使って作られたと思われる。

ニブリングは、ミシンに似たプロセスで小さな穴を上下に広げて行うことによって、シートを切断するために使われる。せん断加工は、パンチとダイを使い、それらの間隔を厳密にコントロールすることによって行われる（この点が、ダイを使わないパンチングとの違いだ）。「ミシン目加工」と「曲げ加工」については、名前からすぐにわかるだろう。

金属打ち抜き加工は冷間成形プロセスであり、金属板から浅い部材を製造するために使われ

製品	飲料缶のプルタブ
材料	アルミニウム
製造業者	Rexam
製造国	英国
製造年	1989

これは、非常に経済的でなくてはならない一方で、常に期待通り働き、中の飲み物を飲む際に絶対に唇を傷つけないことが求められる日常製品だ。プレス成形とせん断加工という2つの手法が、この広く普及した製品の製造に使われている。

る。シートを切断し成形する手法としてはかなり単純明快だが、いくつかの変種がある。どれもパンチングプロセスを成形プロセスと組み合わせる点は同じだが、これらを順番に行うか、1回のアクションで行うかが異なる。1回の操作ごとに1個のダイが必要となるが、部材を取り出して別のダイを使って次の成形を行うことができる。より複雑な手順で複数回の成形を行う際には、順送りダイ（progressive dies）が用いられる。

Information

● **製造ボリューム**
このプロセスは、手作業での生産にも、自動化されたCNC大量生産にも利用できる。

● **単価と設備投資**
既存のパンチやカッターを使うことによって、成形型のコストは低いか必要なくなる。これによって低い設備費用で大量生産が可能となる。

● **スピード**
さまざまだが、通常は1分間に1,500個の飲料缶プルタブが製造できる。

● **面肌**
仕上げという点では、これらの切断テクニックにはバリ取りが必要となるのが一般的。

● **形状の種類・複雑さ**
主に小型の部材の生産に用いられ、厚さは入手可能な標準シートに制約される。

● **スケール**
標準的なシートの寸法に制約される。

● **寸法精度**
高い精度が達成可能。

● **関連する材料**
金属板に限られる。

● **典型的な製品**
エレクトロニクスの冷却ファンの羽根、ワッシャー、鍵穴、および時計部品。

● **同様の技法**
レーザー切断（52ページ）およびウォータージェット切断（48ページ）は、成形型のコストなしにCNCプログラムからのデザインを製造するようにセットアップできる、2つの非チップフォーミング加工法だ。

● **持続可能性**
これらさまざまな切削プロセスは、すべて基本的には材料を除去することによって行われるので、大量の材料が廃棄されることになる。しかし、金属は溶かして新しいシートの形にすればプロセスで再利用でき、材料の消費量とバージン資源の使用量を削減できる。アルミニウムは、最も広くリサイクルされている材料のひとつだ。

● **さらに詳しい情報**
www.pma.org
www.nims-skills.org
www.khake.com/page88.html

長所	+	さまざまな形を作成できるという点で、非常に汎用的。
	+	どんな固体金属にも使える。
	+	精度が高い。
短所	−	パーツは材料の標準サイズに制約される。
	−	廃棄物が生じるため、材料の利用率が低くなる。

Industrial Origami®
Industrial Origami®

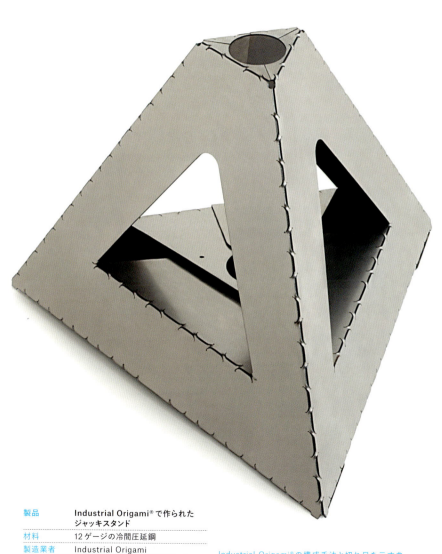

製品	Industrial Origami® で作られた ジャッキスタンド
材料	12 ゲージの冷間圧延鋼
製造業者	Industrial Origami
製造国	米国
製造年	2004

Industrial Origami® の構成手法と切れ目を示す典型的な部材。このジャッキスタンドは、この手法によって得られる構造的な強度を実証している。

折り紙を通して、単なる1枚の紙が複雑な形に変化して行くのを見るのは、興味深く刺激的な体験だ。この特許取得済みの加工法も同様に折り紙の原理を利用しているが、はるかに工業的なスケールに適用し、使用に耐える製品とするため、紙の代わりに金属を使っている。

この革新的な折り加工法は、打ち抜き加工やプレス切断などの伝統的な金属成形手法と比較して、多くの点で勝っている。金属の成形に必要な工程の数が削減されるため、はるかに短い時間とはるかに低いコストでプロセス全体が完了できるからだ。部材は、段ボール箱を広げたような展開図から作り上げられる。打ち抜き加工かレーザーによって展開図の外形が金属板から切り抜かれ、折り目の部分には一連の線とスマイルの形をした曲線的な切れ目が入れられる。シートの片側に形成されたスマイル形の帯状の部分が、二面間の連結部となる。この工夫によって、シートは折り目に沿って比較的小さな力でも曲がるようになる。この小さなスマイル型の切れ目が、折り作業中に応力を分散しながら折り目をコントロールして決定し、すべての折り目がぴったり合うようにしてくれるのだ。

このプロセスによって、いくつかのパーツを1つの部材としてまとめることが可能となり、また数個のクリップを使って折り目を固定することによって、溶接や結合の必要がなくなり、大幅に材料の消費量が削減される。このプロセスを使えば試作品を折り曲げて素早く製作できるため、デザイナーが試作品の構成をすぐに実験してテストし、必要があれば変更ができるようになる。

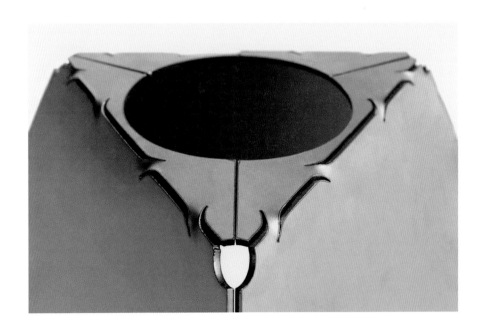

Information

● **製造ボリューム**
一品から数百万個まで。

● **単価と設備投資**
試作品の製造デザインや製造のための投資コストは高い。しかし、材料や保管場所や輸送費が節約でき、後工程の組み立てが必要なくなるため、このプロセスは全体としては安価になる。

● **スピード**
折り紙部分の作り込みは、利用できるパンチやレーザー、または打ち抜き加工のスピードに依存する。折り作業は数秒で完了する。

● **面肌**
該当しない。

● **形状の種類・複雑さ**
0.25mm（1/100インチ）から、切削装置の限界までの範囲の厚さに適している。

● **寸法精度**
金属を成形するその他の手法では、寸法精度の維持という点では誤差が累積してしまうおそれがある。Industrial Origamiでは、最初に切り曲げ（lancing）を行ったマシンの精度のレベルが維持される。

● **関連する材料**
このプロセスは主として金属板に用いられるが、プラスチックや複合材料など、さまざまな材料にも適用できるはずだ。

● **典型的な製品**
現在のところ、主要な用途は自動車の車体システムなどの生産コンポーネント、太陽光発電設置システム（solar mounting systems）、パッケージ、調理台および作り付けのオーブンなど。

● **同様の技法**
アルミニウムのスーパーフォーミング（76ページ）、プレス成形（65ページ）。

● **持続可能性**
シートは平らな部材に打ち抜かれるので、平らな箱で輸送して到着後に折り曲げることができる。これによって輸送中に必要なスペースが削減でき、エネルギー使用量が大幅に効率化できる可能性がある。また、多くのジョイントや固定具が折り曲げデザインに組み込まれているので、材料の消費量が大幅に節減できる。他のシート切断加工法と同様に、材料の廃棄率は高いが、リサイクルできる可能性がある。

● **さらに詳しい情報**
www.industrialorigami.com

長所	+	結合や固定、加工が削減できる。
	+	複数のパーツを1枚のシートに統合できるので、材料の消費量は大幅に削減される。
	+	他の製造手法と比較して、素早く製造と組み立てが行える。
	+	効果的な試作品のテストが可能。
	+	労務費が低い。
短所	−	このプロセスに適したデザインの作成には、綿密な計画が必要とされる。

熱成形
Thermoforming

真空成形（vacuum forming）、圧力成形（pressure forming）、ドレープ成形（drape forming）、およびプラグ利用成形（plug-assisted forming）を含む

熱成形は、プラスチックの部材の製造に最もよく使われる手法のひとつであり、また美大生なら誰でも、昔ながらの基礎課程で真空成形機を利用したことがあるはずだ。真空成形は、大規模な工業生産だけでなく生徒や大学生にとっても使いやすい、数少ないプラスチック成形手法のひとつだ。また最も理解しやすい製造手法のひとつでもあり、そのことはこのプロセスを実際に見たことのある人なら納得してくれるだろう。

このプロセスに必要とされる基本的な材料は、熱可塑性プラスチックのシートと成形具だ。利用する圧力が低いので、成形具は木材やアルミニウムなど、比較的安価な材料で作れる。成形具は必要とされるパーツとまったく同じ形をしていて、上下に動かせるテーブルの中央に置かれる。硬いプラスチックのシートが、家庭用オーブンとよく似た一連の対流バーの下で熱せられ、プラスチックは軟化して曲がりやすくなり、たわむようになる。ここで成形具がテーブルと一緒に上昇し、柔らかいシートへ押し込まれ、そして真空引きされる。これによって下側から空気が吸い出され、プラスチックを成形具に引き込む。プラスチックは成形具に「密着」して少し冷却されてから、取り外されて後仕上げに送られる。

その他の種類の熱成形には、真空成形とは逆に材料を型へ押し付けるように働く圧力成形がある。ドレープ成形は、その名の示すとおり、熱したプラスチックのシートを雄型の上へもたせ掛け、シートをほぼ元の厚さに保ちながら機械的に引き伸ばす。プラグ利用成形は、プラグを使ってプラスチックを予備伸長しておいてから真空引きする。またこの手法では、材料の厚さをより厳密に管理できる。

製品	チョコレートボックスのトレイ
材料	PlanticTM 生分解性ポリマー
製造年	2005

チョコレートボックスのトレイほど、熱成形の例として適当なものはなかなかない。個々のチョコレートの形をもとにして、このトレイを成形するのに使われた型が作られている。

Information

● 製造ボリューム

モデル製作者の試作品の製作や一品ものに向いているが、大規模な生産にも適している。

● 単価と設備投資

成形具は、必要とされる部材の数によって、さまざまな材料から作られる。切削加工のしやすさと摩耗しにくさのため、大規模な生産にはアルミニウムが適切だ。エポキシ樹脂はアルミニウムの安価な代用品として使われるが、MDFや石膏、木材、さらには工作用粘土（plasticine）など、あらゆるものが利用できる。実際、工作用粘土は後からつまみ出すことができるので、アンダーカットのある形を真空成形する際には非常に便利だ。

● スピード

バスタブは、5分に1個の速度で製造できる。これ以上のスピードの見積もりは難しい。複数の型のある成形具を使えばすぐにプロセスを高速化できるだけでなく、材料の厚さによって十分な加熱を行うために必要な時間が違ってくるからだ。

● 面肌

真空成形は型の表面のディテールを非常によく写し取るので、型の表面仕上げがパーツの表面仕上げにそのまま反映される。

● 形状の種類・複雑さ

標準的な成形型ではアンダーカットを実現するのは不可能なので、抜き勾配が必要。

● スケール

開口部の大きさは2m×2m（6½×6½フィート）が標準的だが、さらに大きいものも作れる。

● 寸法精度

成形される部材のサイズにより、さまざま。目安として、150mm（6インチ）未満の成形を行う場合には、0.38mm（1/70インチ）の精度が保てる。

● 関連する材料

シートとして供給される大部分の熱可塑性プラスチック。典型的な例としては、ポリスチレン、ABS（アクリロニトリル・ブタジエン・スチレン）、アクリル、およびポリカーボネートなどが挙げられる。

● 典型的な製品

カヌー、バスタブ、パッケージ、家具、車の内装のトリム、シャワートレイなど。

● 同様の技法

アルミニウムのスーパーフォーミング（76ページ）および金属注気加工（82ページ）。

● 持続可能性

加工中に利用される圧力が低く温度もそれほど高くなく、またサイクルタイムが速いため、エネルギー消費量は低い。しかし、余分な材料を切り取るために追加加工が必要であり、これによって大量のプラスチック廃棄物が生じる。これらの切断屑を溶かしてリサイクルするには、さらに熱が必要となる。熱成形される形状の性質により、部材は輸送中に積み重ねることができるため、かさを減らすことができる。

● さらに詳しい情報

www.formech.com
www.thermoformingdivision.com
www.bpf.co.uk
www.rpc-group.com

2. シート

1. 成形具（ここでは学生のプロジェクトなので単純な木型を使っている）を、テーブルに置く。

2. テーブルを下げ、プラスチックのシートをその上に置く。このシートは、金属製フレームで固定されることになる。

3. ヒーターをプラスチックのシートに近づける。

4. 真空引きして形が成形される。

真空成形

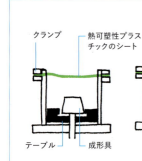 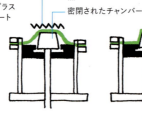 

1. 成形具がテーブルの上に置かれ、チャンバー内に引き込まれる。

2. その上に熱可塑性プラスチックのシートが置かれて金属製フレームで固定され、密閉されたチャンバーが形成されたところ。

3. プラスチックのシートが上から熱せられて柔らかくなる。すると成形具が上に上がってポンプが作動し、チャンバーから空気が引かれてシートが型の上に吸い付けられる。

4. プラスチックが成形具に「密着」して少し冷却されてから、取り外されて仕上げられる。

長所	+	小規模な生産にも大規模な生産にも、同様に適している。
	+	圧力が低いため、成形型が比較的安価。
	+	加飾成形（218ページ）に適している。
	+	複数の型をセットできる成形具を使うことにより、複数のパーツが作れる。
短所	−	シートを仕上げ裁ちする後工程が必要。
	−	完成した部材には垂直な側面があってはならない。抜き勾配が必須。
	−	アンダーカットを持たせることも可能だが、特殊な成形具が必要となる。

爆発成形
［別名］高エネルギー速度成形
Explosive Forming AKA High-Energy-Rate Forming

この加工法を発見したときの楽しさを想像してもらえるだろうか？ 私がよく思い出すのは、テレビ番組のキャラクターであるミスター・ビーンが、居間にペンキを塗ろうとしてペンキの缶に爆弾を仕込んだ話だ。信じられないかもしれないが、爆発成形は実際に金属板やチューブを成形する手法として確立されている。これはまた、エンジニアがモノづくりの新しい手法を探し求めるために利用する、水平思考のよい例でもある。

製品	Desert Storm 建築パネル
材料	コイル塗装アルミニウム
製造業者	3D-Metal Forming BV
製造国	オランダ
製造年	1998

これらの建築パネルは、爆発成形によって達成可能なパネルのスケールと複雑なパターンを示している。

文献によれば、爆発成形が最初に使用されたのは1888年のことで、板に彫刻を施すために使われた。第一次世界大戦と第二次世界大戦の期間に急速に発展し、結果として爆発成形は1950年代にはミサイルのノーズコーンの主要な製造プロセスとなった。現在では、2つの形態の爆発成形が存在する。「スタンドオフ（standoff）」では、爆発が金属から離れた場所で、空中または水や油に浸した状態で行われる。「接触成形（contact forming）」では、金属と直接接触した状態で爆発が行われる。

簡単に説明すると、シートやチューブは真空封止されたダイキャビティに収められ、これが（オープンエア手法以外では）水中に沈められる。シートの上に置かれた装薬が爆発すると、水中を伝わった衝撃波が材料を急激にダイキャビティへ押し付けるのだ。

この画像ではプロセスの詳細な仕組みを見ることはできないが、爆発成形が行われる封止され加圧された環境と、スケールの概要がつかめる。

長所	+ 厳密な精度が達成できる。
	+ 他の加工法と比べて、成形型が経済的。
	+ 複雑なパーツを形成できるため、製造プロセスの作業（例えば溶接など）の数を減らすことができる。
短所	− 製造業者の数が限られている。
	− 厳しい安全規制をクリアしなくてはならない。

Information

● 製造ボリューム

爆発成形は、彫刻やインスタレーションなどの一品もののアートプロジェクトにも使えるが、工業部材の大量生産にも同様に適している。旧東ドイツでは、この手法を使って何十万本もの大型トラック用のカルダン軸が作られていた。

● 単価と設備投資

伝統的なプレス加工やスピニング加工が使える場合、そちらのほうが通常は安価となるが、比較的成形型のコストが低く複雑な形状を製造できることから、爆発成形が利用可能な最良の選択肢となる可能性もある。

● スピード

サイズと形状の複雑さによって、大きく異なる。1回の爆発で20個の小さなパーツを製造できる場合もあるが、より大型で精緻な形状には3日間にわたって6回もの爆発が必要になるかもしれない。ただし、セットアップ時間が長い（爆発1回につき1時間以上にもなる）ため、1回の爆発にも非常に時間がかかる。

● 面肌

表面の品質は、一般的に言って非常によい。等級2G（化学研磨）のステンレス鋼を、保護箔すら損傷せずに成形し、完璧な鏡面仕上げのパーツを製造することも可能だ。

● 形状の種類・複雑さ

継ぎ目のない空洞を持つ複雑な形状の成形に最適。

● スケール

ある製造業者は、13mm（½インチ）という驚くべき厚さのニッケルのシートを、10メートル（30フィート）の長さまで成形することができる。より大きなシートを製造するには、シートを溶接してつなぎ合わせるしかない。

● 寸法精度

厳密な精度を維持することが可能。

● 関連する材料

このプロセスはアルミニウムなどの軟金属に限らず、チタン、鉄、そしてニッケル合金など、すべての金属に適用できる。

● 典型的な製品

大型の建築部材やパネル、そして航空宇宙産業および自動車産業用のパーツ。

● 同様の技法

アルミニウムのスーパーフォーミング（76ページ）および金属注気加工（82ページ）。

● 持続可能性

比較的遅いサイクルタイムと集中的なエネルギー消費により、このプロセスの使用は持続可能な製造には向いていない。実際、大規模な形状では完全に変形させるために何回かの爆発を必要とする場合があり、これによってさらにエネルギーの使用量は増大する。爆発化学反応を引き起こすためには有害な化学物質が使われるため、廃棄する前に浄化が必要。

● さらに詳しい情報

www.3dmetalforming.com

アルミニウムのスーパーフォーミング
Superforming Aluminium

キャビティ成形（cavity forming）、バブル成形（bubble forming）、背圧成形（back-pressure forming）、およびダイアフラム成形（diaphragm forming）を含む

熱したプラスチックの板を型の上に垂らして空気を吸引する加工法は、かなり前から使われてきた（70ページの熱成形を参照）。しかし、新材料の開発がスピードアップするに伴って、材料とプロセスの両面で技術の融合が始まっている。スーパーフォーミングはそのような融合の一例であり、伝統的にはプラスチックに行われる真空成形を、アルミニウム合金に応用したものだ。このプロセスは、キャビティ成形、バブル成形、背圧成形、およびダイアフラム成形という、それぞれ特定の用途に適した4つの主要な手法で行われる。これらの手法すべてに共通する要素として、アルミニウムのシートが加圧された成形オーブンの中で450〜500℃（840〜950°F）に加熱される。次にそれを片面ツールの上に、または内側へ押し付けることによって、複雑な立体形状が作り出される。

キャビティ成形では、空気圧によってシートがツールの内側へ上向きに押し付けられる。

製品	MN01バイク
デザイナー	Marc Newson
フレームビルダー	Toby Lous-Jensen
材料	アルミニウム
製造業者	Superform Aluminium
製造国	英国
製造年	1999

この自転車は、実験的なプロジェクトにより工業的な製造プロセスが民生品へ転用されたよい例だ。フレーム上にエンボス加工された文字も、実現可能なディテールを示している。

このプロセスは「逆真空成形」と呼べるかもしれない。製造業者によれば、このプロセスは自動車のボディパネルなど、大型で複雑なパーツを成形するために最適だ。

バブル成形では、空気圧によって材料がバブルを形成する。そして型がバブルの中へ押し上げられ、さらに空気圧が上側から加わると、材料は型の形状に沿って成形される。バブル成形は、他のスーパーフォーミング加工法では実現が難しい、深く比較的複雑な成型品に適している。

背圧成形は、型の表面の上下両側からの空気圧を使ってシートの一体性を保つ手法で、加工困難な合金の成形に用いられる。

ダイアフラム成形は、「非超弾性(non-superelastic)」合金を成形できる加工法だ。加熱された「超弾性」アルミニウムと空気圧が連携して、非超弾性材料を型の上に「密着」させる。

キャビティ成形

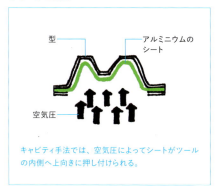

キャビティ手法では、空気圧によってシートがツールの内側へ上向きに押し付けられる。

バブル成形

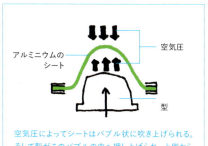

空気圧によってシートはバブル状に吹き上げられる。そして型がこのバブルの中へ押し上げられ、上側から空気圧が加わると、材料は型の形に沿って成形される。

背圧成形

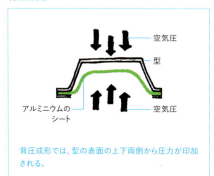

背圧成形では、型の表面の上下両側から圧力が印加される。

ダイアフラム成形

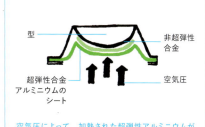

空気圧によって、加熱された超弾性アルミニウムが非超弾性合金へ押し付けられ、非超弾性合金が型に沿って成形される。

Information

● 製造ボリューム

現時点では約1,000個のパーツの製造であれば大規模とみなされるが、大量生産も可能であり、このプロセスをより大きなスケールで利用し始めている自動車メーカーもある。

● 単価と設備投資

主に成形型と材料のために、設備投資は高額となる。

● スピード

材料による。3分から4分で成形可能な合金もあれば、例えば航空機に利用される構造合金など、成形に1時間も必要とする場合もある。

● 面肌

優秀な表面品質が得られる。

● 形状の種類・複雑さ

これは使用する具体的な手法による。バブル成形は形状の点では最も複雑性の高い加工ができるが、すべての手法に共通する基本原理は平らなシートから立体形状を作り出すことだ。型からパーツを取り外すためには、抜き勾配を考慮する必要がある。アンダーカットは推奨されない。

● スケール

それぞれの手法に適した材料のスケールや厚さは異なっており、例えば背圧成形を使う場合、約4.5㎡（48平方フィート）のパーツが製造できる。キャビティ成形ではもっと小さなシートサイズしか加工できないが、厚さは10mm（⅜インチ）まで可能。

● 寸法精度

大型のパーツでは通常±1mm（⅟₂₅インチ）。

● 関連する材料

このプロセスは、「超弾性」として知られる種類のアルミニウム向けに特にデザインされたものだ。しかし、ダイアフラム成形手法を使えば、非超弾性材料の加工も可能となる。

● 典型的な製品

このプロセスの大きな市場は、航空宇宙産業と自動車産業だ。Ron AradやMarc Newsonなどのデザイナーは、この手法をさまざまな家具や自転車に応用している。ロンドン地下鉄では、建築家Norman Fosterがスーパーフォーミングを使ってサザーク（Southwark）駅のトンネルを覆うパネルを制作した。

● 同様の技法

プラスチックには真空成形（70ページ）、ガラスにはガラス曲げ加工（58ページ）、そして金属については、Stephen Newbyによる金属注気加工（82ページ）を参照してほしい。

● 持続可能性

このプロセスにはいくつかの製造工程が必要とされ、それぞれの工程で高熱と高圧のため大量のエネルギーが使われる。仕上げ裁ちの後では大量の材料が余ってしまうが、リサイクルしてプロセスへ再投入するか、どこか別の場所で使うことも可能だ。さらに、成形された製品が寿命を迎えた際には新しい製品にリサイクルして原材料の使用量を削減することもできる。スーパーフォーミングされる形状の性質により、部材は輸送中に積み重ねることができるため、かさを減らすことができる。

● さらに詳しい情報

www.superform-aluminium.com

長所	+	複雑な形状が、1個の部材の中で成形できる。
	+	さまざまな厚さのシートが使える。
	+	弾性戻りの問題を引き起こさずに、精緻なディテールや形状が作成できる。
短所	−	アルミニウム合金に限定される。

自由内圧成形鋼鉄
Free Internal Pressure-Formed Steel

製品	Plopp Stool
デザイナー	Oskar Zieta
材料	ステンレス鋼
製造業者	Oskar Zieta
製造国	スイス
製造年	2009年に初展示

これらのスツールの視覚言語は、ゴムを膨らませたような柔らかい形を示しており、これらがステンレス鋼から作られているという事実を覆い隠している。

この一風変わった、そして楽しい加工法は、伝統的なテクニックを型にはまらない方法で使うと、創造的でびっくりするような結果が生み出されることを示した。痛快な事例だ。プールで使われるおもちゃや腕輪を空気で膨らませるのと同じ原理だが、プラスチックの代わりに鋼鉄を使うことによって、驚くほど硬くて強いモノができる。このプロセスの立役者であるデザイナーのOskar Zietaはこれを「FIDU」と呼んでいる。これは、彼の母語であるドイツ語で「自由内圧変形」を意味する単語の頭文字だ。

2枚の鋼板をレーザー切断し、まったく同じ形の2つの部材を作る。そしてロボットがこれらの部材の周囲を溶接し、水も空気も漏らさないように密封する。そして空気を注入すると、2枚のシートは変形し、膨らんで立体形状を取り始める。結果として得られる軽量構造は、すでに確立されたテクニックを使って低い製造コストで簡単に大量カスタマイズ可能だ。

この加工法は、Oskarの考え出した他の数多くの板金成形テクニックと共に、軽量構造と驚くほど強靭で安定した製品の新たな可能性を示している。

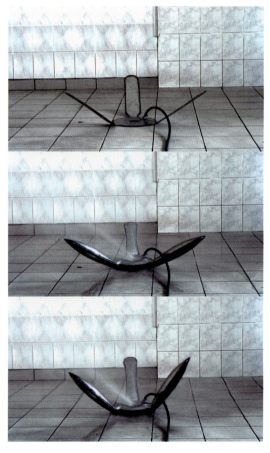

上：平坦な金属が展開され、圧縮空気を注入するためのノズルが取り付けられたところ。
中：風船のように、金属が空気によってゆっくりと膨らんで行く。
下：空気が十分に注入されると、スツールの脚がゆっくりと自己形成されて行く。

Information

● **製造ボリューム**

この手法は1社によるバッチ生産に限られている。Oskar Zietaの創造的なプロセスには、膨大な量の実験と試作をさまざまな形状について繰り返し、鋼鉄のふるまいと可能性を試すという、実践的なアプローチが必要とされるのだ。したがってこのプロセスは、一品ものまたは大規模なバッチ生産に適している。

● **単価と設備投資**

レーザー技術はいまだに高くつくが、1kg当たりの材料費とレーザー放射器との価格差は、過去5年間で大幅に縮まっている。将来レーザーが安価になれば、この技術はもっと広く使われるようになるだろう。デザインを開発するには、何度もの試作と製品テストの工程に大量のセットアップ時間が必要とされるため、リードタイムとコストが増加する。しかし、多くの場合には成形型は最低限で済む。

● **スピード**

スツール1個を作るには、21分かかる。

● **面肌**

磨き加工、紛体塗装、ラッカー吹付、エナメル塗装、ガム引きなど、通常の表面処理はすべて利用できる。

● **スケール**

鋼板コイルの長さは4km（2½マイル）まで、最も大きな非標準鋼板は3m×30m（10×100フィート）だ。ヴィクトリア・アンド・アルバート博物館向けのOskarのプロジェクトのひとつは、30m（100フィート）の長さがある。

● **寸法精度**

精度は、形状の複雑さとジオメトリに依存する。

● **関連する材料**

鋼板およびプラスチック。

● **典型的な製品**

この加工法は、スツールやいす、そしてベンチといった家具の製造に主として用いられてきた。しかし、この革新的なテクニックは、風力発電の風車の羽根、橋などの構造物、展示物、さらには自転車フレームにまで用途を広げようとしている。

● **同様の技法**

アルミニウムのスーパーフォーミング（76ページ）、後方押出成形（150ページ）、プレス成形（65ページ）。

● **持続可能性**

鋼鉄の構造は中空だが、それでも安定していて強靭なので、材料の消費量は低い。金属の端の封止を除けば、熱は必要としない。

● **さらに詳しい情報**

www.zieta.pl
www.nadente.com
www.blech.arch.ethz.ch

長所	+	硬くて薄い材料から、比較的軽量の構造が作れる。
	+	製品のカスタマイズ性が高い。
短所	−	製造にはいくつかの工程（レーザー切断、溶接、成形）が必要なため、リードタイムが増加する。

金属注気加工
Inflating Metal

空気は、ポンプで引くことによって真空を作り出したり、予備成形されたプラスチックへ急速に注入してボトルを作ったり、さまざまな製造手法で重要な役割を果たしている材料だ。中空成形には数千年の歴史があり、古くからガラスの成形に使われてきた。しかしイギリス人デザイナーのStephen Newbyが最近開発したステンレス鋼のシートを膨らませる手法は、この硬い金属の視覚言語に新しい可能性をもたらしている。

膨らんだ形の柔らかい印象は、鋼鉄の丈夫で硬い性質とは対照的だ。この加工法は、サンドイッチされ周囲で封止された2枚の金属板を、型を使わずに文字通り空気を吹き込んで膨らませる。それによって膨らんだ部材はさまざまな反応を示すため、ひとつひとつユニークな作品が出来上がる。サイズの点で作品を制約するのは元のシートのサイズだけだ。さまざまなテクスチャーや色の付いたステンレス鋼を使うことができる。金属は内側から成形されるため、このプロセスによってテクスチャーや色が損なわれることはない。

製品	注気加工されたステンレス鋼の枕
デザイナー	Stephen Newby
材料	ステンレス鋼
製造業者	Full Blown Metals
製造国	英国
製造年	2002

これらの枕はでこぼこのある形をしているが、これはサンドイッチにされた2枚の鋼板が膨らむ際に金属にしわが寄ったことによる自然な結果だ。

Information

● 製造ボリューム
バッチ生産に最も適している。

● 単価と設備投資
成形型は必要ないが、デザインの試作が必要となる場合がある。

● スピード
中空成形（金属注気成形はその一例に過ぎない）は瞬間的に行われる。このプロセスは半自動化されており、サイズによってかかる時間は異なる。例えば10cm（4インチ）四方の注気加工金属は、1時間あたり30個の速度で生産できる。

● 面肌
鏡面仕上げ、着色、エッチング、テクスチャーおよびエンボス仕上げなど、工場で実施される高品質な仕上げ全般。

● 形状の種類・複雑さ
平らな2次元のテンプレートから作り出せる任意の形状。有機的な形状、具象的なレタリング、柔らかくてクッションのようにしわが寄った形状、そして平滑でしわのない形状など。

● スケール
5cm（2インチ）から単板の最大サイズまで（通常は3m×2m）（10×6½フィート）。

● 寸法精度
最大寸法1,000mmにつき5mm（40インチにつき½インチ）。

● 関連する材料
ステンレス鋼、軟鋼、アルミニウム、真ちゅう、そして銅などの大部分の金属。

● 典型的な製品
建築用の外装材およびスクリーン、大規模なパブリックアート、水景設備などのアウトドアデザイン、そしてコンテンポラリーなインテリア製品。

● 同様の技法
手吹きガラス（120ページ）およびアルミニウムのスーパーフォーミング（76ページ）。

● 持続可能性
非常に堅くて丈夫だがとても薄い鋼板を使ってこのような鋼鉄の構造が作り出されるため、強度を犠牲にせずに材料の消費量を減らすことができる。しかし、金属を溶接するために必要な非常な高温と、空気を送り込むために必要な高い圧力によって、かなりの量のエネルギーが消費される。

● さらに詳しい情報
www.fullblownmetals.com

長所	+ 金属でユニークな形を成形することができる。
	+ 強度対重量比が高い。
	+ この加工法は、高抗張力の材料を成形するためにも使える。
	+ 工場で実施された仕上げは、成形プロセスでも保たれる。
	+ 型やジグの必要なく、指定した寸法が容易に実現できる。
短所	− 提供できる製造業者が1社しかない。

合板曲げ加工
Bending Plywood

すっきりした見栄えの曲げ合板家具を木材から作り上げるには、少なくとも35もの工程が必要だ。薄板を直交積層させて安定した丈夫な人工材料を作り出すテクニックは古代エジプト人にはすでに知られており、彼らはこの加工法を利用して有名な棺などを作っていた。近年の合板曲げ加工の発達は、正確に薄板を切断する技術や単板を積層するプレス機、そしてそれらを張り合わせるための接着剤など、幅広い技術の進歩の結果なのだ。

大部分の自然材料の加工はその材料の産地に集中する傾向があり、そのため合板の生産は主に北欧、北米、東南アジア、そして日本で行われている。丸太からスライスまたはロータリーカットされる薄板を出発点として、大きな薄板が個別のシートに切断され、次に長い乾燥室を通って乾燥され、最後に品質に応じて積み重ねられる。

薄板はローラーへ送られ、各シートに均等な接着剤の層が塗布される。接着剤の量は、木材の気孔率によって決められる。次にさまざまなシートが、木目が縦横交互になるように、奇数層に積み重ねられる。こうして積層されたシートは雌型の上に置かれ、その上から雄型が押し付けられる。これらの型からは余分な合板がはみ出すため、接着剤が乾燥した後、

製品	AP Stool
デザイナー	Shin Azumi（安積 伸）
材料	合板
製造業者	Lapalma srl
製造国	イタリア
製造年	2010

このエレガントな積み重ねできるスツールは、1枚の合板から成形されたもので、スツールの座面とボディとが継ぎ目なく一体化している。大きく広がったベースは、圧力を分散するために役立っている。

きれいなエッジが形成されるように切り落とされる。形状にもよるが、このサンドイッチを圧縮するには数トンの圧力が必要だ。垂直方向の圧力は、水平方向の圧力の助けも借りて、雄型と雌型をすべての面で密着させ、熱と圧力が連携して接着剤を硬化させる。部材は型の中に約25分とどまるが、正確な時間は形状によって異なる。工業生産の場合には、次にCNC（コンピュータ数値制御）カッターを用いて一様でない部分が削り取られてクリーンなエッジが形成される。

Information

● **製造ボリューム**
小規模な作業場では、ひとつひとつのプロファイルに合わせてジグが作り込まれる。工業的な製造設備では、数十万個の生産が可能だ。

● **単価と設備投資**
少量生産のジグは、労務費がかさむために高額となりがちだ。しかし、デザインにもよるが、小規模生産や一品ものであっても経済的にシンプルな型を作れる場合もある。反対に工業的な大量生産の場合には、他の大部分の製造プロセスと同様に、高額な成形型のコストは低い単価によって相殺される。

● **スピード**
接着された合板は型の中で乾かしてから取り出す必要があるため、また部材には仕上げ裁ちや表面処理、あるいは塗装などの二次仕上げの必要があるため、サイクルタイムはかなり長い。

● **面肌**
木材の種類による。

● **形状の種類・複雑さ**
一方向への単純な曲げに限られる。本質的に柔軟性のある材料であるため、型から部材を取り出す際に、わずかなアンダーカットは許容される。

● **スケール**
スケールは、一般的に家具や調度品（マガジンラックなど）に適している。サイズの制限は型のサイズと、層を圧縮するために必要な圧力をかけられるかどうかによって決まる。

● **寸法精度**
材料の柔軟性のため、比較的低い。

● **関連する材料**
大部分の大量生産品の家具にはシラカバが使われるが、オークやカエデなどのその他の種類の木材も多く使われる。マツなどの節の多い木材は、均一な品質の合板を作ることが難しいため、推奨されない。

● **典型的な製品**
家具、内装、および建築用の外装材。2つの世界大戦の間には、航空機のフレームが曲げ加工された合板から作られていた。

● **同様の技法**
木材注気加工（188ページ）および合板プレス加工（90ページ）。

● **持続可能性**
木材は天然資源であり、持続可能な林業によって管理されれば再生可能である。しかし、合板の製造やその後の成形は、木材が大規模に加工されるため、きわめてエネルギー集約的である。製品の寿命の終わりには、合板はリサイクルできる。

● **さらに詳しい情報**
www.woodweb.com
www.woodforgood.com
www.artek.fi
www.vitra.com
www.lapalma.it

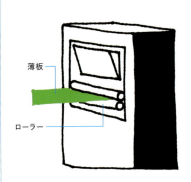

1. 薄板がローラーへ送られ、各シートに均等な接着剤の層が塗布される。

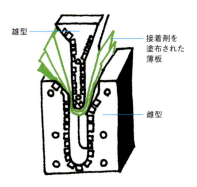

2. 薄板が積み重ねられたシートが雌型の上に置かれ、その上から雄型がぴったりと押し付けられる。型からは余分な合板がはみ出すため、接着剤が乾燥した後に切り落とされる。

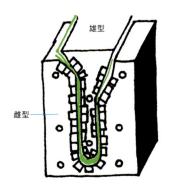

3. 圧力が印加され、サンドイッチが圧縮される。垂直方向の圧力は、水平方向の圧力の助けも借りて、雄型と雌型をすべての面で密着させる。

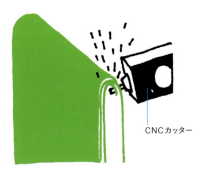

4. 接着剤が硬化した後、部材は取り外されて裁断され、クリーンなエッジが形成される。

長所	＋	広い範囲の厚さに対応できる。
	＋	強靭で軽量な部材が作れる。
短所	−	多くの作業工程が必要とされる。
	−	一方向への曲げに限られる。

合板深絞り立体成形
Deep Three-Dimensional Forming in Plywood

この本では、合板をさらに複雑で曲線的な形状に加工するための、新しく先鋭的な方法を多数取り上げている。その中のひとつが合板深絞り立体成形であり、これは製造手法と、特別にその目的のため開発された材料とを組み合わせたものだ。木の繊維を弛緩させるという革新的な処理を用いて、かつては想像もできなかったような波打った形状に合板を曲げることも現在では可能となっている。

合板を前処理する技術はReholz®というドイツの製造業者によって開発されたもので、合板を深い立体的な複合カーブに型成形することができ、まるで木材ではなくプラスチック成型品のように見える形状も作成可能だ。

この加工法のカギとなるのは、そして複雑なカーブを実現するための第1段階は、ほとんど木材がちぎれてしまうほど深く、薄板の1枚1枚に細かい平行な切れ目を入れることだ。これによって薄板は折れることなくさまざまな方向へ曲げられる柔軟性を持つことになる。このことは、木目に逆らって曲げようとする際には特に重要だ。これらの薄板は、剛性と強度を得るために、合板曲げ加工（84ページを参照）と同様の方法で接着される。

製品	Gubiチェア
デザイナー	Komplot
材料	ウォールナット合板
製造業者	Gubi（Reholz®の深絞り立体成型技術を使用）
製造国	ドイツ（加工） デンマーク（チェア）
製造年	2003

Gubiチェアの見た目にはシンプルなカーブは、このまったく新しい木材成形手法の複雑さを感じさせない。この複合カーブ（座面はほとんど90度の角度で折り曲げられている）は、例えば合板プレス加工されたトレイ（90ページ参照）よりもはるかに複雑な形状を取れるという、この処理合板の能力を示している。

Information

● 製造ボリューム

大量生産に適している。

● 単価と設備投資

この加工法は安価とは言えないが、このレベルの自由度を合板成形で実現できる唯一の方法であり、大規模生産用の成形型への投資を正当化するには十分だろう。

● スピード

Reholz®プロセスには、薄板の前処理、プレス、そして最後に仕上げ裁ちなど、いくつかの工程が必要となる。しかし標準的な合板曲げ加工（84ページを参照）とこの深絞り立体成形プロセスとの本質的な違いは、合板を曲げやすくするために薄板に切れ目を入れる処理という、たった1つの工程だ。

● 面肌

他のあらゆる種類のきめ細かい木質表面に匹敵し、さまざまな方法で染色や塗装、および皮膜処理が可能。

● 形状の種類・複雑さ

ここで重要なのは、深絞り立体成形では薄板に前処理を施すことによって、今まで実現不可能だったカーブに曲げられる合板シートを作り上げられる、という点だ。部材が雄型と雌型から分離できるようにデザインする必要があるため、アンダーカットは不可。

● スケール

スケールは、入手可能な薄板のサイズと、最終的な形状の成形に用いられる型によって制限される。

● 寸法精度

木目にはもともとばらつきがあるため、成型品は正確に同じ形にはならず、したがって非常に高い精度を実現することは難しい。しかしこれは、例えば柔軟性のある固定具の使用など、さまざまな方法で対処できる。

● 関連する材料

多くの基本的な単板が深絞り立体成形に使えるが、薄板にはまっすぐに木目が通っていて節があってはならない、という点が重要だ。高品質のALPI薄板は特に適している（この技術を開発したReholz®が推奨するこの薄板は、ALPIというイタリアの企業が製造している）。

● 典型的な製品

椅子の座面、合板のバー、曲げ加工された家具のフレーム、あるいはもっと大規模なものとしては、建築業界で使われる積層集成木材の構造材など。深絞り立体成形された合板は、例えばMRI（磁気共鳴画像）診断装置の羽目板など医療用機器のハウジングの化粧板や、MDF（中質繊維板）を置き換えるパッケージ用途、照明カバーや自動車の内装パーツなどにも使用できる。

● 同様の技法

製造業者はこのプロセスを、金属板の深絞り加工になぞらえている。しかし、木材の製造法の中で最も近い手法は合板曲げ加工（84ページ）だが、これには一方向にしか成形できないという欠点がある。Malcolm Jordanによって開発された木材注気加工（188ページ）を使って同様の立体形状を製造することも可能だが、これはフォームと合板の両方を必要とする。ディナートレイや車のダッシュボードの製造に用いられる合板プレス加工（90ページ）は、同様の立体的な効果を実現できるが、はるかに浅い加工しかできない。

● 持続可能性

木材は天然資源であり、持続可能な林業によって管理されれば再生可能である。しかし、薄板の加工やプレスには複数の工程が必要とされるため、製造はきわめてエネルギー集約的である。

● さらに詳しい情報

www.reholz.de

2. Sheet 089

1. 前処理された単板のシートが、木目が縦横交互になるように積み重ねられる。

2. 雄型と雌型がかみ合う前の、積み重ねられた薄板。

3. 成形後のGubiチェアの座面。

4. 座面はこれから仕上げ成型工程に送られ、座面のまわりの余分な材料が切り取られる。

長所	+	合板から新しい形状を製造することが可能となる。
	+	通常は金属やプラスチックに占有されていた市場に、木材の参入が可能となる。
	+	合板の構造的強度が増大する。
短所	−	小さな半径や鋭い曲げ角度などに関して、いくつかの制約がある。
	−	これは木材の加工法なので、例えばプラスチックの部材のように、正確な型成形は不可能。
	−	この技術の開発者であるReholz®からのみ利用可能。

合板プレス加工
Pressing Plywood

製品	Delicaトレイ
デザイナー	ZooCreative – Jaume Ramirez、Gorka Ibargoyen、Josema Carrillo
材料	合板
製造業者	Nevilles
製造国	スペイン

このDelicaトレイは、圧縮された木材から作られたエルゴノミックなトレイだ。手前側がオープンになっているため、食べものを片付けるのがとても簡単。

この製造手法に関して最初に注目したいのは、この手法が使われた製品はまるで木ではなくプラスチックを成形したように見えることだ。つまり、木材の平らなシートを立体形状成形することによって、浅いプラスチック真空熱成形（70ページを参照）と同様の結果が得られるのだ。

世界中の食堂で見られる典型的なトレイをこの加工法で作る場合、原材料の薄板から正方形のシートを切り出して裁断するのが最初の工程だ。多くの場合、1層の薄板は薄く網目状に塗られた接着剤で2枚の幅の狭い薄片をつなぎ合わせて作られる。このシートが、木目が縦横交互になるように、そしてシートの間には接着剤を含浸させた紙が挟まれて積み重ねられる。メラミンを含浸させたシートが天地に、ちょうどサンドイッチのパンのように追加される。このサンドイッチがプレス機に入れられ、雄型と雌型との間で、約4分間135℃（275°F）で加圧される。木材が割れてしまわないように、薄板が適切な湿り気を含んでいることが重要だ。プレス機から取り出されると、トレイは平らなテーブルの上で保管され、湾曲しないように重しを乗せられる。最後の工程は、仕上げ裁ちして透明ラッカーを吹き付けることだ。

熱と圧力、そして接着剤の組み合わせによってさまざまな積層木材製品が製造でき、その結果として非常に強靭な薄い断面のデザインが生み出される。英国のNevilleは何年もの間、さまざまな種類のトレイを作ってきた。現在では、この会社は今でも木製積層トレイを作り続けている数少ない英国籍の会社のひとつとなっている。15mm（⅝インチ）ほどの深さしかない、耐久性のあるトレイが作れるのは、熱と圧力の作用のおかげだ。

Information

● **製造ボリューム**
1日に600個もの木製トレイが製造できる。Nevilleの最小発注個数は50個。

● **単価と設備投資**
小規模生産が低廉にできるため、この成形手法は小規模な操業にも大規模な稼働にも非常に適している。トレイの型はアルミニウムをステンレス鋼で覆って作られるため、バッチ生産であっても経済的となる。単価は非常に低い。

● **スピード**
1個のトレイは5分ごとに製造が可能。

● **面肌**
表面の色、そしてある程度は仕上げとパターンも、プレス工程で使われるメラミンシートでコントロールできる。装飾的なパターンや色、そしてすべり止めのついた表面が可能。

● **形状の種類・複雑さ**
最大で約25mm（1インチ）までの、かなり浅いくぼみのあるエンボス加工シート。

● **スケール**
Nevilleでは、600mm×450mm（23½×17½インチ）までの寸法の製品を製造できる。

● **寸法精度**
該当せず。

● **関連する材料**
大部分の薄板が適している。しかし、トレイに利用される材料は一般的にはシラカバやブナ、あるいはマホガニーだ。

● **典型的な製品**
実現可能な深さが浅いため、この加工法はトレイや、高級ブランドの自動車に見られるようなウォールナット風の内装品などの製品に限られる。

● **同様の技法**
はるかに深く、さまざまに合板を曲げられる加工法は深絞り立体成形（87ページ）だ。またこれと関連するが、まったく異なる技術を使っているのがCurvy Compositesによる木材注気加工（188ページ）。

● **持続可能性**
合板の木目が交互に交わる構造によって、優秀な強度を保ちながら材料の消費量を削減できる。ここで取り上げたトレイの形状に合板をプレス加工するには多くのプロセスが必要であり、接着剤を溶かして薄板を貼り合せるためにはかなりの熱量が必要となる。

● **さらに詳しい情報**
www.nevilleuk.com

長所	＋	非常に耐久性と耐熱性があり、食器洗浄機に入れられる。
	＋	耐化学薬品性に優れている。
	＋	表面に印刷が可能。
短所	－	深いくぼみを作るのは難しい。

連続体
Continuous

連続した長さのある材料から作られる部材

この章では、ソーセージと同じ原理によって作られる部材を見ていく。言い方を変えれば、長さ方向にわたって同一断面の形状となるように材料を加工することによって得られる部材だ。木材やプラスチックの連続した長さの薄板や、長さのある金属を編みこんだものや長さのある鋼鉄を連続して曲げたものなども取り上げる。ここには、無限の長さの材料を成形できるさまざまなダイを使った豊富なプロセスが登場するが、これらはひとつの例外を除いて、全長にわたって同一の断面形状を持つことになる。これらのプロセスの多くは非常に費用対効果が高い。薄板や切片を切り取ることによって、まったく同一の複製を作ることができるからだ。

カレンダー加工
Calendering

カレンダー加工は伝統的に、織物や紙に適用される仕上げ処理として用いられてきた。熱と圧力を加えることによって、平滑で光沢のある表面が得られる。しかし19世紀になると、複数のローラーを使ってゴムのシートを製造できるように改良された。カレンダー加工は、製造できるボリュームの意味でも、またシート材料そのものを成形する(あるいは既存のシート材料へテクスチャーを追加する)ために使われる工作機械のサイズの意味でも、大規模なプロセスだ。

洗濯物の絞り機に似た一連の鋼鉄製のローラーが中心にあり、それによって材料をプレスして、連続した長さの薄いシートにする機械を想像してみてほしい。カレンダー加工は今でも紙や一部の織物、そしてさまざまな種類のゴムの仕上げに使われているが、大量のPVCシートを高速で成形するためにも好んで使われる手法だ。プラスチック製造分野では、硬いものと柔軟性のあるもの、両方のプラスチック製シートの製造において、カレンダー加工は押出成形(100ページを参照)と競合している。

このようなプラスチックの製造に使われる場合のセットアップには、少なくとも4本の加熱ローラーが含まれ、それぞれ異なったスピードで回転しているのが普通だ。しかしその前に、熱した細かい粒のプラスチックがニーダー(練り混ぜ装置)へ投入されてゲル状となり、ベルトコンベアーで最初の加熱ローラーへ供給される。ローラーは、正しい厚さと仕上げが得られるよう、注意深く制御される。テクスチャーを付け加えたければ、型押し模様のついたローラーを使えばよい。シート状の材料は次に冷却ローラーを通過して、その後巨大なロールに巻き取られる。

この画像には、カレンダー加工のエッセンスがとらえられている。リボン状のプラスチックが平滑な鋼鉄製ローラーを通過しながら連続した長さのプラスチックのシートになって行く様子が示されている。

Information

● 製造ボリューム

必要とされる初期費用と稼働時間によって成形型が高額となるため、カレンダー加工は非常に高ボリュームの製造プロセスのみに使われる。最小製造長は、シートの厚さにもよるが2,000〜5,000m（6,500〜16,400フィート）。

● 単価と設備投資

カレンダー加工されたシートは製品となるまでにさらに加工される場合が多いが、十分に大量の発注が行われた場合、加工前のシートの価格は費用対効果が高い。設備投資は非常に高額となる。

● スピード

いったんプロセスが最適なスピードで動き始めると（そうなるまでには数時間かかる）、超高速だ。

● 面肌

ローラーが非常に平滑であれば光沢のある表面が得られるし、またパターンをエンボス加工したローラーを使えば完成したシートにパターンが転写される。

● 形状の種類・複雑さ

平坦で薄いシート。

● スケール

PVCシートの厚さは一般的には0.06〜1.2mm（$\frac{1}{425}$〜$\frac{1}{20}$インチ）だ。ロール幅は1,500mm（60インチ）まで。

● 寸法精度

該当しない。

● 関連する材料

カレンダー加工は、織物、複合材料、プラスチック（主にPVC）、あるいは紙などの幅広い材料に利用でき、表面を平滑にするために使われる。

● 典型的な製品

新聞用紙、および大判のプラスチックシートやフィルム。また、その他の紙や織物の仕上げ工程にも使うことができる。

● 同様の技法

プラスチックの生産に関しては、押出成形（100ページ）が連続したシート材料を製造できるという意味で最も近い手法だ。また、吹込みフィルム（96ページ）というものもある。

● 持続可能性

カレンダー加工は大部分が自動化されたプロセスであり、常に必要とされる熱と回転のため、大量の電力を必要とする。しかし、マシンは驚くほど高速で稼働するためサイクルタイムは短縮され、エネルギーの利用効率は最大化される。材料の余りはほとんど発生しない。

● さらに詳しい情報

www.vinyl.org

www.ecvm.org

www.ipaper.com

www.coruba.co.uk

長所	+	継ぎ目のない、長く連続したシートが製造できる。
	+	大量の平坦なシートを製造できる優秀な手法。
短所	−	非常に大規模な生産にしか向いていない。

吹込みフィルム
Blown Film

吹込みフィルムのプロセスを手短に説明するには、風船ガムを膨らませることを想像してもらうのがよさそうだ。ただし、それを巨大な工業的スケールで行うことになる。ビルにも匹敵する物理スケールでプラスチックを製造するため、プラスチックを膨らませて巨大なチューブ状のバブルを作り、垂直の支持構造の中で上向きに空気を吹き込む。

このテクニックの名前からもわかるとおり、プラスチックの細かい粒は以下のような工程をたどる。まず加熱され (1)、水平に設置された円筒形のダイを通して空気の流れとともに垂直に持ち上げられ (2)、形成された肉厚の薄いチューブは膨らんで巨大なプラスチックのバブルを形成する (3)。このバブルが、空気の流れによって垂直に持ち上げられ、ダイの上でプラスチックのタワーを形成する (4)。バブルの中の空気の量を変化させれば、フィルムの厚さと幅がコントロールできる。フィルムは上へ行くにしたがって次第に冷却されて先細りとなり、数メートル上でついに完全に折りたたまれ、平らなチューブとなる (5)。この平らなチューブが一連のローラーを通って地面のレベルまで戻ってくると (6)、巨大なロールに巻き取られ、発送を待つことになる (7)。このシート状の材料の端を切り取ればシートができるし、スーパーマーケットのレジ袋やゴミ袋として使うにはチューブのままの状態にしておけばよい。

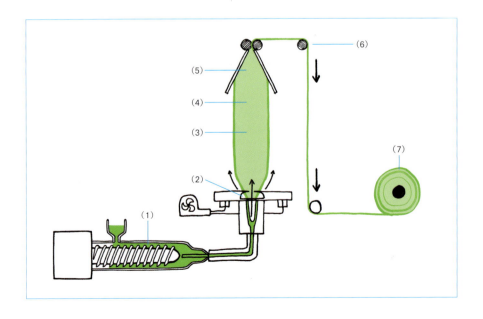

Information

● **製造ボリューム**

これは高ボリューム向けの手法であり、1時間に250kg（550ポンド）のプラスチックを加工する能力がある。

● **単価と設備投資**

設備投資額は高いが、大規模な連続生産にはきわめて費用対効果が高い。

● **スピード**

最高で分速130m（430フィート）。

● **面肌**

材料や機械のセットアップなど、さまざまな要因の影響を受ける。

● **形状の種類・複雑さ**

平らなシートかチューブのみ。

● **スケール**

吹込みフィルムの直径は550mmから5m（20インチから16フィート）まで、長さは数百メートル（ヤード）まで可能だ。フィルムの厚さは10〜20ミクロンから250ミクロンまで。

● **寸法精度**

このプロセスでは高い精度が実現できるが、製造業者によっては2つのグレードの吹込みフィルム（厚さがコントロールされているものと、されていないもの）を提供している場合もあるので、注意が必要だ。

● **関連する材料**

最も普通に使われる材料は高密度および低密度ポリエチレンだが、ポリプロピレンやナイロンなどの他の材料も用いられる。

● **典型的な製品**

ゴミ袋やレジ袋、ビニールシート、ラップ、ラミネート用のフィルム、そして他のほとんどの種類のフィルムを含む、大部分のプラスチックフィルム製品。

● **同様の技法**

押出成形（100ページ）とカレンダー加工（94ページ）は、両方とも薄くて平らなシートの製造に用いられる。

● **持続可能性**

吹込みフィルムプロセスは、驚くほど大量のプラスチックフィルムを非常に高速に、最小限のサイクルタイムで製造できるため、エネルギーの消費も最小限となる。しかし、それでも高温と高い圧力が定常的に必要とされるため、かなりのエネルギーが使われる。材料の余りはほとんど発生しない。

● **さらに詳しい情報**

www.plasticbag.com
www.flexpack.org
www.reifenhauser.com

長所	＋	長さ方向と幅方向の全体にわたって、均一な特性を持つ材料が製造できる。
短所	−	吹込みフィルムが常に最適ではない。例えば、高い光学的透明度が要求される用途にはフィルム流延プロセスのほうが適しているかもしれない。

Exjection®

Exjection®

射出成形と押出成形は、どちらも数多くのプラスチックや金属の製品にとって欠くことのできない製造手法だ。しかしどちらの手法も、製造できる製品の種類には一定の制約がある。例えば、押出成形では長く薄い部材が作れるが、その長さ全体にわたって断面形状は同一でなくてはならない。つまり、部材の途中で変化させることはできないのだ。対照的に、射出成形ではでっぱりや閉じた形状などの複雑な部材が作れるが、長さは短いものに限られる。最終製品にヒケ（収縮によるくぼみ）を生じさせずに樹脂を流し込める距離には限界があるからだ。Exjection®では両方のプロセスの長所を組み合わせて、長いだけではなく、部材の長さに沿って変化やディテールのある部材を作ることができる。

このプロセスは、溶けたプラスチックを型に押し込むという点では通常の射出成形とほぼ同じ原理によって行われる。しかし、可動キャビティを採用することによって、プロセスは

がぜん興味深いものとなる。溶けたプラスチックは型に注入されるにつれて、中空の空間を次第に満たして行く。この空間がいっぱいになったころ、キャビティの先端が型の長さ方向へ水平に、プラスチックが注入されるのと同じスピードで移動し始める。キャビティの動きにつれて次第に型が露出して行くので、そこへ溶けたプラスチックが流れ込む。キャビティの動きとプラスチックの注入が同じスピードで行われるため、高い圧力が維持され、プラスチックは収縮せず定常的に流れ続ける。注射器に液体を吸い込むことをイメージすると、わかりやすいかもしれない。注射器のピストンを引くと、その陰圧によって液体がシリンダーの中へ流れ込み、そしてピストンを引けば引いただけ、空間ができてそこへ液体が流れ込む。空気が存在しないため、生じた空隙は高い圧力によって満たされる。

型が完全にいっぱいになったら、溶けたプラスチックはそのまま冷却されて、固まってから

製品	Exjection® のサンプル
デザイナー	POM（Exjection® は幅広いプラスチックに適用できる）
材料	Exjection®
製造業者	ドイツ
製造国	Exjection® は 2007 年に最初に公表された

Exjection®による成形物のサンプル。長さと直角な方向に、小さなサポートがたくさん見える。通常の押出成形では、連続した形状にこのようなディテールを作りこむことはできない。

取り出され、その後キャビティは最初の位置に戻って次のサイクルに備える。材料の種類と肉厚によって、キャビティを動かせる速度が変わるため、製造スピードも影響を受ける。

Information

● **製造ボリューム**

射出成形と同程度。

● **単価と設備投資**

Exjection®による成形物の単価は、通常の射出成形と同程度。しかし、可動キャビティのため初期投資額は高くなる。

● **スピード**

材料の種類と部材の肉厚によってキャビティの動くスピードが決まり、それにしたがってサイクルタイムも決まる。

● **面肌**

通常の射出成形で得られる高度な表面仕上げと同等。

● **形状の種類・複雑さ**

Exjection®では複数のキャビティを持つ部材が可能なため、1サイクルで部材の組み合わせを製造できる。また、積層加飾成形（220ページ）も可能。

● **スケール**

非常に広い範囲が可能。

● **寸法精度**

±0.1mm（½₅₀インチ）。

● **関連する材料**

幅広い種類の汎用およびエンジニアリング熱可塑性プラスチックの加工に成功している。金属や木材を積層加飾成形できる可能性もある。

● **典型的な製品**

このプロセスは、例えば細長いLED照明器具やランプカバー、そして閉じた形状やキャップが成形物に作りこまれたケーブルダクトなどの製造に最適。

● **同様の技法**

Exjection®は独占的なプロセスであり、類似の手法は存在しない。

● **持続可能性**

Exjection®では複数のプロセスを組み合わせて1回のサイクルにまとめることができるため、製造業者間で部材を輸送する必要がなくなり、リードタイムが短縮され、したがってエネルギーの消費量が減り、さらに排出量も減少する。

● **さらに詳しい情報**

www.exjection.com

長所	＋ 射出成形の機械設備で、連続した断面形状が製造できる。
	＋ 類似の代替手法と比べて、低コストとなる可能性がある。
短所	－ 製造業者が少数に限られる。

押出成形
Extrusion

ローテクな絞り出すタイプの歯磨きチューブや、長くねじれたパスタなど食品の製造から、アルミニウム製の窓枠やスライスされてマクドナルドのサラダに入っている棒状のゆで卵に至るまで、押出成形はさまざまなところで使われている。単純に表現すれば、押出成形は材料をダイの穴から絞り出すことによって、その穴と同じ断面を持った連続した長さの材料を作ることだ。

次ページの写真に示した、Thomas Heatherwickのデザインによるベンチ（短く切ればチェアにもなる）は、押出成形の非常に大がかりな例を示している。このプロジェクトは、座面、脚、そして背もたれを一体として、単一の材料から、固定具や追加部材なしに作り出すにはどうすればよいか、というシンプルな発想から生まれた。Heatherwickは自分の構想を実現するために、世界で最も大きな押出成形マシンを必要とした。またこの作品には、平凡なアルミニウムに鏡のような輝きを与えるため、手間のかかった磨き加工も必要だった。この作品には、製造時の状態のままのねじれた端部をはじめ、この製造プロセスの連続的な性質がよくとらえられている。

押出ダイのクローズアップ。

押し出された材料がダイから出てくるところ。

3. Continuous

製品	Extrusions
デザイナー	Thomas Heatherwick
材料	アルミニウム
製造業者	Haunch of Venison
製造国	英国
製造年	2009

スケールの巨大さは別として、この作品の見どころは押出プロセスの名残を見せる端部だ。通常は切り取られてしまうため目に触れないこの部分が、押出成形の特性をよく示している。

Information

● 製造ボリューム

製造業者によって最小長さはさまざまだが、押出成形はバッチ生産にも大規模な生産にも費用対効果の高い加工法となり得る。一品ものにはまったく向いていない（その一品が50m（150フィート）もの長さであれば、また話は別だ）。

● 単価と設備投資

通常の押出成形は、例えば射出成形（200ページを参照）と比較した場合、成型具には低い投資額しか必要としない。

● スピード

1時間当たり20m（65フィート）まで。

● 面肌

優秀。

● 形状の種類・複雑さ

長さ全体にわたって形状が同一である限り、さまざまな肉厚の複雑な形状を問題なく作成できる。平らなシートも製造できる。

● スケール

押出成形の種類による。大部分の製造業者は、断面の平均最大サイズを250mm（10インチ）としている。長さは、工場のサイズによって制限される。

● 寸法精度

ダイの摩耗のため、高い精度を維持することは難しい。

● 関連する材料

押出成形は汎用的なプロセスであり、木材ベー

スのプラスチック複合材料やアルミニウム（ここで例に示したもの）、マグネシウム、銅、そして広範囲のさまざまなプラスチックやセラミックスなどに用いることができる。

● 典型的な製品

照明や調度品などの家具や建築用部材から、地名入りの組み飴やパスタまで、さまざまなもの。

● 同様の技法

引抜成形（103ページ）、カレンダー加工（94ページ）、共有押出成形（複数の材料の層を押し出してひとつの部材を作る）、ラミネート加工（2種類以上の材料を貼り合わせる）、ロール成形（108ページ）、および衝撃押出成形（150ページ）。

● 持続可能性

押出成形にはいくつかの形態があるが、熱間押出成形と冷間押出成形は両方とも高温または高圧を必要とするためエネルギー集約的だ。押出成形は形成中に与えられる熱や圧力が高すぎると内部に亀裂を生じることがあるため、材料の廃棄量を減らすためには部材を注意深く観察する必要がある。長大な長さが得られるという押出成形の性質は、部材を実際に使われる形状にするためには後工程として切断が必要だということにもなる。

● さらに詳しい情報

www.heatherwick.com

www.aec.org

長所	＋ 同一の断面を持つ細長い部材を作成するには最適な手法。
	＋ 広範囲の材料に適用できる。
	＋ 生産基盤が整っている。
短所	－ 部材には、長さ方向の切断、組み立て、または穴あけが必要となることが多い。

引抜成形
Pultrusion

引抜成形は押出成形（100ページ参照）の親戚だが、押出成形ほどよく使われてはいないプラスチック加工法だ。どちらも長さ方向に連続した一定断面の形状が作れるという点では似ているが、大きな違いのひとつは、押出成形がアルミニウムや木材ベースの複合材料や熱可塑性プラスチックに使えるのに対して、引抜成形は強化材として長い繊維を使った複合材料の成形に用いられるという点だ。

名前が示すとおりこのプロセスは、加熱したダイを通して複合材料の混ざり合った材料を引き抜くことによって行われる。これは、材料を押し出すことによって行われる押出成形とは異なる点だ。ガラスまたは炭素から作られた連続した長さの強化繊維が、液状の樹脂混合物に浸されて、ダイを通して引き抜かれる。ダイは部材の形成以外に、樹脂を熱して硬化させる働きもする。事前に含浸（プレプレグ）された繊維を用いる場合もあり、その場合は樹脂槽が必要なくなる。

近年、プラスチック製造業者は伝統的に金属が使われてきた多くの用途への参入を試みており、引抜成形はそういった試みによって得られる利益の典型的な例を示している。引抜成形されたプラスチックはさまざまな物理特性が向上し、また金属の強さと、重量が軽く腐食に強いというプラスチックの利点とを兼ね備えているため、工学的にもデザイン的にもメリットがある。引抜成形された部材は、驚くほど稠密で硬く、剛性があるため、たたくとまるで金属のように「カンカン」という音がする。

製品	引抜成形された複合材料の形状サンプル
材料	グラスファイバーとポリエステル樹脂の複合材料
製造業者	Exel Composites
製造国	英国

このサンプルは、引抜成形の重要な2つの特性を示している。金属と同様の特性を持つ形状をプラスチックで作成できること、そして型成形と同時に着色できることだ。

Information

● 製造ボリューム

サイズと形状の複雑さによる。500m（1,500
フィート）が典型的な最小生産量だ。

● 単価と設備投資

費用は、例えば射出成形（200ページ参照）や
圧縮成形（178ページ参照）などの成形法より
も低いが、例えばハンドレイアップ成形（156
ページ参照）よりは高い。

● スピード

サイズによって異なるが、大まかに言って
50mm × 50mm（2×2インチ）の大きさの断
面では1分間あたり0.5m（20インチ）が可能。
中身の詰まった形状では1分間あたり0.1m（4
インチ）、もっと狭い断面では1分間に1m（40
インチ）。

● 面肌

強化繊維とポリマーによるが、表面の仕上がり
はある程度コントロールできる。

● 形状の種類・複雑さ

引抜成形ではアンダーカットがあっても問題な
い。ダイを通して絞り出せる形状なら、実質的に
どんなものでも作成できるが、厚さが一定でな
くてはならないことには注意しておいてほしい。

● スケール

断面の最大サイズは1.2m（47インチ）が普通
だが、より大きな部材を作れる特殊なマシンも
存在する。最小の肉厚は約2.3mm（1/10インチ）。
引抜成形の長さは製造プラントのサイズによっ
て制約される。

● 寸法精度

形状によって変わるが、肉厚4.99mm（1/5イン
チ）の標準的なボックス状の断面では、精度は
± 0.35mm（1/75インチ）。

● 関連する材料

ガラスおよび炭素繊維と一緒に使える、あらゆ
る熱可塑性ポリマー母材。

● 典型的な製品

引抜成形の用途はさまざまで、工業プラントの
恒久的および一時的構造部材や、破壊耐性の
ある屋内および屋外用のパブリックファーニ
チャー、そして遊園地や展示スタンドなどが挙
げられる。より小ぶりのものとしては、電気絶縁
性のあるはしご、スキーのポール、ラケットの
持ち手、釣竿、そして自転車のフレームなどが
ある。意外なところでは、引抜成形されたプラ
スチックはある種の木材と同様の反響性を持っ
ているので、硬木の代用品として木琴のフレー
ムに使われてきている。

● 同様の技法

押出成形（94ページ）およびPulshaping™
（100ページ）。

● 持続可能性

強化繊維によって肉厚の薄い部材が製造できる
ため、強度を犠牲にせずに材料の使用量を最小
化できる。しかし、このプロセスは完全に自動
化され熱集約的であるため、かなり遅いサイク
ル速度とあいまって、エネルギーの使用量はき
わめて高い。材料が組み合わされているため、複
合材料はリサイクルできない。

● さらに詳しい情報

www.exelcomposites.com
www.acmanet.org/org
www.pultruders.com

3. Continuous

1. より合わされた繊維の束がダイへ送られ、そこで樹脂が含浸されて、最終形状に成形される。

2. 完成したチューブがカッターを通り、定尺に切断されるところ。

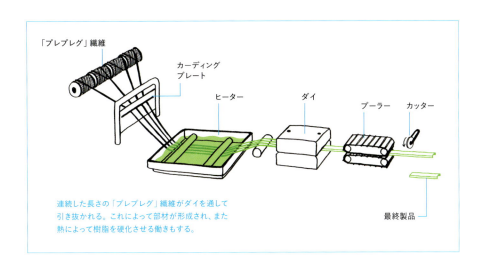

連続した長さの「プレプレグ」繊維がダイを通して引き抜かれる。これによって部材が形成され、また熱によって樹脂を硬化させる働きもする。

長所	＋	鋼鉄に対して70〜80％、アルミニウムに対して30％重量が削減できる。
	＋	金属の同等品と比べて、寸法の安定度が高い。
	＋	ポリマー自体に着色できるため、剥離の問題なく着色が可能。
	＋	木目などのテクスチャーに似せた表面装飾が行える。
	＋	非伝導性であり、非腐食性である。
短所	−	引抜成形の弱点は、デザインが一定の断面を持つ形状に限定されてしまうことだ。

Pulshaping™
Pulshaping™

Pulshaping™は、最近になって製造の世界に登場した複合材料の加工法のひとつだ。米国を拠点とするPultrusion Dynamics, Inc.によって開発されたこの手法は、長さ全体にわたって断面は一定で変えられないという、引抜成形プロセス（103ページ参照）の最大の問題のひとつを解決する。Pulshaping™では、ファイバー強化プラスチック製の部材を連続加工している最中に、デザイナーが断面形状を立体的に変更できるようになる。例えば、長さの大部分は丸い一定の断面だが、適当な成形具を用いて、一端は四角に、他端は楕円に変形させるようなことができる。このプロセスが特に有利な点は、例えばチューブの先端をねじ部品（threaded fasteners）や拡大―縮小カップリング継手に成形できることだ。

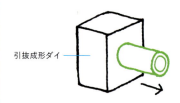

1. 標準的な引抜成形ダイを用いて、円筒形の断面を成形する。

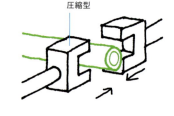

2. 2つの部分に分かれた圧縮型を用いて圧力をかけ、円筒形の断面を押しつぶす。

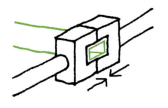

3. 圧力によって、チューブは所望の断面に形成される。

4. 完成した部材の断面は、円筒形から新たな断面へと「モーフィング」する。

Information

● 製造ボリューム

Pulshaping™はまだ開発段階にあるが、通常の引抜成形（103ページ参照）と同様に大量生産プロセスとしての可能性がある。

● 単価と設備投資

Pulshaping™はかなり費用の掛かるプロセスで、小規模な生産量には向いていない。経済的な数量は、長さにして2,000m以上。

● スピード

通常はプロセスの連続引抜成形の部分が1分あたり0.5〜1m（1½〜3フィート）、さらに再成形サイクルに1〜3分。

● 面肌

引抜成形と同様に、強化繊維とポリマーによるが、表面の仕上がりはある程度の変化をつけてコントロールできる。このプロセスでは断面の表面形状の操作が可能なため、製品の再成形される部分にはくぼみやでっぱりなどの特徴もデザインできる。

● 形状の種類・複雑さ

このプロセスは、さまざまな断面形状を作り込めるため、非常に汎用的だ。

● スケール

1.8m（6フィート）を超える長い製品に理想的。

● 寸法精度

非常に精密な精度が得られる。

● 関連する材料

熱硬化性樹脂と、ガラス、炭素、またはアラミド繊維。

● 典型的な製品

大型の工具のハンドルなど、通常はまっすぐな本体に先端部分の特徴を別プロセスで作り込む必要のある部材が、Pulshaping™ならいっぺんに製造できる。

● 同様の技法

押出成形（100ページ）や引抜成形（103ページ）など類似のプロセスでは断面の操作ができないため、本当の意味でこのプロセスと同様なプロセスは存在しない。

● 持続可能性

引抜成形と同様に、強化繊維によって肉厚の薄い部材が製造できるため、強度を最適化しつつ材料の使用量を最小化できる。材料が組み合わされているため、複合材料はリサイクルできない。

● さらに詳しい情報

www.pultrusiondynamics.com

長所	+	引抜成形（103ページ参照）に挙げた多くの長所を受け継いでいる。
	+	追加的な利点として、部材の連続した長さに沿った特定箇所の形状が変更できる。
短所	−	部材の長さに沿って形状が変更できるとはいえ、反復的なパターンに限定されている。連続的にカーブした形状や連続的なテーパー形状は、この手法では実現できない。

ロール成形
Roll Forming

ロール成形は、さまざまなローラーを何度も通過させることによって、角張った部分を丸みがかった形状にしたり、折り畳まれたフランジを箱型の形状にしたり、1回の操作で単純な形状からきわめて複雑な断面へ変化させ、連続した長さの製品を作れるプロセスだ。

単純に言えば、ロール成形は金属やプラスチック、あるいはガラスの長尺シートを、少なくとも2つの成形ローラーに連続して通すことによって行われる。一直線に並んだローラーの間にシートを通せば、材料は必要とされる形状に曲げられる。この曲げは一連のローラーによって段階的に行われるため、複雑な形状については約25個ものローラーが必要となる場合もある。ロール成形は冷間成形プロセスとしても、あるいは熱を加えて行うことも可能だ。ガラスの場合、シートは溶けたリボンとなってローラーを通過することになる。

製品	Apple iMac アルミニウムスタンド
デザイナー	Apple Design Studio
材料	アルミニウム
製造年	2012

このiMacのアルミニウム製スタンドは、Appleが自社製品の製造にあたって非常に厳しい管理を実施した成果を、控えめな形で示している。その成果とは、まったく割れを起こさずに、このように厚いアルミニウム片を非常に深く曲げられることであり、通常はこれほどの厚さの材料では割れは付き物なのだ。

Information

● 製造ボリューム
高ボリュームの大量生産。

● 単価と設備投資
初期費用と成形具の費用は高額であり、そのためこのプロセスは大量生産に向いている。しかし、形状の複雑さにもよるが、小規模な工房で少量の試作品を製造することもできる。

● スピード
形状の複雑さと材料の厚さによるが、製造スピードは通常、中程度の規模の製造業者で1時間あたり300〜600m（1,000〜2,000フィート）。大規模な製造業者ではもっと速いことが多いが、最小数量と最小長さが指定される。

● 面肌
パンチングやエンボス加工など他の操作をプロセスに組み込むことによって、表面のディテールを作り込むことができる。

● 形状の種類・複雑さ
長い同一の形状で、非常に手の込んだものであってもよい。

● スケール
大量生産される部材については標準的な深さは約100mm（4インチ）だが、アーティストRichard Serraによる有名な記念碑的な曲線を持つ鋼鉄の構造で実証されたとおり、非常に大規模な部材を製造することも可能だ。理論的には、長さを制約するのは製造プラントの物理的サイズだけだ。

● 寸法精度
シートの厚さによるが、±0.05〜1mm（1/500〜1/25インチ）の間。

● 関連する材料
ロール成形は、ほとんど金属の成形にのみ用いられているが、ガラスやプラスチックにも有用なプロセスだ（ただしずっと小規模）。

● 典型的な製品
自動車部品、建築プロファイル、窓枠や額縁、そして引き戸のガイドやカーテンレール。ガラスの場合、このプロセスは建築用ガラスに用いられるU字型の形状をしたガラスを作るために採用されている。

● 同様の技法
金属加工については、同様な手法として板金加工（56ページ）や押出成形（100ページ）などがある。これらは両方とも、長さにわたって同一の形状を作ることができる。

● 持続可能性
ロール成形は単純明快で熱を必要としないプロセスであり、廃棄される材料はほとんどなく、またかなりサイクル速度が速いためエネルギー消費量が最小化される。しかし、金属を使ったロール成形では微細な亀裂や脆弱化が生じる場合があるため、製造に先立って十分なテストが行われるべきである。

● さらに詳しい情報
www.graphicmetal.com
www.crsauk.com
www.pma.org
www.britishmetalforming.com
www.steelsections.co.uk
www.corusgroup.com

長所	＋	完成品の長さの点で柔軟性がある。
短所	−	材料の厚さが変化しない場合に限定される。

ロータリースウェージング

[別名] ラジアル成形
Rotary Swaging AKA Radial Forming

静止スピンドルスウェージング（stationary-spindle swaging）およびフラットスウェージング（flat swaging）を含む

非常に簡単な言葉で説明するならば、ロータリースウェージングは金属のチューブや棒、そしてワイヤの一部の直径を変えるために使われるプロセスだ。このプロセスでは、一連の回転する鋼鉄製のダイを通して元の材料が供給され、このダイによって材料が必要とされる断面（常に対称的で丸い形）に成形される。ダイは回転しながら1分間に約1,000回という速度でハンマリングを行い、工作物は基本的に叩かれることによって成形される。

他の形態のロータリースウェージングとしては、部材を丸い形以外に成形するために使われる静止スピンドルスウェージングがある。フラットスウェージングは金属板を全体に薄くするために使われる。

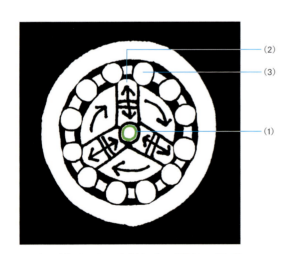

元の直径の材料が、回転する鋼鉄製のダイへ供給される (1)。材料は、ダイによってハンマリングされて成型される (2)。ハンマリングは、ダイの背後にあるバッカーが回転しながら一連のローラーを通過する際に行われる (3)。遠心力によってバッカーはダイから引き離され、再度ローラーを通過する際にまた押し出される。

Information

● 製造ボリューム

中程度から高レベルの大量生産。

● 単価と設備投資

このプロセスは複雑に聞こえるが、実際には非常に単純な原理によって行われ、最小限の成形具と短いセットアップ時間しか必要としない。そのため、大量生産プロセスでありながら短い生産期間でも費用対効果が高いという、珍しいプロセスとなっている。

● スピード

単純な形状は、1時間に500個のペースで製造できる。

● 面肌

ロータリースウェージングでは、ハンマリングに表面を磨く作用があるため、すばらしい光沢のある表面が得られる。仕上がりは、スウェージング加工前のチューブよりも良好となる。

● 形状の種類・複雑さ

ツールが回転しながら作用するため、対称的で丸い形状に限られる。このプロセスを用いてさまざまな形状のチューブや棒、そしてワイヤを丸い断面に変換できるが、丸以外の断面を得るには静止スピンドルスウェージングを利用する必要がある。

● スケール

製造業者で利用可能な機械の種類によるが、0.5〜350mm（1/50〜13¾インチ）の直径が可能。

● 寸法精度

ダイの設定により、内径または外形の両方がうまくコントロールできる。

● 関連する材料

延性のある金属が最も一般的に用いられる。炭素含有率の高い鉄類金属は問題となることが多い。

● 典型的な製品

ゴルフクラブ、排気管、ドライバーの軸、家具の脚、そしてライフルの銃身。

● 同様の技法

マシニング加工（24ページ）、衝撃押出成形（150ページ）、および金属深絞り加工（金属板を円筒、半球、お椀型などさまざまな中空の形状に引き延ばすために用いられる）。

● 持続可能性

たいていの場合、ロータリースウェージングは冷間加工として行われるので熱を必要とせず、エネルギーの使用量は大幅に削減できることになる。さらに、製造中に材料の損耗はなく、加工後の部材の強度は向上するので、製品の耐久性と耐用年数が改善される。

● さらに詳しい情報

www.torrington-machinery.com
www.felss.de
www.elmill.co.uk

長所	+	幅広い対称的な断面に形成できる。
	+	金属は切削されないので、材料の使用量の点で経済的。
	+	内面および外面の両方で細密な寸法の制御が可能。
	+	材料は加工によって硬化するので、強度が向上する。
短所	−	ロータリースウェージングは、丸く対称的な形状の成形に制約される（しかし静止スピンドルスウェージングでは、四角や三角といった丸以外の形状が実現可能）。
	−	チューブでは中間部よりも端部のほうが、容易に径を細くできることが多い。

事前成形織込み
Pre-Crimp Weaving

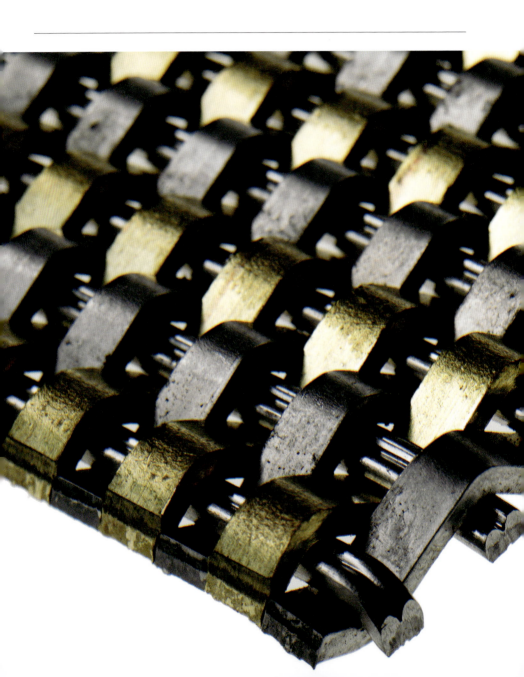

3. Continuous 113

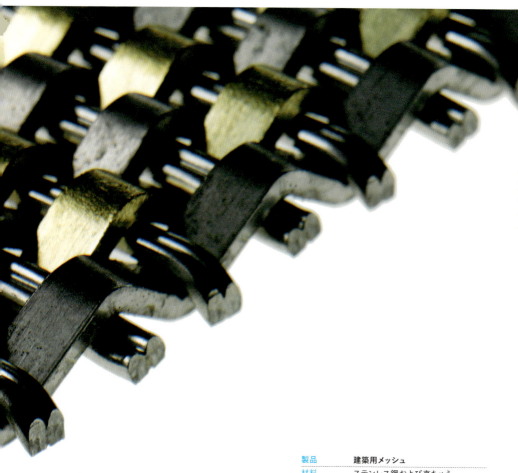

製品	建築用メッシュ
材料	ステンレス鋼および真ちゅう
製造業者	Potter & Soar
製造国	英国
製造年	2005

建築用メッシュは幅広い仕様に合わせて製造でき、密度やテクスチャー、そして透過率の増減が可能だ。これによってさまざまな視覚的効果を作り出すことができ、また自立可能なので、装飾的な手すりの部材や家具だけでなく、天井や外装材にも使用できる。

事前成形織込みは、意外な材料を織り込んで装飾的な使い方ができることを示す、すばらしいケーススタディだ。柔らかい布地を織って装飾に使うのと同じように、織った硬いワイヤで都市の景観を装い、飾ることができるのだ。工業的な織込みは、鎖かたびらのような工業フェンスから建築用外装材まで、さまざまな形で行われている。主要な工業プロセスとは認識されていないが、事前成形織込みは大規模で装飾的な金属スクリーンをデザインする方法として役に立つ。

これは2工程のプロセスで、まず長いワイヤが特定の場所でクリンピングされる。この単純なプロセスは、ワイヤを2つのローラーの間を通すことによって行われ、ローラーの歯が特定の距離ごとにワイヤにねじれを付けて行く。2番目の工程では、クリンピングされた長いワイヤをまとめて工業用の強力な織機へ送り込み、別の事前成形されたワイヤと直角に交差させてシートに編み込んで行く。

1. 長いワイヤがクリンピング機に送り込まれる

2. この歯車を見て分かるように、クリンピングは単純な方法で行われる。

3. 織り込みは、巨大な製織機械で行われる。

4. 織り込まれた長い建築用メッシュが姿を表し始めている。

Information

● **製造ボリューム**
最低で1平方メートル（10平方フィート、この場合には高くつくかもしれない）のシートから。シートの数には上限はない。

● **単価と設備投資**
クリンピングには単純な歯車が使われるので、このプロセスには成形具は必要ないのが普通だ。クリンピング歯車それ自体も、他の種類の工業用成形具と比較すれば経済的。

● **スピード**
織りの種類によって変わる。

● **面肌**
良好な仕上がりであり、さらに電解研磨（金属から微量の材料を取り除くプロセス）を行うこともできる。

● **形状の種類・複雑さ**
平たいシートに後成形を行えば、無限の可能性が広がる。

● **スケール**
最大幅は2m（6½フィート）。長さは、製造業者の敷地のサイズによって制限される。

● **寸法精度**
該当しない。

● **関連する材料**
通常はステンレス鋼316L、亜鉛メッキ鋼または任意の織込み可能な合金が使われる。

● **典型的な製品**
手すり、外部ファサード、階段の外装、日除け、そして上部へのスプリンクラーシステムの取り付けと採光が可能な天井。

● **同様の技法**
穴あけして引き延ばした金属（1枚の金属板を使い、引き延ばして一連のスロットを作成したもので、よく高速道路の中央分離帯に見られる）やケーブルメッシュ（らせん状に成形されたワイヤを使ってダイヤモンド状に編まれたフェンスで、工場のセキュリティフェンスなどに使われている）。

● **持続可能性**
事前成形織込みは完全に自動化されているが、織込みの前の独立した工程でワイヤをクリンピングすることによってエネルギーを経済的に利用し、製織機械に供給された際にワイヤが均一かつ一様に編み込まれることを可能としている。さらに、加工中に熱を必要としないため、エネルギーの使用量は大幅に削減でき、一方では織込みによって材料の強度と硬度が向上し、製品の寿命が長くなる。

● **さらに詳しい情報**
www.wiremesh.co.uk

長所	＋	適用性があり、柔軟な製造数量。
	＋	形成された形を保つ、自立可能な剛性の高いスクリーンを作ることができる。
短所	－	ロールではなく、決まった長さのパネルしか成形できない。

ベニヤ単板切削
Veneer Cutting

ロータリーカット（rotary cutting）およびスライス（slicing）を含む

木が食料や住居の材料の最も豊富な供給源のひとつであることはもちろんだが、私にとってベニヤ単板の製造工程は、モノをさまざまに有用な形態へ変化させるための人類の創意工夫を如実に示してくれるものだ。木を薄板状に連続して削ぐことによってベニヤ単板を作り出すことは木の最も経済的な利用法のひとつであり、またその途中で木の一生が、栄養状態と寿命を明確に示しながら明らかにされて行く。

ベニヤ単板を形成するには、スライス（木材あるいは丸太を長さ方向にスライスすること）とロータリーカット（中心に何も残らなくなるまで丸太を薄板状に連続して剥くこと）という、2つの主要な手法がある。ロータリーカットのほうが、ずっと普通の加工法だ。切り倒された丸太は品質に応じて、ベニヤ単板用、パルプ用、あるいは合板用に仕分けされる。丸太が採取された地域によっては、金属が含まれていないかスキャンする必要があるかもしれない。これは、紛争中に木にめり込んだ弾丸であることが多い。

丸太が製材所へ運ばれると、必要な長さに切断される。この長さは、その地域の標準によって、あるいは丸太がベニヤ単板用に使われるか、それとも積み重ねて合板を作るために使

製品	Leonardoランプシェード
デザイナー	Antoni Arola
材料	処理済み木材
製造業者	Santa & Cole
製造国	スペイン
製造年	2003

このシンプルなループ状のランプシェードにはベニヤ単板が意外な装飾的な方法で使われており、木材に驚くほど透光性があることに気付かせてくれる。

われるかによって決まる。次に丸太は、平均で24時間、お湯に浸けて柔らかくされる。これによって樹皮がはがれやすくなり、木目の繊維が緩むため、その後の工程が容易となる。

長所	+	材料を経済的に利用できる。
	+	これは工業的な生産手法だが、ある程度の柔軟性があり、ベニヤ単板の厚さと、最終的なシートの長さと幅がコントロールできる。
短所	−	シートまたは薄板の製造に限定される。

樹皮が取り除かれた丸太はゆっくりと乾燥されてから、ロータリーカットの場合には機械に入れられ、回転しながらカッターが当てられて連続した長さのベニヤ単板がゆっくりと作り出される。この長いベニヤ単板や、スライスによって製造された単板は、短い長さに切りそろえられる。

カッターの刃が丸太から薄板を切り取って行く。

Information

● 製造ボリューム
該当しない。これは「汎用品」であり、常に製造され続けている。

● 単価と設備投資
該当しない。ベニヤ単板は常に製造され続けているので、成形具や機械の費用は間接的にしか支払われることはない。

● スピード
カッターに入れられると、直径300mm（12インチ）の典型的なシラカバの丸太は2分以内で連続したシートに「剥く」ことができる。

● 面肌
このプロセスは、基本的には木材をナイフで切ることと同じなので、表面はかなり平滑になる。もちろん、よりきめ細かな仕上げも研磨すれば可能だ。

● 形状の種類・複雑さ
薄いシート状の材料。

● スケール
カッターの刃は、約1〜2mm（$1/25$〜$1/12$インチ）のさまざまな厚さのベニヤ単板を製造するように設定できる。シートのサイズは、丸太の幅と、どこでベニヤ単板をより小さいシートに切り分けるかによって決まる。典型的な直径300mm（12インチ）の丸太からは、最長で15m（50フィート）のベニヤ単板が製造される。

● 寸法精度
該当しない。

● 関連する材料
大部分の樹種。

● 典型的な製品
ベニヤ単板は、さまざまな形態の合板の製造に、あるいは家具メーカーによって板材の化粧板として使われる。しかし、ベニヤ単板に接着剤を積層して壁紙として販売している会社もある。

● 同様の技法
これは、木の加工法としてはユニークな手法だ。しかしベニヤ単板を使って合板を作ることもでき、これは合板曲げ加工（84ページ）などのさまざまな方法で成形できる。

● 持続可能性
ロータリーカットは材木をすべて利用して同心円状に丸太を連続的に切り取って行くため木材を最も効率的に利用できるが、スライスでは丸太をスライスする前に長方形の材木へ切断することが必要となるため、廃棄物が生じる。しかし、木材は再生可能な自然資源であるため、常に再成長させることによって安定した供給を確保し、枯渇を防ぐことができる。

● さらに詳しい情報
www.ttf.co.uk
www.hpva.org
www.nordictimber.org
www.veneerselector.com

薄肉・中空
Thin & Hollow

薄肉で中空の部材

本書で最も長いこの章では、中空で一般的には薄肉の形状を成形する、さまざまな
加工法を取り上げる。まず、何千年もの間、貴重な手吹きのガラス製品の製造に用
いられてきた中空成形プロセスの、数多いバリエーションについて述べる。中空成
形の原理は工業的な大量生産にもよく採用されており、中でもプラスチック産業
では、何百万本ものソフトドリンク用の使い捨てボトルがこの製法で製造されて
いる。他の鋳造や成形の手法としては、非常に一般的な回転成形（この一種がチョコ
レートのイースターエッグを作るために使われている）から、あまり一般的ではない遠
心鋳造（金属やガラスの入ったドラムを回転させることによって材料を壁に押し付ける加
工法で、小さなアクセサリーから巨大な工業用パイプまで、あらゆるものの製造に用いられ
ている）まで、さまざまな加工法を取り上げる。

手吹きガラス
Glass Blowing by Hand

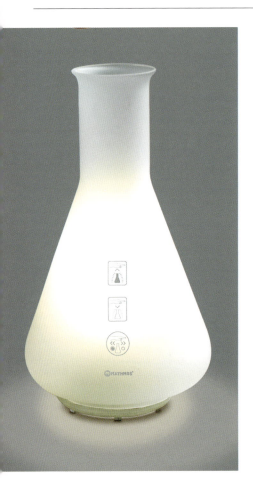

製品	Air Switch フラスコランプ
デザイナー	Mathmos Design Studio
材料	酸食ガラス
製造年	2004

この照明は手吹きで作られているが、直線的な側面と対称的な形状は型吹きによって得られたものだ。通常、手吹き作品の形状は（右の写真に示したように）一連の手工具だけを使って調整される。

少なくとも２千年の昔から、このテクニックは食器や手工芸品を作るために使われてきている。これは金属パイプを通して息を吹き込むことによって、チューブの反対側に巻き取られた溶けたガラスの玉を膨らませる手法だ。吹きガラスが発明される以前のガラス製品は、砂型を溶けたガラスに浸け、その後平らな表面で転がすことによって形状を調節して作られていた。ガラスが冷えてから砂型を取り除くと、中空の容器が残るというわけだ。吹きガラスというテクニックの発明によって、形

1. 溶けたガラスのかたまりが鋼鉄製チューブの一端に巻き取られ、手吹きされる。

2. 熱いガラスの形を整えるためには、さまざまな手工具（ここでは濡れた布）が使われる。

状の面だけではなく、材料の利用法を広げるという意味でも、まったく新しい可能性が生み出された。

現在でも手吹きガラスの手法は工業的に使われており、照明器具やワイングラスなど、幅広い製品が型吹きによって作られている。手吹きガラスは、高価な成形具と非常に大量の製造が必要とされる大量生産ガラス製品と、ひとつひとつ一品生産される作品との間を埋める貴重な存在となっている。

Information

● **製造ボリューム**
一品ものからバッチ生産まで。

● **単価と設備投資**
費用の多くを占めるのは、ガラス吹き職人の労務費だ。まったく同一の形状をバッチ生産したければ、型を使うこともできる。型は、木材や石膏あるいはグラファイトなど、必要とされる数量に応じた耐久性のある材料で作られる。

● **スピード**
作品のスケールと複雑さ、そしてガラスを型吹きするかどうかによって、大きく異なる。

● **面肌**
優秀。

● **形状の種類・複雑さ**
宙吹きガラスの場合、実質的にどんな形状でも可能。

● **スケール**
吹きガラス職人の肺が耐えられるだけの大きさ。ただし、職人はチューブの端にあるガラスの重さと格闘する必要があることも考慮してほしい。

● **寸法精度**
手作業によるプロセスのため、精密な加工は難しい。

● **関連する材料**
あらゆる種類のガラス。

● **典型的な製品**
食器から彫刻まで、ありとあらゆるもの。

● **同様の技法**
ランプワーク加工（122ページ）、および吹きガラスと中空成形（124ページ）またはプレスと中空成形（128ページ）を用いた機械による吹きガラス。

● **持続可能性**
すべてのガラス加工に言えることだが、長い時間にわたって高熱が必要とされるため、エネルギーの消費量は大きい。しかし製品は手作業で成形されるため、追加的な機械設備は必要なく、そのためエネルギー消費量を多少は埋め合わせることができる。失敗作や割れたガラスはその場で溶かし、プロセスへ再投入してリサイクルすれば、材料の消費量を削減できる。

● **さらに詳しい情報**
www.nazeing-glass.com
www.kostaboda.se
www.glassblowers.org
www.handmade-glass.com

長所	+	さまざまな形を作れるだけの柔軟性がある。
	+	一品やバッチ生産、あるいは中規模の製造に利用できる。
短所	−	労務費のため、単価が高くなりがち。

ガラス管ランプワーク加工
Lampworking Glass Tubes

ガラスを手細工するには何百もの手法があり、ホットワークとコールドワーク（例えば、カットガラス）の両方で、成形具を必要とせずに作品を作り上げることができる。ランプワークは、ガラスへ部分的に熱を加えることによって、熟練した職人がガラスを押し込んだり引き延ばしたり、その他さまざまな成形を行える手法だ。このプロセスは、高価な手成形と、成形型を必要とする大量生産との間で、第3の選択肢を提供してくれる。短期間の生産に最適なプロセスだ。

このプロセスは中空のガラスチューブを、旋盤でゆっくりと回転させるところから始まる。ブローランプの熱が特定の部分に加えられ、次に木製の成形具によって押し込まれる。ランプワーク加工は、柔らかく扱いやすいガラスを押し込んで成形することによって行われる。先端部は、必要に応じて開いたまま残してもよいし、丸めて封止することもできる。

製品	薄肉の花びん
デザイナー	Olgoj Chorchoj
材料	ホウケイ酸ガラス
製造国	チェコ共和国
製造年	2001

このエレガントな花びんは、この手法を使って成形できる部材の複雑さをよく表している。内側の不透明な白い形と外側の透明なチューブは別々に作られ、後で旋盤を使って結合されたものだ。

ガラスのチューブが旋盤上で回転しながら部分的に加熱され、木製の成形具を使って加工される。

Information

● 製造ボリューム

この種の半手作業的な加工法の利点のひとつは、製造個数に制限がないことだ。一品から数千個まで、どんな生産量にも対応できる。1,000個以上製造したければ、半自動化されたセットアップを用いて製品をガラス吹きすることを考えたほうがよいだろう。

● 単価と設備投資

手直しが可能で容易に調整できる製品としては、比較的単価は低い。設備投資は、成形型が必要ないためほぼゼロだ。

● スピード

形状の複雑さに応じて変わる。

● 面肌

優秀。

● 形状の種類・複雑さ

ガラスチューブが1つの軸の周りに回転することから、形状は対称形を基本としたものに限られる。しかし、ガラスを旋盤から取り外した後で加工すれば、デザインにディテールを付け加えることができる。実験室で使われるガラス製品はこの手法で作られるため、その複雑さの程度が想像できるだろう。肉厚は一般的に言って薄い。

● スケール

製造のスケールは、旋盤の種類と職人のスキルによって制約される。

● 寸法精度

これは手作業によるプロセスなので、精度はあまり高くない。

● 関連する材料

主にホウケイ酸ガラスに限られる。

● 典型的な製品

特殊な実験用器具やパッケージング、油や酢の容器（高級なデリカテッセンにあるような、油のボトルの中に酢のボトルが入っているものなど）、温度計や照明器具まで、ありとあらゆるもの。

● 同様の技法

手吹きガラス（120ページ）。

● 持続可能性

ガラスは再生可能な自然材料だが、その製造や加工には高熱が必要とされるため、あまりエコではない。しかし、ランプワーク中にガラスは手作業で成形されるため、時間はかかるが機械を必要とせず、大量のエネルギー消費を多少は埋め合わせることができる。さらに、失敗作や割れたガラスはその場で溶かし、プロセスへ再投入してリサイクルすれば、材料の消費量を削減し原材料を節約できる。

● さらに詳しい情報

www.asgs-glass.org
www.bssg.co.uk

長所	+	非常に汎用的なプロセス。
	+	同一のバッチ内でも形状に変化が付けられる。
	+	実験や試作での費用対効果が高い。
	+	複雑な形状が成形できる。
	+	通常、この種のガラス製品製造プロセスは製品をバッチ生産するために使われ、成形具への投資をまったく必要としない。
短所	−	大規模な生産には費用対効果が低い。

吹きガラスと中空成形
Glass Blow and Blow Moulding

材料に空気を吹き込む（あるいは逆に吸い出す）ことによって製品を製造する手法は数多く存在し、その多くはこの本で説明されている。中空成形の変種はプラスチック（例えば、133ページの射出中空成形を参照）や、スケールは制約されるが金属（82ページの金属注気加工、および76ページのアルミニウムのスーパーフォーミングを参照）にさえ使うことができるが、中空成形は吹きガラス製品を工業的に大量生産するために今でも使われる主要な手法のひとつだ。現代の工業的なガラスの中空成形には、吹きガラスと中空成形、そしてプレスと中空成形（130ページを参照）という、2つの主要な手法がある。ここで取り上げる吹きガラスと中空成形手法は、ワインボトルのように首の細いびんを作るために使われる。「吹きガラス」という用語は、もちろん一品の手作り作品にも使われる（120ページの手吹きガラスを参照）が、ここでは1日に何十万個もの製品を製造できる大規模なプロセスについて説明する。吹きガラスと中空成形を使って製品を作るには、まず砂と炭酸ナトリウムと炭酸カルシウムの混合物を工場の最上階へ運び、そこにある小さなリビングルームほどの大きさの炉の中で1,550℃(2,820°F)に加熱する。溶けたガラスは一連の太いソーセージのような形（「ゴブ(gob)」と呼ばれる）に切り離され、重力によって下にある成形機に導かれる。この工程でゴブに空気が吹き込まれ、首を含めたびんの形が部分的にでき上がる。続いて、この半成形ガラスは取り出され、180度回転されてまた別の型に入れられる。この工程で、空気

製品	キッコーマンの醤油びん
デザイナー	榮久庵憲司
材料	ソーダ石灰ガラス
製造業者	キッコーマン株式会社
製造国	日本
製造年	1961

このクラシックな醤油びんのプロポーションと細い首は、吹きガラスと中空成形で作られたガラスに特有のものだ。わずかに見える分割線は、2つの型の合わせ目を示している。赤いプラスチックのキャップは、射出成形されたものだ。

が型へ吹き込まれて最終的な形状が成形される。型が分割されてびんが取り出され、ベルトコンベヤーに乗せられて焼きなましオーブンへと運ばれ、ガラスに残った応力が取り除かれる。

Information

● 製造ボリューム

24時間に数千個から数十万個までの範囲。経済的な価格を実現するためには、最低でも約50,000個の生産量が必要だ。しかし、ガラスの重さはスピードを決定する主要な要因のひとつであり、1日に170,000個という速度も珍しくない。

● 単価と設備投資

これは、高ボリュームの大量生産プロセスだ。成形具のコストが高いため、製品の費用対効果を高めるには、ガラスの生産期間は数日間にわたり24時間サイクルで継続される必要がある。

● スピード

びんのサイズによるが、1台のマシンで同時に複数の型を使うようにセットアップすることが可能だ。これによって非常に高い製造速度が得られ、時には1時間あたり15,000個にも達することがある。

● 面肌

仕上がりはすばらしい。お手元のワインボトルを見てほしい。

● 形状の種類・複雑さ

比較的単純な形状に限定される。大規模なガラスの製造では、型が簡単に開けるように形状を注意深くデザインする必要がある。例えば、鋭い角やアンダーカット、あるいは大きく平坦な部分があってはならない。実際、吹きガラスと中空手法はとても融通がきかないので、具体的なデザインについては製造業者に相談するべきだ。高価な香水瓶を見てインスピレーションを得てはならない。これらはまったく違うものだからだ。

● スケール

中空成形された製品の用途（主に家庭用のガラス容器）により、多くの製造業者では容器の高さを最大で300mm（12インチ）に制限している。

● 関連する材料

ほとんどすべての種類のガラス。

● 典型的な製品

首の細いワインやスピリッツのボトル、および油や酢、そしてシャンパンのボトル。

● 同様の技法

この手法は首の細いガラス容器の製造に適しているが、プレスと中空成形では口の開いたガラス容器を作ることができる（128ページ）。プラスチックについては、射出中空成形（133ページ）および押出中空成形（136ページ）を参照。

● 持続可能性

このプロセスは驚くほど製造速度が高く、エネルギーを効率的に利用できるが、製造のさまざまな段階にわたって高熱が必要とされるため、驚くほどエネルギー集約的でもある。良い面に目を向けると、ガラスは再生可能な自然材料なので環境負荷が低く、また広くリサイクルされている。

● さらに詳しい情報

www.vetreriebruni.com
www.saint-gobain-emballage.fr
www.packaging-gateway.com
www.glassassociation.org.uk
www.glasspac.com
www.beatsonclark.co.uk

4. 薄肉・中空

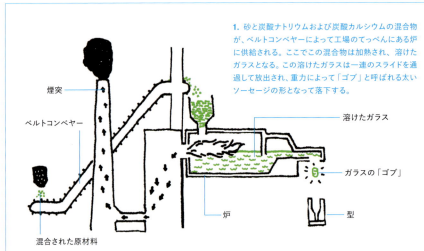

1. 砂と炭酸ナトリウムおよび炭酸カルシウムの混合物が、ベルトコンベヤーによって工場のてっぺんにある炉に供給される。ここでこの混合物は加熱され、溶けたガラスとなる。この溶けたガラスは一連のスライドを通過して放出され、重力によって「ゴブ」と呼ばれる太いソーセージの形となって落下する。

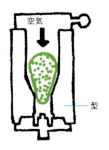

2. 空気が型の下へ向かって吹き込まれ、これからゴブはびんの形になって行く。

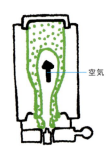

3. 空気が首の部分を通って注入され、ガラス生地が首を含めて部分的に形成される。

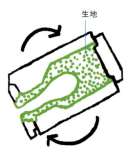

4. ガラス生地は180度回転され、次の型へ移される。

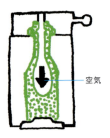

5. さらに空気が吹き込まれる。

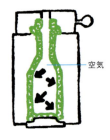

6. 最終的な形状と正しい肉厚が形成されるまで、ガラスに空気が吹き込まれる。

7. ガラスびんが型から取り出される。

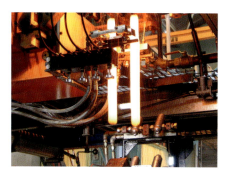
1. 熱せられたガラスのゴブが、上にある炉から落ちてくる。

2. ガラスのゴブは、一定の長さに切断されて、型へ落とされる。

3. 型から出てくる熱いびん。

4. 8個の成形機から製造ラインへ出てきたびんは、焼きなまし工程へ送られる。

長所	+	単価が非常に低い。
	+	首の細い容器を作ることができる。
	+	製造速度が並外れて速い。
短所	−	この高ボリュームの生産手法では、汎用性が非常に低い。
	−	成形具の費用が非常に高額。
	−	非常な高ボリュームが要求される。
	−	比較的単純な中空の形状に限られる。
	−	ガラスの着色は、色が混ざらないようにするためには製造の終わりまで色を「使い切る」必要があるため、高価となりがち。

ガラスプレスと中空成形
Glass Press and Blow Moulding

吹きガラスと中空成形プロセス（124ページ参照）で作られるワインボトルなど首の細い品物ではなく、ジャムのびんなどの口の広い容器を作るための工業的なガラス中空成形の一形態として、「プレスと中空成形」と呼ばれるテクニックが使われている。これらのテクニックの主な違いは、成形プロセスにある。口の広い容器を作るために、ガラスの「ゴブ」は空気を吹き込まれるのではなく、型キャビティ内部で雄型に押し付けられる。これによって製造サイクルはスピードアップされ、ガラスの分布をよりコントロールできるようになるため、より薄い肉厚が実現できる。製品は成形された後、焼きなまし炉へと流れ作業で運ばれ、そこで1時間以上かけてゆっくりと室温まで冷却され、ガラスに残った応力が取り除かれる。

工場の中では、機械から光り輝く溶けたガラスのゴブが降り注いでいる。その様子は、まるで光の筋が空の型キャビティへ吸い込まれて行くように見える。しかし、このプロセスには観客はおらず、手吹きガラスの職人もいない。自動化された、機械油まみれの、大きな音を立てて蒸気を吐き出す機械が、1日に数十万個ものびんを作り出しているのだ。ほんの数人の男たちが、この巨大な生産工程を監視している。1日に350,000個以上の首の細い製品を作り出せる吹きガラスと中空成形プロセスに対して、このプロセスでは、例えばジャムびんの大きさの製品を、1日に400,000個作り出すことができる。しかし小型の「プレスと中空成形」びんであれば、例えば小さな薬びんを1日に900,000個も、24時間サイクルで連続

製品	食品貯蔵用ジャー
材料	ソーダ石灰ガラス、パッキンは熱可塑性エラストマー（TPE）
製造業者	Vetrerie Bruni
製造国	イタリア

このジャーのように口の開いた形を作るには、吹きガラスと中空成形（124ページ参照）よりもプレスと中空成形が向いている。

稼働しながら作り出すことができる。一部の食品パッケージの生産期間は連続して10か月も続くことがあり、その間まったく同じ製品が延々と製造されて行く。

Information

● 製造ボリューム
1日に数千個から数十万個まで。このレベルの高ボリューム生産は、1時間あたりの製造個数ではなく、時間によって限定されるのが普通だ。製造がフル稼働となるまで8時間ほどかかる可能性があるため、最小製造サイクルは3日程度、連続して機械を動かし続ける必要がある。

● 単価と設備投資
類似の吹きガラスと中空成形（124ページ参照）と同様に、これは高ボリュームの大量生産に限定されたプロセスだ。少なくとも数万個の生産量がなければ、成形具の費用は法外に高くついてしまうだろう。

● スピード
プレスと中空成形手法は、吹きガラスと中空成形による生産よりも一般的にはわずかに高速だが、両方ともガラスの重さがスピードの決定要因となる点は共通している。典型的な大ぶりの料理用ソースの広口びんなら、1日に250,000個という速度が標準的と言える。

● 面肌
ジャムのびんを見れば、すばらしい仕上がりが目に入るはずだ。しかし、吹きガラスと中空成形のボトルと同様に、ラベルを貼り付けるなら分割線を考慮する必要があるだろう。

● 形状の種類・複雑さ
広く開いた口を持つ、比較的単純な形状に制約される。大規模なガラス製造では、このような形状に鋭い角やアンダーカット、または広い平坦な部分があってはならない。型から取り出すことが難しくなるためだ。吹きガラスと中空成形に比べて、プレスと中空成形ではガラスの厚さを制御できる余地が大きい。

● スケール
吹きガラスと中空成形と同様に、多くの製造業者は最大で高さ300mm（12インチ）の容器に対応している。

● 関連する材料
ほとんどすべての種類のガラス。

● 典型的な製品
広口のジャムびんやスピリッツのびん、広口の薬びんやその他の容器、および食品のパッケージ。

● 同様の技法
ガラスについては、吹きガラスと中空成形（124ページ）、ランプワーク（122ページ）および手吹きガラス（120ページ）。プラスチックについては、プラスチック中空成形（131ページ）および押出中空成形（136ページ）。

● 持続可能性
吹きガラスと中空成形と同様に、製造のさまざまな工程にわたって利用される高熱により、きわめて多量のエネルギーが消費される。しかし、並外れて高い製造速度と高速なサイクルタイムはこのエネルギーを経済的に利用するよう最適化されており、またガラスをリサイクルしてプロセスへ再投入すれば原材料の使用量を削減できる。

● さらに詳しい情報
www.vetreriebruni.com
www.britglass.org.uk
www.saint-gobain-conditionnement.com
www.beatsonclark.co.uk

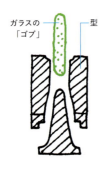

1. 溶けたガラスの「ゴブ」が機械から吐き出され、空の型の中へ落ちて行く。

2. ガラスの落下に伴って、雄型によって形状が作られて行く。

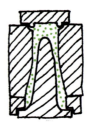

3. 柔らかいガラスが型にプレスされ、ガラス生地が形成される。

4. ガラス生地が180度回転される。

5. ガラス生地は2番目の型に移される。

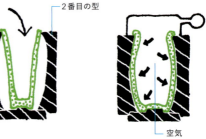

6. 空気によってガラスは型に沿って膨らみ、最終的な形状となる。

長所	+ 単価が非常に安い。
	+ 肉厚の薄い、広口の容器の製造に適している。
	+ 製造速度が並外れて高い。
	+ サイクルタイムが並外れて高速。
短所	− 成形具の費用が非常に高い。
	− 比較的単純な中空の形状に限られる。
	− ガラスの着色は、色が混ざらないようにするためには製造の終わりまで色を使い切る必要があるため、高価となりがち。
	− 経済的な製造には高ボリュームが必要とされる。

プラスチック中空成形
Plastic Blow Moulding

中空成形とは、さまざまな中空の形状の製品を製造するために用いられる工業的な大量生産手法のひとつを指す包括的な用語だ。プラスチックの容器の成形にも、ガラスびんの成形（124ページの吹きガラスと中空成形、および128ページのガラスプレスと中空成形を参照）にも用いられるという意味では、珍しい手法と言えるだろう。

射出中空成形や射出延伸成形（133ページ参照）、そして押出および同時押出中空成形（136ページ参照）など、プラスチック向きの中空成形手法にはいくつかの種類がある。これらは作り出せる形状は少しずつ違っているが、基本的に金型の中で風船を膨らませるようにして形状を作り上げるという点ではみな同じだ。ここで説明するプロセスでは、まずプリフォームが2分割型へ送り込まれる。金型が閉じて材料が適当な長さに切り取られ、プラスチックの一端にシールが形成される。このパイプ状のフォームが2番目の金型に送られて空気が吹き込まれ、プラスチックは金型のキャビティの中で膨らんで最終的な形状となる。その後、金型を開いて部材を取り出す。

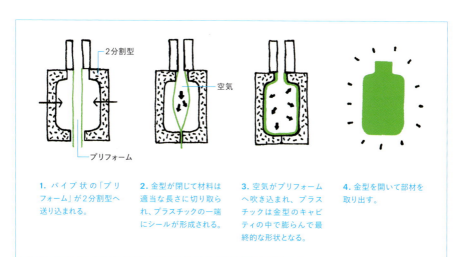

1. パイプ状の「プリフォーム」が2分割型へ送り込まれる。

2. 金型が閉じて材料は適当な長さに切り取られ、プラスチックの一端にシールが形成される。

3. 空気がプリフォームへ吹き込まれ、プラスチックは金型のキャビティの中で膨らんで最終的な形状となる。

4. 金型を開いて部材を取り出す。

Information

● 製造ボリューム

サイズと材料にもよるが、中空成形は非常に高
速な製造手法であり、1時間に約500個から、24
時間サイクルあたり百万個を超える個数の製造
が可能だ。コストの削減という意味で、このプ
ロセスを最大限に活用するためには、連続生産
量は少なくとも数十万個に達する必要がある。

● 単価と設備投資

標準的な中空成形された部材の単価は非常に安
価であることがほとんどで、このプロセスを使っ
て製造された安価な製品やパッケージの多さを
見ればこのことは納得できるだろう。もちろん、
この規模の経済の反面には、非常に高額な成形
具の費用がある。

● スピード

小型の容器はキャビティを複数持つ金型を使っ
て製造できるため、小さな（例えば700ml／23
液量オンス以下の）ポリエチレンテレフタレー
ト（PET）ボトルは1時間あたり約60,000個製
造できる。

● 面肌

優秀な仕上がりだが、長さ方向に分割線が残る。

● 形状の種類・複雑さ

具体的なプロセスによるが、中空成形される形
状は一般的に単純で丸みを帯びている。抜き勾
配なしでも製造できるが、製造業者にとっては
小さな抜き勾配があるほうが好ましい。

● スケール

小さな化粧品のボトルから、重量が25kg（55
ポンド）を超える部材まで。

● 関連する材料

典型的なすべすべした高密度ポリエチレン
（HDPE）が、このプロセスに最もよく使われる
材料のひとつだ。それ以外の材料としては、ポリ
プロピレン、ポリエチレン、ポリエチレンテレフ
タレート（PET）およびポリ塩化ビニル（PVC）
などがある。

● 典型的な製品

一般的な家庭なら、中空成形されたさまざまな
プラスチック容器の詰まった食器棚の1つくら
いはあるだろう。基本的に、中空成形された製
品にはプラスチック製のミルクカートンやシャ
ンプーのボトル、おもちゃ、歯磨きチューブ、洗
剤のボトル、じょうろ、そして家の外では車の
燃料タンクなどがある。

● 同様の技法

延伸成形、押出中空成形（136ページ）、射出中
空成形および同時押出中空成形（133ページ）。

● 持続可能性

高度に自動化されたプロセスであり、その結果
としてサイクルタイムが非常に高速であるため、
熱および電気エネルギーの利用率は最大化され、
材料の使用量は精密にコントロールされ、また
エネルギーの使用量は最適化される。中空成形
に用いられる主な材料のひとつであるPET樹脂
は、最も広くリサイクルされているプラスチッ
クのひとつだ。

● さらに詳しい情報

www.rpc-group.com
www.bpf.co.uk

長所	＋ 単価が非常に安い。　＋ 製造速度が並外れて高速。
	＋ ねじ山などのディテールを、型成形によって作り込むことができる。
短所	－ 成形具の費用が高い。
	－ 費用対効果を高めるためには、大量生産が必要。
	－ 比較的単純な中空の形状に限られる。

射出中空成形
Injection Blow Moulding

射出延伸成形（injection stretch moulding）を含む

簡単に言えば、射出中空成形はプラスチック中空成形（131ページ参照）の一種であり、風船を膨らませるのと同じ原理で行われるプロセスだが、型の中で空気を吹き込んで形状を作り上げる。

名前が示すように、これは2工程からなる成形プロセスであり、型成形される首の部分に複雑な形状が作り込めるため、他の中空成形手法にはない利点がいくつかある。まず射出成形（200ページ参照）を使って中空のプリフォームが作られるが、ここで首の部分に複雑なねじ山を型成形することが可能だ。プリフォームは型キャビティに入れられ、そこで空気が吹き込まれてプラスチックが型キャビティに押し付けられる。

射出成形されたプリフォームを使うこの手法では、押出中空成形（136ページ参照）よりも形状の安定性とコントロールの余地が大きいが、適切な材料の選択肢は限られる。

射出延伸成形は、ポリエチレンテレフタレート（PET）から作られるハイエンドの製品（ボトルなど）に用いられる手法で、空気を吹き込む前に棒を使ってプリフォームを金型の中で引き延ばすものだ。

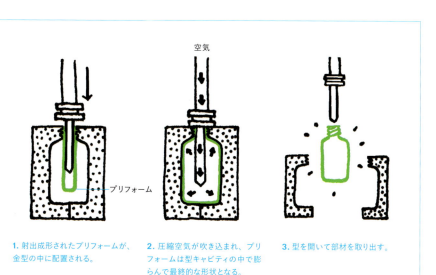

1. 射出成形されたプリフォームが、金型の中に配置される。

2. 圧縮空気が吹き込まれ、プリフォームは型キャビティの中で膨らんで最終的な形状となる。

3. 型を開いて部材を取出す。

4. 薄肉・中空

製品	射出成形されたプリフォーム
材料	ポリエチレンテレフタレート（PET）
製造国	ドイツ

標準的なボトルを作るために使われるこのプリフォームが、都会の風景のあちこちに散らばる何十億ものプラスチックボトルが成形されるプロセスの単純明快さを物語っている。プリフォームの首の部分に形成された複雑なねじ山は、射出成形を使う利点を示すものだ。

製品	Sparkling Chair
デザイナー	Marcel Wanders
材料	ポリエチレンテレフタレート（PET）
製造業者	Magis
製造国	イタリア
製造年	2010

このSparkling Chairは、パッケージに使われる材料や製造手法が、家具というまったく新しい分野にも適用できることを見事に実証している。

Information

● 製造ボリューム

射出中空成形は大量生産に最適であり、連続生産量は数百万個にも達することがしばしばある。

● 単価と設備投資

このプロセスの射出成形と中空成形の両工程に使われる成形具は高価であり、また初期費用も高額となる。しかし、製造ボリュームが大きいため単価は非常に安く、それによって高額な初期費用は正当化される。

● スピード

部材のサイズや利用されるキャビティの数などの変数があるため、さまざまな形態の中空成形について製造スピードを明言するのは困難である。しかし、典型的な150ml（5液量オンス）のボトルは、8個のキャビティを持つ型による射出中空成形で、1時間あたり2,400個の速度で製造できる。

● 面肌

すばらしい仕上がりが得られる。

● 形状の種類・複雑さ

射出中空成形は、製品全体にわたって大きな半径と一定の肉厚を持つ、比較的単純な形状に適している。

● スケール

通常、250ml（8液量オンス）未満の容器に使われる。

● 寸法精度

押出中空成形（136ページ参照）と比較して、この手法はポリカーボネート（PC）やポリエチレンテレフタレート（PET）など、比較的剛性のある材料に適している。しかし、ポリエチレン（PE）など軟質の材料に使われることも多い。

● 典型的な製品

小さなシャンプーや洗剤などのボトル。

● 同様の技法

プラスチックについては押出中空成形（136ページ）、ガラスについてはプレスと中空成形（128ページ）。

● 持続可能性

他の形態のプラスチック中空成形とは異なり、プリフォームは2度（最初はプリフォームの製造時に、そして次に空気を吹き込まれて最終製品となる際に）加熱されるため、エネルギーの使用量は倍増する。射出中空成形では実質的に廃棄物は生成されず、サイクルタイムは非常に高速であり、材料とエネルギーの使用は最適化されている。このプロセスは、使い捨てのPETパッケージの製造に用いられることが多い。PETは最も広くリサイクルされているプラスチックであり、再加工によってごみとならずに済む。

● さらに詳しい情報

www.rpc-group.com
www.bpf.co.uk

長所	+	単価が非常に安い。
	+	製造速度が並外れて高速。
	+	小さな容器に適している。
	+	他の中空成形手法よりも、首の部分のデザインや重量、そして肉厚をコントロールできる余地が大きい。
短所	−	押出中空成形（136ページ参照）よりも成形具の費用が高額。
	−	大量生産が必要。
	−	比較的単純な中空の形状に限られる。

押出中空成形
Extrusion Blow Moulding

同時押出中空成形（co-extrusion blow moulding）を含む

押出中空成形は、プラスチック中空成形グループに属するプロセスのひとつだ（131ページ参照）。この手法は、プラスチックが「ラグ（lug）」と呼ばれるソーセージ型の形状に押し出され（100ページの押出成形を参照）、型キャビティへ落とし込まれて短い長さに切り取られることを特徴としている。ここで空気が吹き込まれてプラスチックは型キャビティへ押し付けられ、最終的な形状となる。このプロセスでは切り取られる際に余分な材料（「テール（tail）」）が残るため、後で取り除く必要がある。しかし、例えばシャンプーのボトルの底を見ればわかるように、最終的な製品にはその跡が残ってしまう。

同時押出中空成形では、異なる材料を一緒に押し出すことによって、複数の層からなる製品を成形することができる。

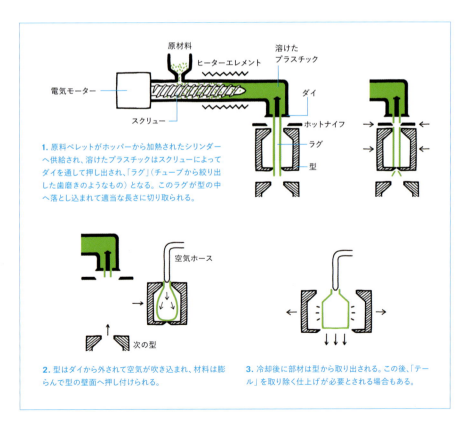

1. 原料ペレットがホッパーから加熱されたシリンダーへ供給され、溶けたプラスチックはスクリューによってダイを通して押し出され、「ラグ」（チューブから絞り出した歯磨きのようなもの）となる。このラグが型の中へ落とし込まれて適当な長さに切り取られる。

2. 型はダイから外されて空気が吹き込まれ、材料は膨らんで型の壁面へ押し付けられる。

3. 冷却後に部材は型から取り出される。この後、「テール」を取り除く仕上げが必要とされる場合もある。

Information

● 製造ボリューム

数百万にも及ぶ連続生産量が可能な射出中空成形（133ページ参照）とは異なり、押出中空成形ははるかに低い連続生産量（時には20,000個程度まで）に用いられる。

● 単価と設備投資

射出中空成形よりもコストは安いが（その差は約⅓）、それでもやはり初期費用は高額だ。

● スピード

他の類似の手法と同様に、製造速度は部材の重量によって決まる。典型的な5リットル（1ガロン）の容器は、1時間あたり1,000個の速度で製造できる（同時に4個の型と1台の機械を使って）。スーパーマーケットで見られるようなプラスチック製の牛乳びんは、1時間あたり約2,000個の速度で製造できる。

● 面肌

すばらしい仕上がりが得られる。

● 形状の種類・複雑さ

押出中空成形は、射出中空成形よりも大型で複雑な形状の生産に向いている。作り付けの持ち手が付いた、プラスチック製の牛乳容器や灯油のポリタンクなどが代表的だ。

● スケール

シャンプーのボトルなどの製品の製造にも使える一方で、押出中空成形は小規模の生産にも適しており、また典型的には500ml（20液量オンス）以上という、中空成形の中では最も大きな部類の製品を製造するためにも使える。

● 関連する材料

ポリプロピレン（PP）、ポリエチレン（PE）、ポリエチレンテレフタレート（PET）、そしてポリ塩化ビニル（PVC）。

● 典型的な製品

押出中空成形は大型の製品に最適であり、おもちゃ、石油ドラム缶、自動車の燃料タンク、そして大型の洗剤のボトルなどが典型的な例だ。

● 同様の技法

射出中空成形（133ページ）および回転成形（141ページ）。

● 持続可能性

溶けたプラスチックが注入されるランナーに残る少量の余分なプラスチックは、金型から出すたびに切り取る必要がある。この廃棄物は加熱して再び溶かし、プロセスへ再投入することによってリサイクルすれば、材料の消費量を削減し廃棄を防ぐことができる。さらに、製品の寿命が終わったらプラスチックをリサイクルして、再生不可能な原材料の使用量を削減できる。

● さらに詳しい情報

www.rpc-group.com
www.bpf.co.uk
www.weltonhurst.co.uk

長所	+	単価が非常に安い。
	+	製造速度が速い。
	+	500ml（20液量オンス）を超える大きな容器に適している。
	+	射出中空成形（133ページ参照）と比較して、押出中空成形ではより複雑な形状が作成できる。
	+	射出中空成形よりも成形具のコストが低い。
短所	−	大量生産が必要とされる。

138 　　　　　　　　　　　　　4. 薄肉・中空

ディップ成形
Dip Moulding

製品	風船の成形型（左側）および風船（右側）
デザイナー	Michael Faraday が 1824 年に最初のゴム風船を作成した
材料	成形型は陶器、風船はラテックス
製造業者	Wade Ceramics Limited（風船の成形型）

このシンプルなセラミックの成形型は、このパーティー用ゴム風船のような中空の製品が作られる方法を示しながら、ディップ成形の原理を完璧に説明している。

溶解した（あるいは何らかの手段で液体となった）材料に型を浸すことは、おそらく最古の成形手法のひとつだろう。これはまた最も理解しやすいテクニックのひとつであり、さらにツールや型の点で最も安価なプラスチック製品の製造手法でもある。

ここに示したセラミックの成形型は、通常は目に触れることのない製造の世界からもたらされた宝石だ。アーティストたちは（中でも1993年の受賞作であるコンクリート彫刻『House』でRachel Whiteredは）、私たちの環境に存在するネガティブスペースをしばしば取り上げてきた。それと同じように、めったに見られない角度から製造の世界のユニークな一面を見せてくれるのが、この宝石だ。この球根のような形状からピンと来たとしても、これが風船を作るためのセラミック成形型だということは誰かが教えてくれるまで、確信を持つことはできないだろう。

原理的には、ディップ成形のプロセスは驚くほど単純明快だ。名前が示すように、成形型を液体ポリマー槽へ浸し、固まるまで待って引きはがすだけだ。ディップ成形は多様な材料や構成に適用できるため、実際にはもう少し複雑だが、基本的な考え方はまったく同じだ。

自動化された製造ラインで、セラミック製の成形型を使ったディップ成形でゴム手袋を製造しているところ。

スカイブルーのラテックス槽を使って、パーティー用ゴム風船が製造されている。

長所	＋	短い生産期間でも非常に費用対効果が高い。
	＋	試作品の成形型やサンプルの成型品は、ほんの数日で製造できる。
短所	－	単純な形状に限られる。

Information

● 製造ボリューム

バッチ生産から、高ボリュームの大量生産まで。

● 単価と設備投資

プラスチック部材を大量生産する最も安上がりな方法のひとつ。成形型は十分に安価でサンプルの製造が容易であり、それでいて部材の単価は経済的。

● スピード

このプロセスには、成形具の予熱、浸漬、硬化、そして最後に完成した成形品の成形具からの剥離など、多くの工程が必要となるため、手作業で行う場合は時間のかかるプロセスだ。複雑な成形品を完成させるには45分もかかることもあるが、エンドキャップなどの非常に単純な形状（例えば、シンプルな自転車のハンドルバーのグリップ）であれば、完全に自動化できるため30秒しかかからないこともある。

● 面肌

部材の外観は材料の自然な状態となり、また型からポリマーがしたたり落ちた跡が小さな突起となって残ることもある。

● 形状の種類・複雑さ

柔らかい、ゴム状の、柔軟な、それでいて単純な形状。製品は、型から剥離できるような形状でなくてはならない。

● スケール

ディップ成形のスケールは、理論的にはポリマーを浸す槽のサイズによってのみ制限されるが、一般的には直径1mm（1/25インチ）のエンドキャップから、600mm（24インチ）の工業用パイプカバーまでの成形が可能。

● 寸法精度

ディップ成形では、内側の寸法以外について高いレベルの精度を達成することはできない。

● 関連する材料

部材を取り出すために成形具から「脱がせる」必要があるというこのプロセスの性質のため、PVC、ラテックス、ポリウレタン、エラストマーやシリコーンなどの、柔らかく型に沿って引き延ばせる材料に限られる。

● 典型的な製品

台所用や手術用の手袋から風船そして子ども用自転車の柔らかくすべすべしたプラスチック製ハンドルバーグリップまで、柔軟なものやいくぶん剛性のある製品。

● 同様の技法

プラスチック中空成形（131ページ）および回転成形（141ページ）の、経済的な代替手法である。

● 持続可能性

加工中にポリマー槽を溶解した状態に保つためには熱が必要とされるため、ディップ成形はエネルギー集約的である。さらに、ラテックスやシリコーンなどの一部のプラスチックは、一般的にはリサイクルできないことが多い。良い面としては、風船などのラテックス製品は、実はコンポスト可能であるため、材料の廃棄物処理を必要としない。

● さらに詳しい情報

www.wjc.co.uk

www.uptechnology.com

www.wade.co.uk

www.qualatex.com

回転成形

[別名] ロト成形および回転鋳造
Rotational Moulding AKA Roto Moulding and Rotational Casting

回転成形は、中空なモノを作るための手法だ。チョコレート製のイースターエッグがどうやって作られているかを知りたければ、その答えはこの製造手法にある。回転鋳造の興味深い特徴のひとつは、この手法に典型的な柔らかく丸みを帯びた形状が、まさにこの手法の制約でもあるということだ。この点は、材料を型へ圧力をかけて射出し、鋭い角や細かいディテールを作り込める射出成形（202ページ参照）とは大きく違う。ロト成形とも呼ばれるこの手法では、熱と型の回転だけで部材を成形するため、加圧成形された部材の精密さ

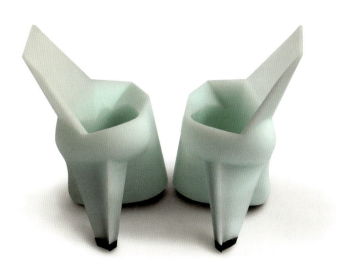

製品	Rotationalmouldedshoe
デザイナー	Marloes ten Bhömer
材料	ポリウレタンラバーおよびステンレス鋼
製造業者	Marloes ten Bhömer
製造国	英国
製造年	2009

この靴は、まったく新しい種類の製品へ製造プロセスが移植できることを証明している。上の画像では、2つの部材が分割され（実際にナイフで切断しているわけではない）、再び組み合わされて靴が作られる様子を示している。

回転成形ツールの片割れのクローズアップ（上）と、卓上での回転成形（中および下）。

は望めない。

ある意味では、回転成形はセラミックのスリップキャスティング（144ページ参照）と同様のアイディアに基づいたものだ。どちらの手法も、型の内部キャビティ上に液体の材料を堆積させて、中空の部材を製造する。これはシンプルな、4工程のプロセスだ。最初の工程では、粉末状のポリマーを冷たいダイへ注ぎ込む。粉末の量とダイのサイズとの比率によって、最終的な部材の肉厚が決まる。次の工程では、ダイを2つの軸の周りにゆっくりと回転させながら、オーブンの中で均一に加熱する。これによってポリマー（熱によって液化している）がダイの内側にまんべんなく流れ、壁面に堆積して中空の形状が出来上がる。最後に、引き続きダイを回転させながら空気または水で冷却してから、部材が取り出される。

長所	+ 中空の形状に最適。
	+ 少量生産に適している。
	+ プロセスが単純。
	+ 大きな部材の費用対効果の高い製造が可能。
短所	− 小さな、精密な部材の製造には向いていない。

Information

● 製造ボリューム

バッチ生産から、高ボリュームの大量生産まで。

● 単価と設備投資

初期費用と運転費用は、射出成形（200ページ参照）ほど高額ではない。圧力がかからないため、型は単純で安くできる。それでいて単価は非常に安い。

● スピード

部材のサイズと肉厚（これらは両方とも冷却サイクルの時間に影響する）によって変わる。液体貯蔵用のプラスチック製ドラム缶など、一部の部材には液体の出入り口の穴を手作業で開ける必要がある。

● 面肌

内側の表面には、イースターエッグの内側に見られるチョコレートの筋のような、成形中にプラスチックが流れた跡が残ることがある。型と接触する側の表面は、それよりもはるかに品質が高い。超光沢仕上げを実現するのは不可能かもしれないが、型の表面をマット仕上げにすれば小さな欠陥を隠すことができる。グラフィックを含むインサートも部材に組み込める。

● 形状の種類・複雑さ

幅広い形状に適用できる。アンダーカットも可能。肉厚は、約2〜15mm（½〜⅝インチ）の均一な厚さに保つ必要がある。他のプロセスとは異なり、角に材料が堆積するため、部材の中で最も強度の高い部分となる。

● スケール

チョコレートエッグに始まり、作業員の簡易宿舎に使われるパネルなど、長さ7m（23フィート）幅4m（13フィート）に及ぶ中空の製品の製造が可能。

● 寸法精度

収縮率、冷却速度や肉厚が成型品の各所で微妙に異なるため、他のプラスチック型成形手法と比較して精度は低い。

● 関連する材料

ポリエチレン（エダムチーズのような感触がある）が、回転成形に普通に使われる材料だ。アクリロニトリル・ブタジエン・スチレン（ABS）、ポリカーボネート、ナイロン、ポリプロピレン、そしてポリスチレンなどの他の樹脂も利用できる。また、完成した部材の強度を高めるため、強化繊維を追加することもできる。

● 典型的な製品

チョコレートエッグ、プラスチック製のパイロン、ポータブルトイレ、工具箱、読者のリビングルームの半分を占めるような大型のおもちゃ、そしてその他多くの中空の製品。

● 同様の技法

遠心鋳造（165ページ）はプラスチック向けの類似したプロセスだが、適用できる範囲が狭く、また小さな部材しか製造できない。さまざまな形態の中空成形（124〜137ページ）およびディップ成形（138ページ）などもある。

● 持続可能性

大部分のプラスチック加工法と同様に、プラスチックを溶かすには高温が必要となるため、このプロセスはきわめてエネルギー集約的だ。しかし、これは圧力の必要ないプロセスでもある。肉厚を精密にコントロールするのは困難であり、そのため材料の必要量を正確に見積もることも難しい。失敗作は溶かしてこのプロセスで再利用できるので、材料の消費量は最低限に保てる。

● さらに詳しい情報

www.bpf.co.uk

www.rotomolding.org

スリップキャスティング
Slip Casting

これは、大学の美術やデザインの基礎コースでも、またWedgwood®やRoyal Doultonなどの工房でもよく使われる製造プロセスだ。スリップキャスティングでは、まずセラミックの微粒子を水中に懸濁させて、溶かしたチョコレートのような色と密度の「スリップ」を作る。このスリップが、石膏型へ注ぎ込まれる。乾いた石膏型は多孔質なので、スリップの外側の層から液体が吸収され、型の内側に革のような固いセラミックの層を残して行く。十分な厚さに堆積したら、型の上下をひっくり返して残った泥状の液体を注ぎ出す。型の開口部の周りに残った余分なセラミックを取り除いてクリーンなエッジを出してから、型を開いて「未焼結」状態の成形物を取り出して、火入れする。

加圧スリップキャスティング（238ページ参照）は、より大型の部材に用いられるプロセスだ。

製品	ティーポット（仕上げ前）
材料	ボーンチャイナ

未完成品のほうが、完成した製品よりも製造プロセスをよく示してくれることは多い。この画像は、上部の余分な材料が取り除かれる前に、陶土がまだ湿った状態で撮影されたものだ。2分割された型の合わせ目を示す分割線が、ティーポットの側面に見えている。

Information

● 製造ボリューム

小規模な手作りのバッチ生産から工場での生産まで、さまざまな製造ボリュームに対応できる。

● 単価と設備投資

小さな工房では安価に型を製作して単価を比較的低く抑えることができるので、スリップキャスティングは少量生産の場合にも経済的だ。しかし、工業生産では石膏型の寿命が限られているため、100回程度キャスティングするごとに交換する必要がある。

● スピード

スリップキャスティングは、「時は厚さなり」という言葉で要約できる。多くの工程と乾燥時間が必要なため、工業的なプロセスのスリップキャスティングでも伝統的な手工芸の要素を残しており、ある程度の人手が必要とされる。

● 面肌

スリップキャスティングは、モノの表面にパターン(浮き彫りになった花のパターンなど)を作り込むことのできる、すばらしいプロセスだ。すべてのセラミック製品と同様に、釉薬がけが必要とされる。

● 形状の種類・複雑さ

小さくて単純なものから大きくて複雑なものまで幅広い形状が可能で、アンダーカットの部分があってもよい。衛生陶器からアート作品、そして食器類などさまざまなものが、このプロセスで作られている。

● スケール

大きな型は非常に重くなり、また空間を満たすには膨大な量のスリップが必要となるため、スリップキャスティングはあまり大型の形状には向いていない。また、完成品を火入れするために十分に大きな窯も必要となる。皿などの食器類が平均的なサイズだ。

● 寸法精度

高い精度を実現するのは難しい。部材は火入れ中にかなり収縮するし、その前にも型の中で水分がスリップから出て行く際に縮むからだ。

● 関連する材料

すべての種類のセラミック。

● 典型的な製品

スリップキャスティングは、ティーポットなどの食器類や花瓶、小さな人形などの一品ものから、大量生産の衛生陶器まで、あらゆる種類の中空の製品の製造に利用されている。

● 同様の技法

加圧スリップキャスティング(238ページ)やテープキャスティング(エレクトロニクス業界で積層コンデンサを作るために使われるプロセスで、セラミックを充填したポリマーの薄いシートを他の材料と積層して積み重ねて行く)。

● 持続可能性

余分なスリップは成形中とトリミング後に回収されてリサイクルされ、プロセスへ再投入されるので、材料の消費量が低減され、資源の使用量も最小化される。このプロセスは大部分人手によって行われるので、電力量が削減され、火入れ時の大量のエネルギー消費を多少は埋め合わせることができる。

● さらに詳しい情報

www.ceramfed.co.uk
www.cerameunie.eu

4. 薄肉・中空

スリップ　石膏型

1. スリップが石膏型へ注ぎ込まれ、水分が吸収されて堅い革のようなセラミックの層が堆積して行く。

2. 十分な厚さに蓄積するまで、スリップはそのまま型の中に放置される。

3. 型がひっくり返されて、残った泥状の液体が注ぎ出される。

4. 型の開口部のまわりの余分なセラミックを取り除き、クリーンなエッジを出してから、製品を取り出して火入れする。

1. 空っぽの石膏型。

2. スリップが注ぎ込まれた型。

長所	+	中空容器の製造に最適。
	+	複雑な形状が容易に実現できる。
	+	材料が効率的に利用できる。
	+	少量生産にも適している。
短所	−	労働集約的。
	−	精度のコントロールには限界がある。
	−	製造速度が遅い。
	−	大規模な製造には多数の型が必要であり、それ自体の保管場所が必要とされる。

金属の油圧成形
Hydroforming Metal

油圧成形は、鋼鉄などの金属を成形する比較的新しいプロセスだ。これは、水と油の溶液を、ダイによって封止されたシリンダー（あるいは他の閉じた形状）に押し込むことによって行われる。このプロセスでは基本的に、金属のチューブを「膨らませ」たり、金属板をダイに押し付けて複雑な形状に成形することが可能だ。15,000psiもの水圧が材料を押し広げ、ダイの形に沿った形状に変形させることによって、必要とされる部材が成形される。チューブとシリンダーが油圧成形の出発点としては最も一般的だが、貼り合わせられた2つのパネルから枕のような形状を成形する高圧パネル油圧成形もある。

このプロセスの利点は数多くあるが、例えばアルミニウムのスーパーフォーミング（76ページ参照）や金属注気加工（82ページ参照）などの類似の手法よりも部材の重量を減らし、製造時間が短縮できる。デザイナーが油圧成形の潜在能力を最大限に引き出すためには、1種類の材料から部材を作り上げることにより、多数の部材を製造して組み立てる必要をなくしてコストを削減する方法として考える必要がある。

製品	手すりシステムのコンセプトのT字セクション
デザイナー	バウハウス大学ワイマール校の学生、Amelie Bunte、Anette Ströh、André Saloga、そしてRobert Franzheld。エンジニアとしてダルムシュタット工科大学の学生、Kristof ZientzとKarsten Naunheim。
材料	油圧成形された紛体塗装鋼、ステンレス鋼のチューブ
製造業者	大学のプロジェクト
製造国	ドイツ
製造年	2005年

この、一見何の変哲もなさそうな白く紛体塗装されたスチール製の結合部は、手すりシステムに関する学生のプロジェクトから生まれたもので、複雑なカーブを描いて異なる直径を変換する、複雑な形状を形成できるという油圧成形の能力を示している。これを従来の成形テクニックを使って作ろうとしたら、複数の部品を溶接する必要があったはずだ。

4. 薄肉・中空

1. 成形型とダイキャビティの例。ダイキャビティの中に金属が入れられる。

2. 油圧成形された部材の半完成品。

1. チューブを成形する場合、金属チューブが2分割型の中に挿入され、液体が注入される入り口だけを残して両端が封止される。

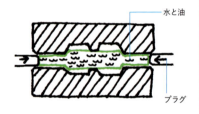

2. 水と油の溶液でチューブの中が満たされ、チューブの両端に挿入されたプラグによって15,000psiもの圧力が印加されると、溶液がチューブを膨らませてダイキャビティに沿った形に変形させる。

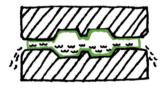

3. 膨らんだチューブから、溶液が排出される。

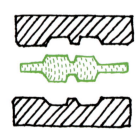

4. 完成した中空の部材が取り出される。

Information

● 製造ボリューム

大量生産向け。

● 単価と設備投資

成形具にはかなりの投資が必要とされるが、複数のパーツを接合して作られていた部材が単一のパーツとして製造できるため、単価の低減が期待できる。

● スピード

高度に自動化された工場のセッティングでは、パーツがダイの中に配置され接続されるワークフローのセットアップであっても、小さなパーツなら20〜30秒の製造サイクルタイムが実現できる。

● 面肌

一般的には、油圧成形は材料の表面には大きな影響を及ぼさない。しかし、工作物の両端を封止するクランプによって両端に小さな傷や跡が残るが、この部分は通常切り取られる。

● 形状の種類・複雑さ

チューブ状の材料を膨らませて、きわめて複雑な形状に成形できる。例としてはT字セクションなどがあり、これは他の手法では複数の部材を接合して作る必要があったはずだ。

● スケール

部材が大きいほど成形に高い圧力が必要となり、そのためこのプロセスに必要な強い力に耐えられる、より重い型が必要となる。ボンネットなど、一部の大型の自動車部品は油圧成形で作れるが、これよりもさらに大きな部材を扱うのは難しいだろう。

● 寸法精度

ダイにより、このプロセスでは成形中のしわや割れを防ぐように部材をコントロールすることができる。

● 関連する材料

高グレード鋼や熱処理可能アルミニウムなど、必要とされる高レベルの張力に耐えられる、適度な弾性のある任意の金属。

● 典型的な製品

自転車のフレーム、ベローズ、T字セクション、そしてフロアパン、小型トラックのボディ側面やルーフパネルなど、さまざまな自動車の構造部材。

● 同様の技法

金属注気加工（82ページ）やアルミニウムのスーパーフォーミング（76ページ）。

● 持続可能性

油圧成形テクニックによって部材の肉厚が薄くできると共に複雑なジョイントが必要なくなるため、強度や剛性を犠牲にすることなく材料の消費量や重量が大幅に削減できる。成形中に金属は引き延ばされずにずり流動するため加工硬化の可能性が低く、さらなる資源やエネルギーを必要とする焼きなましなどの後加工が必要なくなる。

● さらに詳しい情報

www.hydroforming.net

長所	+	ジョイントが削減できるため、複雑な形状であっても強靭なひとつの部材として製造できる。
	+	高い強度を保ったまま、部材の重量を低減できる可能性がある。
	+	複数の部材とジョイントを、ひとつの複雑な部材に集約できる。
短所	−	高額な成形具への投資が必要。
	−	このプロセスを提供する会社の数が限られている。

後方衝撃押出成形

[別名] 間接押出成形

Backward Impact Extrusion AKA Indirect Extrusion

衝撃押出成形は、鍛造（191ページ参照）と押出成形（100ページ参照）とを組み合わせた、金属を成型する冷間プロセスだ。かいつまんで言えば、後方衝撃押出成形は金属のビレット（円盤）をたたき出すことによって、中空の金属部材を成形する手法だ。円筒形または正方形のダイに固定された金属を非常に強く叩くことによって、金属は「ハンマー」（パンチ）とダイとのすき間をせり上がって行く。パンチとダイ内面とのすき間の大きさが、完成した部材の肉厚を決める。

実際の衝撃押出には、前方押出と後方押出の2種類がある。後方（または間接）押出は空洞を作るために用いられる。ソリッドなパンチを使い、金属はパンチの縁を乗り越えてパンチとダイとのすき間に押し出される。

製品	Siggドリンクボトル
材料	アルミニウム
製造業者	Sigg
製造国	スイス
製造年	このシリーズは1988年に市場投入された

この有名なSiggボトルの断面図は、衝撃押出成形の特徴である肉厚の薄さと典型的な形状を示している。

もうひとつの種類の衝撃押出である前方（または直接）押出は、ソリッドな部材だけを作ることができる。この手法ではパンチとダイとのすき間が非常に狭く、金属がパンチの縁を乗り越えることができない。その代わりに金属はダイへ打ち付けられ、単純でソリッドな形状が成形される。実際には、これら2つのプロセスを組み合わせてひとつの工程とすることもできる。パンチを繰り返し動かすことによって、材料が上側（中空の上部を形成するため）と下側（ソリッドな形状をした基部を作成するため）の両方に押し出される。

外側へ広がったテーパー形状を必要とするデザインでは、押出後に何らかの後成形が必要となるかもしれない。またびんの口などのねじ山の部分も、成形後に付け加えられる。

1. アルミニウムのビレットが、ダイの上に置かれる。

2. 後方押出によって、パンチの動きからシリンダーが作り出される。

3. 二次加工によって、テーパーが付け加えられる。

4. 首の部分にねじ山が切られると、Siggボトルの形になる。

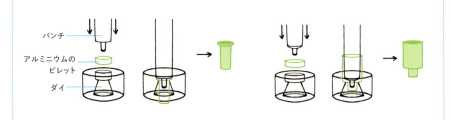

1. アルミニウムのビレットが、ダイの中に置かれる。

2. ダイがパンチされると、その衝撃で材料が「ハンマー」とシリンダーとの間のすき間にせり上がって行く。

Information

● 製造ボリューム

衝撃押出は、高ボリューム生産向けの手法だ。部材のサイズにもよるが、最小数量は3,000個以上となる。

● 単価と設備投資

意外にも、成形具は大量生産に用いられるプロセスとして一般に予想されるほど高価ではない。しかし製品が作り出されるスピードが速いので、最小発注数は多く必要となる。単価は非常に低い。

● スピード

有名な1リットル（34オンス）のSiggドリンクボトル（写真）は、1分間に28個の速度で製造される。

● 面肌

適度に高いレベルの表面の仕上がりが得られる。

● 形状の種類・複雑さ

後方衝撃押出を使えば、一端が閉じた円筒形または正方形の断面の、肉厚の薄い容器や厚い容器を作ることができる。（前方押出プロセスでは、さまざまな形状とサイズのソリッドな棒からソリッドなセクションが作れる。）これらの手法はどちらも、対称的な形状に適している。長さと幅の理想的な比率に関する一定のガイドラインもあるが、これらは使用する材料によって異なるため、製造業者に相談すべきだ。

● スケール

数グラムから、約1キログラム（2ポンド）までの重さの部材。

● 寸法精度

後方衝撃押出では、高い精度が実現可能。（もちろん、最終部材がソリッドなので、前方衝撃押出のほうが精度は高い。）

● 関連する材料

アルミニウム、マグネシウム、亜鉛、鉛、銅、そして低合金鋼。

● 典型的な製品

後方押出はドリンクや食品の缶やスプレー缶などの容器の成形によく用いられる手法だ。前方押出と後方押出を組み合わせて、ラチェットヘッドのような部材を作ることもできる。

● 同様の技法

鍛造（191ページ）および押出成形（100ページ）。

● 持続可能性

後方衝撃押出によって成形後の金属の強度や剛性が向上するので、より薄い肉厚が可能となり、材料の使用量が最小化できる。また、たった1回の衝撃によって金属を成形する冷間プロセスなので、このような高速なサイクル時間のプロセスとしては、エネルギー消費量は比較的低い。材料の使用に関しては、アルミニウムが広くリサイクルされていることに注意しておくべきだろう。

● さらに詳しい情報

www.mpma.org.uk

www.sigg.ch

www.aluminium.org

長所	+	さまざまな正方形や円筒形の断面を持つ外殻を、高い費用対効果で製造できる。
	+	部材に均一で継ぎ目のない外壁が作れるので、ジョイントの問題がない。
	+	他の大量生産プロセスと比較して、成形具が安価。
短所	−	パンチでビレットをたたく必要があるため、完成した部材の長さはパンチの長さに制限される。
	−	部材の長さが直径の4倍を超える部材にのみ適している。
	−	テーパーやねじ山を付け加えるには、後成形が必要。
	−	ダイの制約がある。

パルプ成形
Moulding Pulp

ラフパルプ成形（rough pulp moulding）と熱成形（thermoforming）を含む

紙は、現代で最も効率よく回収されリサイクルされている材料のひとつだ。回収された紙の多くはパルプとなり、さまざまな業界向けの新しい製品に生まれ変わるが、それらの製品は普通、単純なシートやパッケージだ。しかし、かなり珍しい大量生産技術を使った紙パルプの成型品は、特別な注目に値する。
型成形による紙製品の製造には、通常のラフ（または工業的）パルププロセスと、熱成形プロセスという2つの手法がある。どちらの手法も、まず回収した紙を巨大なタンクで水に浸す。この際、紙と水との比率は具体的な最終製品を実現するために必要な濃度によって決められる（通常、紙の分量は1パーセント程度と低い）。こうしてできた灰色の混合物はブレードで撹拌され、成形に用いられる「ペーパー

製品	Wasaraボウル
デザイナー	Wasara
製造業者	Wasara
材料	竹とバガスのパルプ
製造国	日本
製造年	2012

Wasaraでは紙を使わずに、木以外の原料から日本的な美意識を体現した食器を製造することに注力している。粗さときめ細かさが同居するテクスチャーは、このプロセスに典型的なものだ。

マッシュ」となる。

他の大部分の材料を使った成形手法では型を動かさないが、紙パルプの成形に用いられるアルミニウムやプラスチック製の雌型（排水用の穴が全面に開いている）は、液状の紙パルプの入ったタンクへ沈められる。型はメッシュまたはガーゼで覆われて水を通すようになっているので、紙製の卵のパッケージに見られるようなメッシュの跡が残ることになる。次に雄型を使ってパルプを圧縮し、型から水を真空引きすると、繊維が型にしっかりと張り付く。あとは全体を乾かせば、最終製品ができ上がる。

熱成形ではその名の通り熱が使われるが、トランスファーとプレスも用いられる。型成形された部材は、部材とは逆の形状をしたトランスファーによって取り出され、熱プレスへ運ばれて最終形状に成形される。これには表面の品質が向上するなどいくつかの利点はあるが、初期費用はより高額となる。

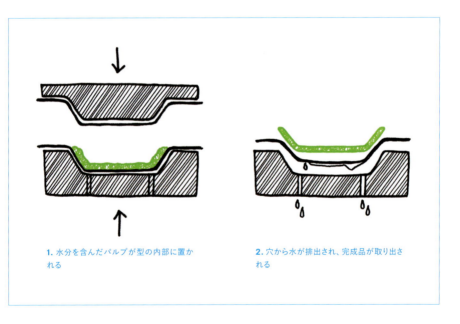

1. 水分を含んだパルプが型の内部に置かれる

2. 穴から水が排出され、完成品が取り出される

長所	＋ リサイクルされた、リサイクル可能な材料を利用する。
	＋ 軽量な部材が作れる。
短所	− 大量の生産ボリュームが必要。
	− 限られた範囲の材料にしか適していない。

Information

● 製造ボリューム

成形型の費用が高く部材の製造速度も高いため、ラフパルプ成形と熱成形のどちらにも高ボリュームの生産が必要とされる。一般的には、最小で2日（約50,000個）の連続稼働が必要となる。

● 単価と設備投資

成形型の費用は高額であり、セットアップ時間も長い。2つの手法では成形具の要件が異なり、熱成形手法はラフパルプ手法の2倍程度の費用がかかる。

● スピード

厚さと、乾燥が必要な紙の量によって、スピードが決まる。目安として、4個の携帯電話の箱用の成形インサートを製造するには約1分かかる。これは複式型を使って一度に4つの部材が成形されることを前提としている。したがって、この型を4つ使えば1時間に960個製造できることになる。

● 面肌

このユニークな、柔らかくて温かみのあるビスケット状の表面の感触を知りたければ、紙製の卵ケースを考えてみてほしい。ラフパルププロセスでは、ワイヤメッシュの跡が付いた荒い面と、磨いたアルミニウムまたはプラスチックの型に面した平滑な面がある。

● 形状の種類・複雑さ

ある程度複雑なパターンを型に作り込むことはできるが、大きな抜き勾配が必要となる。複雑な立体のディテールはあきらめてほしい。

● スケール

標準的には1,500mm × 400mm（60 × 16インチ）までの面積が製造できるが、製造業者によっては長さ2.4m（8フィート）までのサイズを引き受けてくれるところもある。

● 寸法精度

精度は、具体的なプロセスによって変わる。熱成形手法を使った場合、±0.5〜1mm（1/50〜1/25インチ）の精度が実現可能。ラフパルププロセスでは、±2〜3mm（1/12〜1/8インチ）が実現可能。

● 関連する材料

原材料には、新聞と段ボールという2つの主要な入手先がある。材料は、最終製品と必要な強度によって選択される。落下試験の要件を満たす必要のある強度のあるパッケージ（例えば、携帯電話やPDAやカメラに使われるもの）には、段ボールに含まれる長い繊維が適している。

● 典型的な製品

通常のラフパルプは、ワインパックや工業用パッケージを作るために用いられている。熱成形プロセスは、携帯電話のパッケージなど、より洗練された製品の製造に使われる。

● 同様の技法

なし。

● 持続可能性

パルプはリサイクルされた紙製品から作られるため、このプロセスは廃棄物を減らすだけでなく、そもそもの資源の使用量を減らすためにも役立つ。さらに、使い終わったパルプはリサイクル可能だ。材料を普通にラフ成形するにはほとんどエネルギーを必要としないが、熱成形プロセスには熱が必要であり、これによってエネルギー消費量は大幅に増加する。このプロセスの大きな欠点は、大量の水が必要とされることだ。

● さらに詳しい情報

www.huhtamaki.com
www.paperpulpsolutions.co.uk
www.vaccari.co.uk
www.vernacare.co.uk

接触圧成形
Contact Moulding

ハンドレイアップ成形（hand lay-up moulding）とスプレーレイアップ成形（spray lay-up moulding）、
減圧バッグ成形（vacuum-bag forming）と加圧バッグ成形（pressure-bag forming）を含む

接触圧成形は複合材料の成形手法のひとつ
で、プラスチック強化繊維を積み重ね、最後
に液状の樹脂を浸み込ませることによって堅
い外殻を作成する。最も単純な形態、つまり
伝統的なハンドレイアップ手法では、強化繊
維を型の上に重ねてから液状樹脂をブラシま
たはスプレーで浸み込ませる。古い自動車や
ボートのへこみや穴を直した経験のある人な
ら、きっとこのプロセスの単純なバージョン
を使ったことがあるだろう。工業的には、複
合材料で大規模な成型品を製造するプロセス
であり、さまざまな種類の強化繊維と熱硬化
性樹脂との組み合わせについて最もよく使わ
れる手法のひとつだ。

ハンドレイアップに使われる開放型はどんな
材料でも作れるが、木やプラスチック、ある
いはセメントがよく使われる。強化繊維は通
常ガラス繊維か炭素繊維だが、天然繊維など
他の材料を使うこともできる。その後ブラシ
またはスプレーによって樹脂を浸み込ませ、
ローラーでならして混合物を型に均等に分布
させる。スプレーアップ手法はより広い面積

が必要な場合に用いられ、短く切断された繊
維を樹脂に混ぜ込んでからスプレーする。ど
ちらの場合も、部材の厚さは積み重ねる層の
数によってコントロールされる。

減圧バッグと加圧バッグ成形は、ハンドレイ
アップやスプレーレイアップ手法の変形で
複合材料の成形に用いられるが、成型品によ
り繊細なディテールと高い強度を与えること
ができる。両方とも手順は同様だ。加圧バッ
グ手法では、材料を型の上に重ねた後、ゴム
製の柔軟性のあるバッグをその上にかぶせ
てクランプすることによって圧力をかけ、材
料を圧縮して樹脂と強化繊維を圧着する。減
圧バッグ手法では、部材は空気を吸い出した
バッグの中で硬化され、材料が一体化される。
減圧バッグ成形ではオートクレーブ成形
（160ページ参照）と同様の結果が得られるが、
圧力チャンバーが必要ない。ハンドレイアッ
プやスプレーレイアップ手法と比べて、減圧
バッグや加圧バッグ成形では真空や圧力を利
用するため繊維の含有率と密度が高くなり、
有害な蒸気の発生量も最小限となる。

長所	+ 強化繊維の使用によって強度が向上する。
	+ 難燃剤などの改質添加剤が容易に追加できる。
	+ 形状やサイズの面で汎用性が高い。
	+ 厚みのあるセクションが製造できる。
短所	− きわめて労働集約的なプロセス。
	− 樹脂を使用するため、換気をよくすることが必要。
	− 他の複合材料成形手法（例えば162ページのフィラメントワインディング）のほうが、はるかに高い密度と強度対重量比が得られる。

Information

● 製造ボリューム

このプロセスは人手を必要とするため、どの手法も常に速度が遅い。しかし、スプレーアップ手法はその性質により、ハンドレイアッププロセスよりも高速となる。

● 単価と設備投資

成形具は安価にできるが、部材の成形に時間がかかるため、高ボリュームのプロセスとして大量生産した場合には高くついてしまう。

● スピード

ハンドレイアップテクニックの種類と、型のサイズによって決まる。スプレーレイアップのほうが速いが、面積が大きくなると1個当たりの速度では常に速いとは限らない。

● 面肌

型と反対側の面は、強化繊維による繊維質のテクスチャーとなる。ゲルコートを型へ塗布することによって、部材の表面の仕上がりを向上させることができる。別途熱成形された皮膜を後工程で適用すれば、より高品質の表面が得られる。減圧バッグおよび加圧バッグ手法では、より優れた表面のディテールが可能。

● 形状の種類・複雑さ

どの手法も、断面が比較的薄く開いた形状に限られる。型から外す際に部材を曲げられる程度にもよるが、わずかなアンダーカットのみが許容される。

● スケール

好きなだけ大きいものが作れる。ハンドレイアップでは、スプレーレイアップよりもはるかに厚い肉厚を積み重ねることができ、最大で15mm（⅝インチ）程度に達することもある。バッグ手法を利用する部材のスケールは、バッグのサイズによってのみ制約される。

● 寸法精度

収縮のため、どの手法も精度のコントロールは困難。

● 関連する材料

強化繊維の材料には、カーボンやアラミドやガラスなどの先進繊維と、ジュートや綿などの天然材料が含まれる。ポリエステルが最も広く使われている熱硬化性樹脂だ。他にはエポキシ樹脂やフェノール樹脂、そしてシリコーンなども使われる。熱可塑性樹脂は、費用対効果がはるかに低い。

● 典型的な製品

ボートの船体、自動車のパネル、家具、浴槽、シャワートレイ、そして小さなギリシャ船籍フェリーの甲板上の安い座席など、一般的なガラス繊維強化プラスチック（GRP）製品。

● 同様の技法

トランスファー成形（180ページ）では、同様の強度が実現できる。ガス利用射出成型（205ページ）と反応射出成型（203ページ）では、より大型の部材を作ることが可能だが、強度はない。他の選択肢としては、真空浸漬（VIP、158ページ）、フィラメントワインディング（162ページ）、そしてオートクレーブ成形（160ページ）などがある。

● 持続可能性

すべてのプロセスは主に人手で行われるので、エネルギーの使用量は比較的少ない。天然繊維を使うことによって、再生不可能な材料の使用量を最小化できる。複合材料は、寿命が終わった際にリサイクルすることが難しい。しかし強度と剛性が高いため、寿命は長くなる。

● さらに詳しい情報

www.netcomposites.com
www.compositesone.com
www.composites-by-design.com
www.fiberset.com

真空含浸プロセス（VIP）
Vacuum Infusion Process (VIP)

真空含浸プロセス（VIP）は、強化繊維と樹脂から空気を吸い出して稠密でソリッドなマスを形成し、密度と強度の高い最終製品を実現する複合材料の成形手法だ。基本的には接触圧成形（156ページ）の発展形であり、同様の複合材料成形テクニックと比較してもクリーンで効果の高いプロセスで、2つの主成分を1工程で結合できる。

接触圧成形の中でも伝統的なハンドレイアップ手法では、型を強化繊維で覆ってから、液体樹脂をブラシまたはスプレーで含浸させる。それに対してVIPプロセスでは、まず乾いた材料を型の上に積み重ねる。これを次に柔軟なシートで覆うことによって、シートと型との間にシールを形成する。シールの内部から空気をポンプで引いて真空状態を形成し、液体のポリマー樹脂を繊維へ注入する。真空引きによって乾いた材料へ樹脂が完全に含浸されるため、密度と強度の高い部材が完成する。

1. ボートの船体を柔軟性のあるプラスチックシートで覆い、真空引きする前にシールしているところ。

2. シートを検査して、完全にシールされていることを確認する。

3. 真空ポンプを使って、シートと船体との間から空気を引く。

Information

● 製造ボリューム

これは低速な製造手法であり、部材の製造には
かなり長いセットアップ時間が必要だ。

● 単価と設備投資

VIPは小規模な工房でも利用でき、使用する基
本的な機材はさまざまな供給業者から購入でき
る。しかし、これには何度もの試行錯誤が必要
で、失敗の可能性も高いかもしれない。

● スピード

遅い。

● 面肌

ゲルコートを適用して、パーツに高品質の表面
仕上げを行うことができる。

● 形状の種類・複雑さ

VIPはボートの船体の製造によく使われる。こ
のことから複雑さとスケールのレベルが想像で
きるはずだ。

● スケール

このプロセスは、大きなパーツに適している。繊
維で型の上や内側を覆う必要があるため、おお
よそ300mm×300mm（12×12インチ）より
も小さな部材の製造は困難。

● 寸法精度

高い精度が求められるような種類のプロセスで
はない。

● 関連する材料

あらゆるプラスチック複合材料手法と同様に、
使用される典型的な樹脂はポリエステルやビニ
ルエステルおよびエポキシであり、グラスファ
イバーやアラミド、グラファイトなどの強化繊
維と組み合わされる。

● 典型的な製品

プロペラ、船舶用部材、そしてレスキュー隊の使
うストレッチャーなどの機器。ストレッチャー
に採用されているアルミニウム製のフレームは、
真空含浸された複合材料でオーバーモールディ
ングされている。

● 同様の技法

接触圧成形（156ページ）、トランスファー成形
（180ページ）、およびオートクレーブ成形（162
ページ）。

● 持続可能性

このプロセスは大規模に行われる場合が多く、
間違いや失敗の可能性も高いため、廃棄物（そ
のほとんどが再利用不可能）が増大するおそれ
がある。しかし、繊維と樹脂は手積みされるた
め、樹脂の加熱と真空引きに必要とされる大量
のエネルギーが多少は相殺される。さらに、真
空引きによって最小限の量だけの樹脂が繊維に
含浸され、余った樹脂は吸い出されるため、材
料の消費量は低減され製品の強度が高まる。

● さらに詳しい情報

www.resininfusion.com
www.reichhold.com
www.epoxi.com

長所	+	樹脂に対する繊維の比率が効率的であり、樹脂を経済的に使用できる。
	+	クリーンである。
	+	空気ポケットが除去できる。
	+	接触圧成形（156ページ参照）よりも強度対重量比が高い。
短所	−	セットアップが複雑。
	−	試行錯誤の要素が大きい。
	−	失敗率が高い。

オートクレーブ成形
Autoclave Moulding

先端複合材料は、高級ブランドのスポーツ製品からエンジニアリング用部材まで、幅広い産業に応用されている。これらの材料を使うと、強度の優れた軽量な成形物が得られる。しかし、先端複合材料では2つのまったく異なる成分（さまざまな繊維とポリマー樹脂）が組み合わされるため、製造業者は難題に直面することになる。工業生産に適した費用対効果の高い方法で、これらの原材料を融合させる新しい手法を見つけ出さなくてはならない。熱と圧力は、製造現場で非常によく使われる2つの要素だ。オートクレーブ成形では、熱と圧力を使って原材料を共に圧縮することによって、最高レベルの強度が得られる。

オートクレーブ成形は、加圧バッグ成形（156ページの接触圧成形を参照）の改良版であり、複合材料は本質的に圧力なべと同一の原理で成形される。圧力を利用するため、オートクレーブ成形は先進複合部材を特に高い密度で形成できる手法のひとつとなっている。このプロセスでは、まず強化繊維と樹脂で型を覆う。これには、ハンドまたはスプレーレイアップ手法（156ページの接触圧成形を参照）など、多くの手法が利用できる。次に、柔軟性のあるバッグ（羽毛布団にちょっと似ている）で表面を覆い、全体をオートクレーブ（密封されたチャンバー）に入れて熱と50〜200psiの圧力を加えると、バッグが圧縮されて型を締め付け、樹脂と繊維が共に圧縮される。これによって、エアギャップがあったとしても除去され、ハンドまたはスプレーレイアップと比べて比較的早い硬化時間が得られる。熱を加えながら圧力をかけて材料を共に圧縮するため、完成した部材の密度は非常に高くなる。

Information

● **製造ボリューム**

バッチ生産から中規模の生産。

● **単価と設備投資**

モデリング用粘土など幅広い材料から型が製造できるため、短期のバッチ生産にもかなり安価な成形具が作成できる。

● **スピード**

樹脂と強化繊維の積み重ねは自動化できるが、このプロセスは人手による作業を必要とし、材料は多数の工程を経ることになる。材料がオートクレーブに入っている時間は、15時間にも達する。

● **面肌**

より高品質の部材表面の仕上がりを得るため、ゲルコートが型の表面に塗布されることもある。このゲルコートがなければ、表面は繊維質のテクスチャーとなる。

● **形状の種類・複雑さ**

さまざまな形状の型に対応できるという意味では汎用的なプロセスだが、実際にはかなり単純な形状に制限される。

● **スケール**

部材のサイズは、オートクレーブのサイズによってのみ制約される。

● **寸法精度**

収縮が起こるため、精度のコントロールは難しい。

● **関連する材料**

さまざまな先進繊維（例えば炭素繊維）と熱硬化性ポリマーに適している。

● **典型的な製品**

航空機や宇宙船、そしてミサイルのノーズコーンなど、強度対重量比の高いパーツを製造するために宇宙航空産業で広く使われている。

● **同様の技法**

すべての種類の接触圧成形（156ページ）、真空含浸プロセス（VIP）（158ページ）、およびフィラメントワインディング（162ページ）。

● **持続可能性**

オートクレーブ成形中に数時間にわたって加えられる高い熱と圧力のため、エネルギー消費量は高く、排出物質も増加する。しかし、熱を使うことによって材料の性能と表面品質は向上するため、製品の寿命を延ばし廃棄物処理の必要をなくせる可能性がある。残念ながら、複合材料は結合した材料を分離することが非常に難しいため、リサイクルは困難だ。

● **さらに詳しい情報**

www.netcomposites.com

長所	+	熱も圧力も利用しない成形手法と比較して、密度が向上し、硬化時間が短く、空隙のない成形品が得られる。
	+	加飾成形による色付けが可能。
短所	−	厚く稠密な壁面を持つ中空部材の製造のみに適している。

フィラメントワインディング
Filament Winding

糸巻きに巻かれた綿糸に樹脂を含浸させて、糸を丸ごと糸巻きから引き抜くことができたと想像してみよう。すると、硬いプラスチックの円筒状の部材ができる。これが、フィラメントワインディングの原理だ。

フィラメントワインディングでは、ポリマー樹脂を浸み込ませた強化繊維を使って、強度のある中空の複合部材が成形される。これには、連続した長さのテープまたはロービング（別の言い方をすれば、繊維）をポリマー樹脂槽の中を通して引っ張ることが必要となる。樹脂を含んだ繊維は予備成形されたマンドレルに巻き取られ、必要な厚さに達するまで継続される。マンドレルの形状が、完成品の内寸を決める。最終製品が加圧条件で利用される場合、強度を増すためにワインディングの内部にマンドレルをそのまま残すこともある。

フィラメントワインディングにはさまざまな形態があるが、違うのは巻き取りの方法だけだ。例えば円周巻きでは、ちょうど糸巻きに綿糸を巻くように、糸が平行に巻かれて行く。らせん巻きでは、糸はスプールに対して角度をつけて巻かれる（これによって網目状のパターンが発生するので、すぐに判別できる）。そしてポーラ巻きでは、糸がスプールの軸に対してほとんど平行に巻かれて行く。

製品	スパンカーボンチェア
デザイナー	Mathias Bengtsson
材料	カーボン繊維とポリマー樹脂
製造国	英国
製造年	2003

このチェアはらせん巻きのテクニックを使って作られているが、フィラメントワインディングで作られる通常の部材よりも、すき間が多くなるように意図されている。この装飾性の高いスパン構造によって、通常はエンジニアリング部材に用いられるプロセスであるフィラメントワインディングの、デザインへの応用がしっかりと確立されている。

4. Thin & Hollow 163

1. 3本の複合材料のチューブが、3つのスピンドルを持つフィラメントワインディングマシン上で成形されている。

2. 黄色いコントロールアームが、樹脂を含浸した繊維をチューブの形状をしたマンドレルに供給している。（樹脂槽はフレームから外れている。）

3. 繊維のらせん巻きパターンが明瞭に見て取れる。

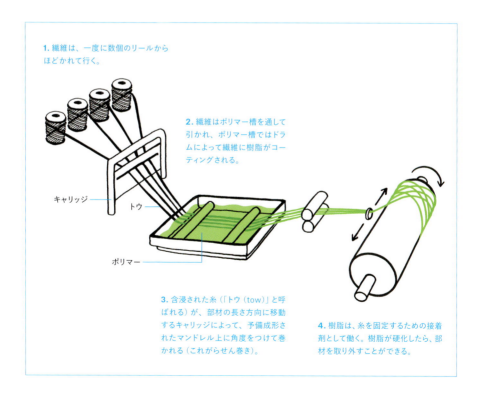

1. 繊維は、一度に数個のリールからほどかれて行く。

2. 繊維はポリマー槽を通して引かれ、ポリマー槽ではドラムによって繊維に樹脂がコーティングされる。

3. 含浸された糸（「トウ（tow）」と呼ばれる）が、部材の長さ方向に移動するキャリッジによって、予備成形されたマンドレル上に角度をつけて巻かれる（これがらせん巻き）。

4. 樹脂は、糸を固定するための接着剤として働く。樹脂が硬化したら、部材を取り外すことができる。

Information

● 製造ボリューム

一品生産にも大量生産にも同様に適している。大量生産を経済的に行うには約5,000個が必要で、数十万個まで対応できる。

● 単価と設備投資

少量または一品生産の場合には、アルミニウム棒材だけでなくフォーム素材もマンドレルとして使えるので、費用を低く抑えることができる。

● スピード

スピードは、完成部材の形状と希望する肉厚によって決まる。しかし、繊維をあらかじめ樹脂でコーティングしておく「プレプレグ」システムを利用することによって、プロセスには樹脂槽の必要がなくなる。使われる繊維の「トウ」の数もスピードに影響する（複数のトウを使えばより速くマンドレルを覆うことができるため）。

● 面肌

内側の表面はマンドレルの仕上げによって決まるが、外側の表面はマシニング加工など、さまざまな方法で仕上げることができる。

● 形状の種類・複雑さ

非対称的な形状を含め、非常に強度のある、薄肉または厚肉の中空の部材が製造できる。

● スケール

大規模なフィラメントワインディングを行うマシンも建造できる。すべてプラスチック製の、直径53m（174フィート）のNASAロケット用の長さ396m（1300フィート）のモーターケースが、1960年代に製造されていた。

● 寸法精度

精度は内径に支配され、内径はマンドレルのサイズによって決まる。

● 関連する材料

通常は、ガラスまたは炭素繊維で強化された熱硬化性プラスチックが用いられる。

● 典型的な製品

このプロセスは、航空宇宙産業用部材やタンク、そしてロケットモーターのハウジングなどの密閉圧力容器に使われることが多い。これらの部材は強度重量比が高いため、軍用ハードウェアで金属を置き換える「ステルス」材料として使われる。またこのプロセスは、その装飾性を生かして、複合材料から作られた高価な「デザイナー」ペンや、写真に示したチェアなどにも使われている。

● 同様の技法

引抜成形（103ページ）およびハンドまたはスプレーレイアップ手法（156ページの接触圧成形を参照）。

● 持続可能性

フィラメントワインディングは大部分が自動化されており、したがってモーターを駆動するための電気エネルギーを必要とする。マシンは高速で稼働するため、大量生産を通じてこのエネルギー消費は効率的に利用される。また高い強度対重量比も重要であり、重量を削減できる。

● さらに詳しい情報

www.ctgltd.co.uk
www.vetrotextiles.com
www.composites-proc-assoc.co.uk
www.acmanet.org

長所	＋	非常に強度対重量比の高い部材が製造できる。
短所	－	フィラメントワインディングされた部材は、後仕上げされない限り、常に網目状のパターンが表面に発生する。

遠心鋳造
Centrifugal Casting

横型遠心鋳造（true-centrifugal casting）、縦型遠心鋳造（semi-centrifugal casting）、
および遠心処理（centrifuging）を含む

遠心鋳造は、遠心力を特に利用するプロセスだ。野菜の水切り器でレタスの葉を回転によって水切りするように、あるいは遊園地で人を乗せたコーヒーカップが回転するときのように、熱した液状の材料が水平方向に型の内側に押し付けられる。液体が冷えて固まると、完成した部材が型から取り出される。工業生産では、金属製部材の中でも特定の表面特性が必要とされる大規模な金属シリンダーの製造に遠心鋳造が用いられることが多い。

金属の遠心鋳造は、3つの主要な変種に分類できる。横型遠心鋳造、縦型遠心鋳造、そして遠心処理だ。どのプロセスも、遠心力を使って液体の金属を型の内壁へ押し付けて、さまざまな形状を作成する。

横型遠心鋳造はパイプやチューブの製作に用いられ、溶けた金属を回転する円筒状の型へ注ぎ込むことによって行われる。型によって完成部材の外側表面が決まる一方で、最終製品のチューブまたはパイプの肉厚は注ぎ込む材料の量によって決まる。この種類の鋳造法では、伝統的に金属に付き物だった問題のひ

とつが解決される。部材の外側の表面は粒子が細かくなるため耐候性（これはパイプに付き物の問題だ）が向上する一方で、内径は比較的荒く、不純物を多く含むことになるためだ。

縦型遠心鋳造では、恒久的または使い捨ての型を使って、ホイールやノズルのように対称的な形状が作られる。ちょうど回転するコマのように、型は垂直のスピンドルのまわりに取り付けられる。横型遠心鋳造よりも回転速度は遅く、また部材は「積み重ねる」ことができる。言い方を変えれば、スピンドルに複数の型を取り付けることによって、2つ以上の部材が一度に製造できるのだ。中心に近い（つまりスピンドルに近い）材料は外側の材料よりも回転速度が遅いため、部材に小さなエアポケットが発生する可能性がある。

遠心処理は、垂直のスピンドルのまわりに回転するという点では縦型遠心鋳造と同じだが、小型の部材を複数製造するために用いられる。金属がさまざまな型キャビティ（スピンドルとは短い距離しか離れていない）に押し込まれて、微細なディテールが作り込まれる。

Information

● 製造ボリューム

宝石工房の比較的シンプルなセットアップから、大規模な工業生産まで。どちらかと言えば、これらは大量生産よりはバッチ生産に用いられるプロセスだ。

● 単価と設備投資

具体的な製造の種類によって決まる。生産量の少ない（約60個までの）場合には低コストのグラファイト型が使える一方で、より大きい生産量、例えば数百個の場合には、より高額の恒久的な鋼鉄型が使われる。

● スピード

遅いが、使われる材料、部材のサイズや形状、そして希望する肉厚によって変わる。

● 面肌

横型遠心鋳造では、外側の表面は粒子の細かい品質となる。縦型鋳造では回転速度が遅くなるため鋳造品の中心近くでは力が弱く、すき間や多孔質の部分が発生しがちであり、これらは成形後にマシニング加工によって取り除く必要がある。遠心処理では、微細なディテールが製造できる。

● 形状の種類・複雑さ

横型遠心鋳造では、チューブ状の形状しか製造できない。縦型遠心鋳造では、軸対称（垂直のスピンドルのまわりに対称）な形状のパーツだけが製造できる。遠心処理はさらに汎用性があり、もっと複雑な形状が製造できる。

● スケール

横型遠心鋳造は、直径3m（10フィート）まで、長さ15m（50フィート）までの巨大なチューブの成形に利用できる。肉厚は3〜125mm（⅛〜5インチ）。縦型遠心鋳造や遠心処理では、もっと小さな部材が製造される。

● 寸法精度

金属製の型を用いた場合、外径の精度は0.5mm（¹⁄₅₀インチ）程度となる。

● 関連する材料

鉄、炭素鋼、ステンレス鋼、青銅、真ちゅう、およびアルミニウム合金、銅合金、そしてニッケル合金などを含め、他の手法で鋳造可能な大部分の材料。プロセス中に別の材料を導入することにより、同時に2つの材料を鋳造することもできる。ガラスやプラスチックも利用可能。

● 典型的な製品

金属鋳造の本拠地である重工業では、大直径の中空の部材に用いられる。横型遠心鋳造で作られる典型的な部材としては、石油産業や化学工業向けのパイプ、そして上水道関連の部材がある。このプロセスは、街灯のポールなど路上設備の製造にも用いられる。縦型遠心鋳造では、ワインや牛乳の容器、ボイラー、圧力容器、フライホイール、そしてシリンダーのライナーなど、軸対称な部材が製造される。宝石商は、もっと小さなサイズの金属やプラスチックのパーツに遠心処理を使っている。

● 同様の技法

回転鋳造（141ページ）。しかし遠心鋳造のほうが、型の回転ははるかに高速だ。

● 持続可能性

遠心鋳造テクニックは、どれも製造サイクルを通して連続した回転を必要とするため、材料を溶かすために必要とされる熱とあいまって、エネルギー集約的である。しかし、溶けた金属は必要な肉厚に達するだけの量しか加えられないため、廃棄物が発生せず、材料の消費量は最小限に抑えられる。鋳造によって得られる外側表面の緻密な仕上がりも、数年にわたって金属にすばらしい耐摩耗性と対候性を与えてくれる。

● さらに詳しい情報

www.acipco.com

www.jtprice.fsnet.co.uk

1. 溶けた金属が、封止された型に注ぎ込まれる。

2. 300〜3,000rpmの速度で、軸の周りを型が回転する。

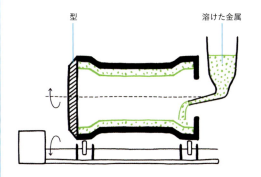

3. 型の回転によって金属は型の内壁へ押し付けられる。金属の量によって、完成部材の肉厚が決まる。

4. 型から取り出された完成部材。

長所	+	このプロセスでは粒子の方向性がないため、すべての方向に良好な機械的特性を持つ部材が製造できる。
	+	遠心鋳造の強度は、鍛錬された金属の強度に匹敵する。
	+	横型遠心鋳造では、外側の表面は粒度が細かく、耐候性が高くなる。
	+	短い生産期間でも経済的な製造が可能。
短所	−	製造拠点が限定される。
	−	実現可能な形状が限定される。

電気鋳造
Electroforming

このプロセスは、単純な電気めっき（金属塩の溶液からその金属をめっきする方法で、電解質を通して電流を流す英国の物理学者サー・ハンフリー・デービーの初期の研究に基づいている）が開発された19世紀初頭から、ほとんど変化していない。表面被覆と成形テクニックの中間に位置する電気鋳造は、かなり変わったプロセスだ。型の表面に「皮膜」を成長させることに例えて説明するのが、おそらく一番わかりやすいだろう。この「皮膜」は最終的に型から引きはがされて、完成部材となる。基本的にこれは、金属層が元の形状を皮膜するだけの電気めっきから、一歩進んだものだ。

電気鋳造は、金属の電着現象を利用している。単純な電気めっきでは被覆されるべき形状（陰極）が電気鋳造では型となり、金属源（陽極）から電解質溶液に溶け込んだ金属が型に堆積して行く。金属イオンは電流によって陽極から陰極へと移動させられる。金属が十分に堆積すると、部材が型から分離される（ここが電気めっきと根本的に異なる点だ）。型は、必ずしも金属製でなくてもよい。どんな非伝導性の材料でも、その表面に伝導性の外層を被覆しておけば電気鋳造できる。

電気鋳造の利点は、ディテールを型の上に作り込むことによって、高価な成形型を必要とせずに入り組んだ平面や立体のパターンが容易に再現できることだ。このプロセスは、プレス成形（65ページの金属切削を参照）や板金加工（56ページ参照）などの金属を引き延ばすため厚さが不均一となる手法とは異なり、型の周囲に均一で薄い材料の層が作成されるという点でユニークだ。

1. 製造されるパーツの雌型が、母材金属の電解質溶液の入った槽に浸される。電流が流れると、母材金属のイオンが型に引き寄せられ、金属の層となって堆積する。

2. 十分な量の金属が堆積すると、部材は型から引き離される。

Information

● 製造ボリューム

タンクの中へ型を入れてから金属が堆積するまでには時間がかかるため、これは高ボリュームやラピッド生産に適したプロセスではない。

● 単価と設備投資

これは、成形具への多大な投資を必要とせず、入り組んだパターンのデザインを再現できる経済的な方法だ。電気鋳造の費用は、使用される金属の量によって部分的には決まるので、最終的な単価は型の表面積と、堆積した金属の厚さに依存する。

● スピード

遅いが、堆積させる金属の量によって変わる。

● 面肌

このプロセスの性質（型の表面に微小なイオンが少しずつ堆積して部材が作り上げられる）から、非常に入り組んだ表面のパターンが可能。

● 形状の種類・複雑さ

複雑で非常に装飾的な形状を、複数個製作するためには最適なプロセスだ。型の材料としてワックスなどを使い、電気鋳造後に溶かして取り除けば、アンダーカットも可能。

● スケール

唯一の制約は、型を収容する電解質槽のサイズだ。

● 寸法精度

他の金属成形テクニックとは異なり、電気鋳造では部材のどの部分にもまったく同じ量の材料が堆積するため、非常に高い精度が実現できる。これに対して、例えば金属片を折り曲げた場合には、角に材料の厚い領域ができてしまう。

● 関連する材料

ニッケル、金、銅、ニッケル―コバルトなどの合金や、その他の電気めっき可能な合金。

● 典型的な製品

非常に装飾的な中空のビクトリア朝風の銀食器の多くは、このテクニックを使って作られたものだ。現在でも、この手法は非常にディテールに富んだ銀食器にはいまだに用いられているが、技術実験用具や、例えばフレンチホルンなどの楽器にも使われている。

● 同様の技法

単純な電気めっき。この手法は、微小鋳型の電気鋳造プロセス（254ページ参照）にも利用されている。

● 持続可能性

電気鋳造に関する大きな懸念点のひとつは、電解質溶液に有毒な物質が使われていることだ。しかし、特殊なクリーニングプロセスによって水から化学物質や金属を取り除くシステムが導入されており、これによって水をリサイクルしてプロセスへ再投入することにより、廃棄物を減らすことができる。しかしそれでもなお、電気鋳造は常に電流を必要とするため、また比較的遅い生産速度のため、エネルギー集約的である。

● さらに詳しい情報

www.aesf.org
www.drc.com
www.ajtuckco.com
www.finishing.com
www.precisionmicro.com

長所	+ すばらしい精細度のディテールが表現できる。
	+ 均一な厚さの金属が生成される。
	+ 成形具のコストが安い。
	+ 既存製品の複製が簡単にできる。
	+ 高精度。
短所	− 比較的低速であり、したがって高価。

固化
Into Solid

材料を固体に変化させる

————

この章では主に、「粉末冶金」の領域に属する一連のプロセスを取り上げる。しかしこの用語は、現在の先進的で幅広い技術そして材料を、もはや十分に表現しているとは言えない。利用される先端材料は粉末の形をしているとは限らないし、金属だけではなくセラミックスやプラスチックも含まれるからだ。簡単に言えば、金属の粉末をある形状に押し固めた「未焼成」の部材を焼結することによって微粒子を互いに融合させるこのプロセスは、現在では数多くの異なる（しかし大部分は粒子状の）材料へ適用されている。粉末冶金に分類されないものとして、鍛造もこの章で取り上げる。これは物体を、ある固体状態から別の固体状態へと変化させることだ。

焼結

Sintering

常圧焼結 (pressure-less sintering)、加圧焼結 (pressure sintering)、
およびスパーク焼結 (spark sintering)、ダイプレス焼結 (die-pressing and sintering) を含む

焼結 (sintering) は「燃え殻」を意味する cinderという言葉から派生した語で、伝統的にセラミック製品の製造を意味していた。しかし現在この用語は、粉末冶金というはるかに大きな製造領域でも広く用いられている。要するに焼結とは、微粒子からなる材料をその融点よりも少し低い温度まで熱して、粒子を互いに融合させることだ。

金属やプラスチック、ガラス、そしてセラミックスの業界では、さまざまな焼結法が使われている。常圧焼結は、型に入れた粉末に熱と振動を加えてから焼結する。加圧焼結は、粉末を型に入れて振動を加え、それから機械的に、あるいは油圧により、圧力を加えて加熱する。スパーク焼結は、電流のパルスを型の中の粉末に流すことによって、内部から発熱させる (今までに述べた、外部から熱を加える手法とは対照的だ)。ダイプレス焼結は、もっぱらセラミックや金属の粉末に用いられるプロセスで、まず粉末をダイプレスして希望の形状の「未焼成」状態としてから、加熱して粒子を焼結 (別の言葉で言えば、融合) させる。

焼結は、低い気孔率が必要とされる場合に、タングステンやテフロン^{TM}など高い融点を持つ材料から高密度の部材を作り上げるために使われる。しかし焼結された部材の特徴のひとつは、特に一部の材料について、最終的な部材の気孔率がコントロールできることだ。材料によっては、焼結した後にも多孔質であることが利点となる。例えば、青銅は軸受けの材料としてよく使われるが、これは青銅が多孔質であるため潤滑剤が流通できるからだ。多孔質でなくしたければ、代わりにホットアイソスタティック成形 (HIP) を使えばよい (174ページ参照)。

また、選択的レーザー焼結 (SLS) (256ページ参照) という焼結の先進的な形態では、熱の加え方を高度にコントロールできる。この手法はラピッドプロトタイピングに用いられる。

長所	+	肉厚の変化する部材に適している。
	+	材料を効率的に利用できる。
	+	非常に硬い材料やもろい材料など、他の方法では取り扱いが難しい材料が成形できる。
	+	部材は良好な非方向性特性を持つ。
	+	複雑な形状を作り込むことが可能。
短所	−	多数のさまざまな工程が必要。
	−	焼結した部材は全体的に体積が減少するので、高い精度を達成するのは難しい。

5. Into Solid   **173**

Information

● 製造ボリューム

金属射出成形（220ページ参照）と同様に、比較的低い製造ボリュームにも利用できるが、最低数量は10,000個が必要とされる。

● 単価と設備投資

成形型の費用は、具体的なプロセスによって上下する。またプロセスの性質により、材料が無駄にならないため効率が高い。

● スピード

用いる材料と手法に応じてかなり変化する。例えば、押し固められた形状を、常圧焼結ではベルトコンベヤに載せて炉に入れる。炉の中心で青銅を焼結するために必要な時間は通常5分から10分だが、スチールは最低でも30分必要となる。

● 面肌

完成品が多孔質であっても、例えば標準的な高圧ダイカスト（223ページ参照）や金属射出成形と比べて見た目には違いはわからない。また焼結された部材には、電気めっき、オイルや化学薬品による黒化処理、そしてワニス掛けなど、さまざまな仕上げが行なえる。

● 形状の種類・複雑さ

薄肉断面には不適。形状にアンダーカットがあってはならない。

● スケール

スケールは成形プレスのサイズによって制約され、最大で700×580×380mm（28×23×15インチ）。より大型のプレスでは、1平方インチ当たり50トンを必要とする部材に対して、約2,000トンの圧力をかけることができる。

● 寸法精度

収縮の問題がある（材料が空隙へ流れ込んで密度が増大し体積が減少する）ため、部材を二次的にプレスして圧縮しない限り、高い精度を得るのは一般的には難しい。

● 関連する材料

さまざまなセラミックス、ガラス、金属、およびプラスチックが焼結可能。

● 典型的な製品

最も興味深い例のひとつとして、軸受けの製造が挙げられる。このプロセスによって自然に生ずる多孔質のため、潤滑剤が実際に軸受けを通り抜けて流れることができる。それ以外によく見られる例としては、手工具、外科手術用具、歯列矯正ブラケット、そしてゴルフクラブなどがある。

● 同様の技法

ホットアイソスタティック成形（HIP、174ページ参照）およびコールドアイソスタティック成形（CIP、176ページ参照）。

● 持続可能性

焼結にはいくつかの製造工程が必要となり、使われる材料の融点が高いため集中的な加熱が必要とされる。そのためエネルギーの消費量は大幅に増加する。しかし、このプロセスは、例えば鉄などの廃棄材料を再生利用して、優秀な最終製品に再加工するために使うこともできる。

● さらに詳しい情報

www.mpif.org
www.cisp.psu.edu

ホットアイソスタティック成形（HIP）
Hot Isostatic Pressing

製品	Kyotopシリーズの包丁
デザイナー	Yoshiyuki Matsui
材料	ジルコニアセラミック
製造業者	京セラ
製造国	日本
製造年	2000

この高品質なセラミック包丁は切れ味をよく保つだけでなく、セラミックは食品への味移りがないという利点も併せ持っている。ここに見える模様は枯山水を表したもので、後処理によってセラミックにレーザー加工されたものだ。

ホットアイソスタティック成形（HIP）は、「粉末冶金」という包括的な用語（現在では、セラミックスやプラスチックを含め、他の粒子状の材料も含めて使われる）に分類される、主要な材料成形プロセスのひとつだ。熱と圧力が、通常はアルゴンまたは窒素ガスによって粉末へ加えられることによって、多孔性がなく高い密度を持つ部材が作り出され、焼結（172ページ参照）の必要がなくなる。「アイソスタティッ

長所	+ 多孔性がなく稠密度の高い部材が製造できる。
	+ このプロセスでは均一に圧力が与えられるので、完成品の微細構造は均一で弱い部分がなくなる。
	+ 他の粉末冶金プロセスと比べて、より大きな部材の製造が可能。
	+ 複雑な形状の製造に適している。
	+ 材料を効率よく利用できる。
	+ 先進セラミックス材料の靭性と割れ抵抗性が向上する。
	+ 他の粉末冶金ベースの製造手法では後処理として行われる焼結（172ページを参照）の必要がない。
短所	− 初期費用が高額となる。
	− 収縮が問題となる場合がある。

ク」という言葉は、圧力がすべての方向から均一に加えられることを意味している。

基本的に、このプロセスでは粉末状の材料を容器に入れ、高温と真空圧によって粉末から空気と水分を除去する。こうして作られた高度に圧縮された部材は、均一で100パーセント稠密なものとなる。

このプロセスは、粉末から部材を形成するためにも、あるいは既存の部材を強化するためにも使える。後者の場合には、すでに形状ができているので型の必要はない。HIPは、鋳造品から多孔質を除去して稠密にする必要がある場合によく用いられる。

Information

● 製造ボリューム
HIPは一般に、中規模生産にのみ適している。通常は10,000個未満。

● 単価と設備投資
このプロセスには、多大なセットアップ費用と高額な部材が必要となる。

● スピード
遅い。

● 面肌
セラミックスでは高い表面品質を実現できるが、他の材料では後工程としてマシニングや磨き加工が必要となることがある。

● 形状の種類・複雑さ
単純な形状も、複雑な形状も可能。

● スケール
HIPは、ミリメートル単位（1インチ未満）の部材から長さ数メートル（数フィート）にわたる大規模な製品まで、さまざまなサイズに対応できる。

● 寸法精度
低い。

● 関連する材料
プラスチックを含めた大部分の材料が利用可能だが、最もよく用いられるのは先進セラミックス材料と、チタンやさまざまなスチール、そしてベリリウムなど金属の粉末である。

● 典型的な製品
操業費用が高いため、HIPの利用はタービンエンジンの部材や整形外科用のインプラントなど、高い物理特性と機械的特性が要求される高機能部材に限られる。先進セラミックス材料では、ジルコニアの包丁や窒化ケイ素のボールベアリング、そしてタングステンカーバイド製の油井ドリルビットなどの成形にHIPが用いられる。

● 同様の技法
コールドアイソスタティック成形（CIP、176ページ）。また、射出成型の中にはセラミックに適したものもある。

● 持続可能性
固化の過程で微小収縮が発生することがあり、部材を内部的に弱体化させて不良品を生じ、廃棄物を発生させるおそれがある。しかし、欠陥のある部材は回収してリサイクルし、プロセスへ再投入することによって材料の消費量と資源の使用量を減らすことができる。さらに、このプロセスでは材料の強度と稠密度が高まるため、肉厚をさらに薄くして材料の使用量を減らすことができる。

● さらに詳しい情報
www.mpif.org
www.ceramics.org
www.aiphip.com
www.bodycote.com
http://hip.bodycote.com

コールドアイソスタティック成形（CIP）
Cold Isostatic Pressing

このプロセスの概要を理解するには、濡れた砂を手で握って大部分の水を押し出すと、手の形をした、かなり固い砂のかたまりが残ることを考えてみてほしい。この種の成形は高温でも行えるが、コールドアイソスタティック成形（CIP）は室温で粉末からセラミックや金属の部材を成形する手法で、粉末を柔軟性のあるゴム製のバッグに入れ、全方向から均一に圧力を加えて型を周りから締め付け、粉末を均一な密度に圧縮し押し固めることによって行われる。このプロセスでは部材全体が均一に押し固められるが、これは例えば圧縮成形（178ページ参照）など、2分割型を必要とする従来のプレス成形とは異なる点だ。

このプロセスはさらに、ウェットバッグとドライバッグという2つの種類に分類される。ウェットバッグ成形ではゴム製の型を液体の中に入れることによって、ご想像どおり、全方向から圧力が伝達される。ドライバッグ成形では、成形型の中にあるチャネルを通って液体がポンプで送り込まれ、圧力が加えられる。

製品　　　スパークプラグ
材料　　　アルミナセラミック
製造業者　NGK

スパークプラグはありふれた製品だが、その製造に使われるプロセスはあまり知られていない。この白いアルミナの部分が、CIPを用いて製造されている。

Information

● 製造ボリューム

ドライバッグ成形は粉末の充てんから部材の取り出し工程まで自動化されているのが普通だが、万ではなく千のオーダーの数量で部材を製造するために使われる、低ボリュームの製造手法だ。

● 単価と設備投資

大規模な生産量では成形型が高額となることもあるが、短期間のバッチ生産では既存の成形型をカスタマイズして使うことができる。

● スピード

スピードは、具体的な手法によって変わる。例えば、ウェットバッグ手法では製造サイクルごとに液体からゴム型を取り出して再充てんする必要がある。しかしドライバッグ手法では、バッグは型に組み込まれているため取り外す必要はなく、再利用して複数の部材を成形することができる。

● 面肌

部材によって異なる。単純な形状では、さらに仕上げをする必要はない。

● 形状の種類・複雑さ

ウェット手法とドライ手法は、得意とする形状の複雑さが異なっている。ウェットバッグ手法は、型が柔軟で部材を容易に取り出すことができるので、複雑な部材に用いられる。カラーやねじ山など、アンダーカットや凹入した角度を持つ複雑な形状も製造が可能だ。ドライバッグ成形は、型から簡単に取り出せる単純な形状に適している。

● スケール

ウェットバッグ手法は大規模な形状に適している一方で、ドライバッグ成形はより小型の部材に適している。

● 寸法精度

± 0.25mm（1/100インチ）か2％の、いずれか大きいほう。

● 関連する材料

先進セラミックスやその他の耐火性材料、チタン合金および工具鋼。

● 典型的な製品

このプロセスは、切削工具など過酷で侵襲的な環境で用いられる製品や、カーバイドなどの先進セラミック部材、そして耐火性部材に適している。セラミックスおよび金属成形品のその他の用途としては、自動車のシリンダーライナーや、航空機・船舶用ガスタービン部材、石油化学機器や原子炉向けの腐食抵抗性のある部材、そして医療用インプラントなどがある。しかし、CIPで製造される最もありふれた製品はスパークプラグだ。

● 同様の技法

ホットアイソスタティック成形（HIP、174ページ）。射出成型をセラミックに利用することも可能だ。

● 持続可能性

コールドアイソスタティック成形は、ウェットとドライのどちらの手法でも熱を利用しないため、ホットアイソスタティック成形よりもはるかに少ないエネルギーしか消費しない。生産性のレベルが高いためエネルギー効率も高く、維持管理やパーツ交換が最小限で済む。圧縮と減圧によって内部応力や割れの形成が低減されるため、不良品による廃棄物の発生も最小化される。

● さらに詳しい情報

www.dynacer.com

www.mpif.org

長所	+	他の粉末冶金手法に勝るCIPの主な利点は、大スケールでも収縮率が予測可能であり、均一な密度の部材を製造できることだ。
短所	−	製造速度が低い。

圧縮成形
Compression Moulding

このプロセスは、さまざまな材料の成形に利用できる。セラミックスの製造に使われる一方で、熱硬化性プラスチック（この手法は、もともとベークライトの成形に使われていた）やファイバーを含むプラスチック複合材料の型成形にも使える。

圧縮成形の基本的な原理を理解するには、こねたパン生地のかたまりに手形をつけて遊んでいる子供を想像してみてほしい。これが精密な工業的プロセスになると、固体ではなく粒子を原料として使い、加熱された型が手のひらの代わりになる。2分割可能な雄型と雌型を組み合わせることによって、厚くソリッドな形状から薄肉の容器まで、さまざまなものに加工することができる。

製品	電源プラグ
材料	フェノールホルムアルデヒドプラスチック［別名］フェノール樹脂またはベークライト

どこにでも見られる日常生活には不可欠な製品だが、その背後にある製造プロセスは過小評価されがちだ。

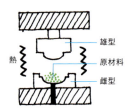 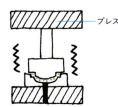 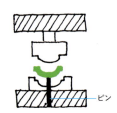

1. 2分割型が加熱され、微粒子からなる材料（プリフォームのこともある）が型に置かれる。

2. プレスによって加熱された型の上部と下部が合体し、材料を圧縮して成形する。材料の厚さは、雄型と雌型との距離によって決まる。

3. 型が分離され、成形された部材がピンによって取り出される。

Information

● 製造ボリューム

バッチ生産と大量生産のどちらにも同じように
適している。

● 単価と設備投資

他のプラスチック型成形手法（例えば、200
ページの射出成形）と比較して、成形型の費用
は適度であり、その一方で単価は十分に低く保
たれる。

● スピード

スピードは、型が閉じている時間の長さに影響
され、これは部材のサイズと材料によって決まる。

● 面肌

表面品質は良好。

● 形状の種類・複雑さ

圧縮成形は、厚肉断面の大型のプラスチック部
材に用いられることが多い。このような部材は、
射出成形よりも圧縮成形のほうが経済的に製造
できるからだ。2分割型の雄型と雌型で物体を
成形するという性質から、このプロセスはアン
ダーカットのない単純な形状に適しているが、
また部材の肉厚に変化が付けられるということ
でもある。

● スケール

一般的には、どの方向にも約300mm（12イン
チ）までの小型の部材に用いられる。

● 寸法精度

普通。

● 関連する材料

セラミックス、メラミンやフェノール樹脂のよ
うな熱硬化性プラスチック、繊維複合材料およ
びコルク。

● 典型的な製品

メラミンの調理器具（ボウルやカップなどの製
品）は、圧縮成形で製造されることが多い。他の
用途としては、電気製品のハウジングやスイッ
チ、ハンドルなど。

● 同様の技法

手積みおよびスプレーレイアップ成形（156
ページ）、そしてトランスファー成形（180ペー
ジ）。また、ずっと費用は掛かるが射出成形
（200ページ）も考慮対象となるかもしれない。

● 持続可能性

用いられる材料の種類によって異なる。このプ
ロセスは熱硬化性プラスチックに用いられるこ
とが多く、この種のプラスチックで製造された
部材をリサイクルすることはできない。型の中
で材料をしっかりと保持するためには余分な材
料が必要とされるため、廃棄量は多くなりがち
である。

● さらに詳しい情報

www.bpf.co.uk
www.corkmasters.com
www.amorimsolutions.com

長所	+	熱硬化性プラスチックの成形に最適。
	+	大型で厚肉の、ソリッドな断面が必要とされる部材の製造に最適。
	+	さまざまな断面と肉厚に対応できる。
短所	−	形状の複雑さの点では制約があるが、ディナープレートのような平らな形状の製造には適している。

トランスファー成形
Transfer Moulding

圧縮成形（178ページ参照）に代わる手法であり、射出成形（200ページ参照）の利点の一部を併せ持つトランスファー成形は、典型的には肉厚の変化する、表面のディテールが良好な大型の成形品を製造するために用いられる。このプロセスではまず、ポリマー樹脂が加熱されてチャージャーへ充てんされ、そこでプランジャーが材料を圧縮する。そして加熱された材料が密閉型キャビティへ「輸送（トランスファー）」される。トランスファー成形の決め手となる特徴は、このように輸送される前に材料を加熱することと、密閉型を利用することだ。このため材料はキャビティの中を容易に流れることができ、薄肉断面を精細にコントロールでき、部材表面の微細なディテールが実現できることになる。繊維を樹脂に混ぜ込むことによって、または強化繊維を型そのものに入れ込むことによって、複合材料を製造することもできる。

製品	ロンドンのバスのボディーパネル
材料	ガラス充てん熱硬化性プラスチック

この種のバスの外装ボディーパネルは、トランスファー成形を利用して製造されてきた。型キャビティの中を材料が容易に流れるため、肉厚のコントロールを犠牲にせず大型の部材が作れる。

ポリマー樹脂が加熱され、チャージャーへ充てんされる。
ここでプランジャーが材料を圧縮し、密閉型キャビティへ「輸送（トランスファー）」する。

 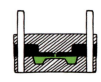 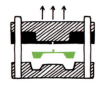

Information

● 製造ボリューム

伝統的には少量生産に用いられてきたが、最近の技術の発達によってトランスファー成形は本格的な工業的プロセスへと進化してきている。

● 単価と設備投資

サイクルタイムがかなり速いため、トランスファー成形は高い製造量に適しており、これによって低い単価という利点が得られるが、ご想像どおり、成形型の費用は高額となる。

● スピード

部材のサイズと繊維の含有量によって大きく異なる。小型の部材は3分ほどの短いサイクルタイムで製造できるが、大型で複雑な成形品には通常2時間ほどかかる。

● 面肌

射出成形（200ページ参照）と同様の、良好な表面仕上がりが得られる。

● 形状の種類・複雑さ

射出成型と同様だが、複雑な型は製造サイクルタイムを大幅に増加させるということは、心にとめておいたほうがよいだろう。

● スケール

例えば射出成形などよりも、はるかに大きなスケールが実現できる。最近の例では自動車メーカーのフォードが、90個の部材から構成されるフォード・エスコートの前端部全体を、たった2個のトランスファー成形されたアセンブリーで置き換えることに成功した。

● 寸法精度

このプロセスには密閉型が使われるため、例えば圧縮成形（178ページ参照）よりも高い精度が達成できる。

● 関連する材料

最もよく使われるのは、熱硬化性プラスチックや複合材料だ。

● 典型的な製品

トイレの便座、プロペラの羽根、そして自動車用部材（例えば写真にあるバスのボディーパネルなど）は、トランスファー成形を用いて製造されることが多い。

● 同様の技法

圧縮成形（178ページ）はトランスファー成形と比較していくつかの短所があり、また射出成形（200ページ）は複合材料の成形にはあまり適していない。真空含浸プロセス（VIP）（158ページ）も、複合材料の成形に利用できる。

● 持続可能性

トランスファー成形は大型の部材を製造できるため、小規模な型成形テクニックと比較して効率の良い代替手法であり、複数の部材を別々に成形する必要がなくなるため、後工程で使用される材料やエネルギーが削減できる。また密閉型のため、スチレンの排出を大幅に減らすことができる。

● さらに詳しい情報

www.hexcel.com
www.raytheonaircraft.com

長所	+	製造速度がかなり高い。
	+	複雑で精巧な部材を製造することができる。
	+	薄肉や厚肉の、肉厚の変化する断面を持つ大型の部材が製造できる。
短所	−	型成形プロセスの途中でランナーに余分な材料が残るため、材料の利用効率が低い。
	−	成形型が高価。

発泡注入成形
Foam Moulding

製品	Seggiolina POP チェア
デザイナー	Enzo Mari
材料	発泡ポリプロピレン（EPP）
製造業者	Magis
製造国	イタリア
製造年	2004

Seggiolinaチェアの明るい色合いが、伝統的な工業用の材料やプロセスを、理知的で楽しく軽量な子ども用製品に変貌させている。

他の多くのプラスチック加工手法とは異なり、発泡プラスチックの製造には材料（ここで取り上げた椅子の例では発泡ポリプロピレン（EPP）が使われている）に、予備発泡処理を行う必要がある。これは料理で言えば、レシピに取り掛かる前に材料を下ごしらえすることにちょっと似ている。

原料は小さなビーズでできており、成形前にペンタンガスと蒸気を使ってこれを元の40倍の大きさに膨らませる。これによってビーズは沸騰し、その後冷えて安定化される。ひとつひとつのビーズの内部には部分真空が形成されており、内部の温度と圧力をなじませるためにビーズは数時間保管される。そしてビーズは再加熱され、蒸気を使って型の中へ注入され、互いに融合する。（すでに融合したビーズを型へ注入するのではなく、最初にビーズを膨らませる工程を最終的な型の中で行うこともできる。）型そのものは、射出成形（200ページ参照）に用いられるものと同様に、完成品の形をしたキャビティを持つ。このプラスチック成形手法では、材料に98％もの空気が含まれることになる。

Enzo MariによるSeggiolina POP子供用チェアのデザインは、これらの特性をうまく利用して、材料の風合いをそのまま生かしている。この手法は通常、段ボール箱の中や詰め物として隠れてしまうものに使われるが、それとは対照的な使い方だ。

単独で使われる部材や製品の製造だけでなく、包装材や他の部材の内部で直に発泡ポリプロピレンの型成形を行ってアセンブリーの時間や費用を削減できる技術を、さまざまなメーカーが開発している。

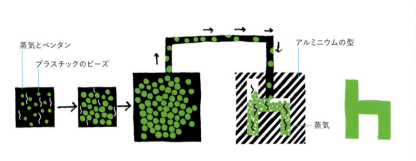

1. 原料となる小球状のプラスチックのビーズが、蒸気とペンタンを組み合わせて使うことによって元のサイズの約40倍に膨らまされる。

2. 冷えた後、内部に部分真空が形成されたビーズは、約12時間放置して圧力を外部環境となじませる。

3. 最終段階では、ビーズがアルミニウム製の型の内部で蒸気によって再加熱される。

4. 冷却された後、成形された部材が取り出される。

Information

● 製造ボリューム
大量生産向けのプロセス。

● 単価と設備投資
アルミニウムの成形型が非常に高価となる可能性はあるが、費用対効果の高い部材が製造できる。

● スピード
材料にもよるが、成形のサイクルタイムは通常1分から2分。

● 面肌
材料には着色や表面パターンの印刷が可能で、また表面にグラフィックスを型押しすることもできる。表面は、必要とされるフォームの密度によって決まるが、この種の材料に典型的なフォームの手触りのある仕上がりはすべての成形品に共通している。同一の部材の中で異なる色を組み合わせ、さまざまな色のまだら模様を作り出すこともできる。

● 形状の種類・複雑さ
射出成形（200ページ参照）と同レベルの複雑さが可能だが、より厚肉で、ずんぐりとしたものになる。

● スケール
発泡注入成形は非常に汎用的なプロセスであり、20mm^{3}という小さな部材から、断面が1×2m（3×6フィート）のブロックまでが製造可能。

● 寸法精度
精度は材料によって多少異なるが、一般的には全体寸法の約2%の精度が実現可能。肉厚に関してはそれよりも少々大きな値となる。

● 関連する材料
発泡ポリスチレン（EPS）、発泡ポリプロピレン（EPP）および発泡ポリエチレン（EPE）。

● 典型的な製品
サーフボードや自転車用ヘルメット、果物や野菜のトレイなどの包装材、断熱ブロック、車のヘッドレストの中の頭部衝撃保護材、バンパーコアおよびステアリングコラムの充てん剤、そして防音材。

● 同様の技法
射出成形（200ページ）および反応射出成形（RIM、203ページ）。

● 持続可能性
プラスチックビーズが発泡することによって、中空の発泡構造は主に空気が占めることになるため、材料の使用量が削減される。しかし、成形前の大規模な材料の下準備には熱と圧力が必要であり、またこれが成形時にも繰り返されるため、エネルギー集約的である。重量の軽さは部材の輸送に有利だが、材料はリサイクルできない。

● さらに詳しい情報
www.magisdesign.com
www.tuscarora.com
www.epsmolders.org
www.besto.nl

長所	＋	スケールと用途の面で非常に汎用性がある。
	＋	構造特性が向上する。
	＋	重量の削減。
短所	－	成形型が高価。

ベニヤ板外殻への発泡注入成形
Foam Moulding into Plywood Shell

ベニヤ板の構造的な利点と軽量性はMosquitoのような初期の航空機メーカーによって認識されていたし、薄いベニヤ板を構造材として用いることは、家具の製造では別に新しいことではない。しかし、この人工的に作り出された木材は、現在ではより革新的な家具の製造への応用が注目されている。

そのひとつの例であるLaleggeraチェア（写真）の構造は、洋服の仕立て方とよく似ている。このチェアはまず、子どもが模型のキットを組み立てるときのように、薄いベニヤ板から切り出した板材を端で貼り合わせ、構造的な強度を持たない中空のシェルを作り上げる。構造的な強度を高めるため、このシェルにポリウレタンフォームを充てんし、硬化させると強靭な構造ができる。この手法は、より伝統的な発泡注入成形（182ページ参照）を応用したものだ。発泡注入成形では、アルミニウムの型の中へ蒸気によって注入されたフォームが、発泡して自分自身の被膜を形成し、その後型から取り出される。

Laleggeraシリーズの家具とAliasによって開発されたプロセスのすばらしい点は、2つの非常に珍しい材料と手法を組み合わせることによって、新しい機能と美しさを兼ね備えた、びっくりするほど軽い家具を作り上げたことだ。

製品	Laleggeraシリーズのチェア
デザイナー	Riccardo Blumer
材料	ポリウレタンフォームとベニヤ板
製造業者	Alias
製造国	イタリア
製造年	1996

「Laleggera」という言葉を文字通りに翻訳すると「軽いもの」という意味になるが、このチェアはこの言葉にぴったりだ。この椅子を作り上げた新しい製造テクニックが、通常は組み合わせて使われることのない材料を興味深い形で融合させている。

Information

● 製造ボリューム

これはユニークな製造形態であるため比較のしようがないが、製造業者によれば2005年に8,000脚を超えるチェアが製造されたとのこと。

● 単価と設備投資

この情報は公開されていないが、プロセスのセットアップにはある程度の実験が必要とされると推測するのが妥当だろう。しかし、材料（切り出された板材と注入フォームの組み合わせ）については、非常にローテクで経済的な方法で実験できるはずだ。

● スピード

1脚のチェアの製造には、着手から完了まで4週間かかる。

● 面肌

この種の製造で得られる表面仕上げを左右するのは、フォームコアではなく合板のほうだ。合板の風合いは、どの種類の木材を選ぶかによって変わってくる。

● 形状の種類・複雑さ

形状は、合板を裁断して中空のシェルを組み立てられるかどうかで判断される。

● スケール

このシリーズで最も大型の商品であるテーブルの寸法は、240×120×73cm（94½×47¼×28¾インチ）だ。

● 寸法精度

情報は公開されていないが、精度は合板と、フォームが注入された際に合板がどう反応するかによって決まると推測できる。

● 関連する材料

このチェアには、外部構造としての合板と、内部構造としてのポリウレタンフォームの組み合わせが使われている。

● 典型的な製品

このプロセスのユニークな性質のため、製造されている製品はチェアとテーブルだけだ。しかし、それ以外の強度と軽量性が必要とされる物品の製造にもこの原理は応用できるはずだ。

● 同様の技法

この製造手法は、デザイナーのRiccardo Blumerと協力してAliasが作り上げたものだ。この製造業者は、これに類似した製造法は他に存在しないと主張している。この本の中で最も近いものは、製造される製品の種類はだいぶ異なるが、木材注気加工（188ページ）だ。

● 持続可能性

この製造プロセスは、多くを手作業に頼っている。軽量構造には、薄いベニヤ板の外殻と空気を注入されたフォームという、最小限の材料しか使用されない。裁ち落とされたベニヤ板は再利用でき、またポリウレタンフォームを注入して中空構造を満たす際に廃棄物は生じない。重量の低減によって、輸送中に使われるエネルギーは顕著に減少する。

● さらに詳しい情報

www.aliasdesign.it

5. Into Solid

1. テーブルのフレームが、2分割可能な雄型と雌型によってプレス成形される。

2. 成形された部材が、これから組み立てられる。

3. テーブルの構造は、成形された部材を貼り合わせて作られる。

4. テーブルのフレームのまわりの合板がプレス成形される。

長所	＋	材料を組み合わせることによって、強靭だが軽量な部材が作り出される。
短所	－	十分な生産体制を構築するには、試行錯誤が必要。
	－	製造拠点が限られている。

木材注気加工
Inflated Wood

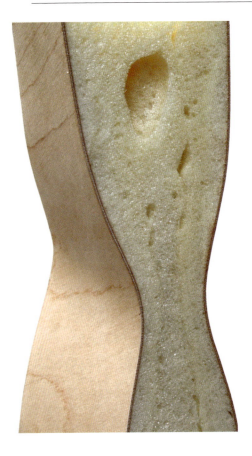

製品	ドアパネル
デザイナー	Malcolm Jordan
材料	ベニヤ板とフォームコア
製造業者	Curvy Composites
製造国	英国
製造年	2005

このユニークなプロセスによって作り出された波打つ複合した有機的カーブは、木に触れたときに感じる自然な温かさと完璧にマッチした美観をベニヤ薄板へ与えている。

木材は、最も古くから人間がモノづくりに利用してきた材料のひとつだが、数多くの新しい成形手法や変成手法によって、この基本的な材料にさまざまな形態と新たな様相が与えられている。ほとんどの木材は刃物を当てることによって加工されるが、以下に説明するプロセスは比較的ゆるやかな木材の成形手法であり、木目のパターンによって最終的な結果が大きく左右される。

木目を交差させながら薄板を積層するプロセスは古代エジプト人によって発明されたが、合板を曲げてカーブを作り出すテクニックが開発されたのはずっと最近のことだ。そして木材注気加工という新しいプロセスが、さらに巧妙な木材の成形テクニックとして注目されている。木材を複雑なカーブに成形することは、これまではどうしても時間と費用の掛かるプロセスだったが、管理された形で合板をさまざまに波打つ形状に成形するユニークな方法がMalcolm Jordanというデザイナーによって編み出された。しかし、そのプロセスの秘密はいまだに公開されていない。

このプロセスを生み出したのは、イングランドの南海岸にあるブライトン大学の3次元デザインコースであり、そこから生まれた数多くの刺激的なプロジェクトのひとつが原型となっている。Malcolm Jordanは、こう語っている。「僕のバックグラウンドは航空機産業にある。僕はヘリコプターのエンジニアの資格を持っていて、さまざまな軽量複合構造を取り扱ってきた。その経験が、実験の方向性を示してくれたのかもしれないね。僕はさまざ

まなコア材料を、薄い合板の外皮で挟み込む実験をしたんだ。」

最終的に、合板の外皮でフォームコアをサンドイッチした複合構造ができ上がった。合板の表面の複数の領域が、押さえジグによってクランプされる。発泡性の液状フォームが注入され、制約されていない表面は自由に動いて複雑なカーブを形成する。こういった波打つ形状を作り出すテクニックは平行に配置された平面のボード以外にも利用できるが、今のところ所定の合板の標準サイズに限定されている。

Information

● 製造ボリューム

高ボリュームの大量生産ではなく、バッチ製造に最も適している。

● 単価と設備投資

資本投資額は少なく、同様の手法と比べて単価は適度（以下を参照のこと）。

● スピード

必要とされる形状や製品による。例えば壁面パネルをバッチ製造する場合、外皮とフレームは事前に組み立てておける。フォームの注入は高速なプロセスだが、フォームが硬化するまで最大8時間、アセンブリーを押さえジグでクランプしておく必要がある。したがって、複数の押さえジグを使えば生産量を増やすことができる。

● 形状の種類・複雑さ

パネルは、片面が平らでもう片面が波打つようにもできるし、両面が対称的に波打つようにすることもできる。合板の外皮はフォームの注入前に折り曲げておくことができるので、このプロセスは平行に配置された平面のボードに限られたものではない。製造の過程でソリッドなインサートを設置して「ハードポイント」を作り込み、例えば脚や金具の取り付けを可能としたり、セクションをつなぎ合わせたりすることもできる。

● スケール

スケールは、所定の合板の標準サイズによって制約される。家具に利用できる可能性もあるが、ほぼ確実に存在するのは建築やインテリアデザイン向けの彫刻や空間設計としてのさまざまな用途だ。

● 寸法精度

自然材料に圧力をかけて「不自然」な立体形状に自由成形するため、精度は期待できない。当初は、どのようなカーブが作り出されるか予測が難しく、思いもかけない結果となることもあった。しかし、圧力ポイントを設置し、温度やフォームの量を一定に保つことによって、見た目には同じような結果が実現できるようになっている。

● 関連する材料

ポリウレタン発泡フォーム（難燃剤を添加したものや、イソシアネートを含まないバリエーションがある）。シラカバ化粧版のエアロプライは、0.8～3mm（⅓₀～⅛インチ）の厚さから選ぶことができる。

● 同様の技法

合板深絞り立体成形（87ページ）およびベニヤ板外殻への発泡注入成形（185ページ）。

● 持続可能性

合板は、再生可能で持続可能な天然木材を非常に薄くスライスして製造される。また膨張しようとするフォームの性質により、空気を含んだ球状の空洞が作成されるため、全体のサイズと比較して消費される材料量は少ない。フォームの注入フェースでは、外殻が希望の形状とサイズになれば注入がストップされるため、廃棄物は限定される。しかし、高まった圧力のために合板が破裂してしまい、プロセスへ再投入できない余分な材料が生まれてしまうこともある。

● さらに詳しい情報

www.curvycomposites.co.uk

1. 合板パネルを保持する金属製のジグを準備しているところ。

2. フォーム注入前の合板の最後の準備。

3. 成形されたパネルを仕上げているところ。

4. サンプルの断面はフォームコアで満たされている。

長所	+	作り出される部材は軽量性と強度を兼ね備えており、合板の表皮にかかる荷重を分散させる。
	+	耐衝撃性が高く、断熱と遮音特性に優れる。
	+	複雑な型成形テクニックも、手作業による切削やマシニング加工も必要ない。
短所	−	フォーム圧力のコントロール。現在のところ、注入されるフォームの量と圧力は注入側と排出側の制約デバイスによって調整されているが、高まった圧力によって（爆音とともに）合板が破裂する可能性があることが経験からわかっている。
	−	合板のカーブした部分で、木材の欠陥（合板の薄板を切断する際にしばしば製造工具によって生じる）が目立ってしまうことがある。この問題は、合板を注意深く選択したり、合板に薄板を追加したりすれば克服できる。
	−	利用できる製造業者が1社しかない。

鍛造
Forging

自由鍛造（open-die forging）、型打ち（落とし）鍛造（closed-die (drop) forging）、プレス鍛造（press forging）および据え込み鍛造（upset forging）を含む

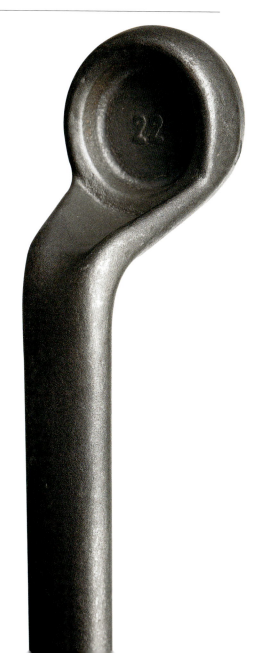

鍛造は金属成形の中でも主要なプロセスであり、時には建築物スケールのマシンを利用して金属を叩いて形作る。金属を成形するだけでなく、物理的な特性を変化させ、強度と延性を高めるための手法でもある。最も単純で手工業的な形態は自由鍛造と呼ばれ、伝統的な鍛冶屋がするように、再結晶温度よりもわずかに高い温度に熱せられた金属のかたまりをハンマーで繰返し叩いて成形する。工作物の動きが、この手法では重要だ。さらに工業的な形態には、冷間鍛造や熱間鍛造などのバリエーションがある。

型打ち鍛造（または落とし鍛造）は、前述の自由鍛造と非常によく似たプロセスだ。しかしこの手法では成形されたハンマーがマシンに取り付けられ、成形されたダイの中の金属の上へ、繰り返し落とされる。2つの部品の形状によって、成形される形状が決まる。落とし鍛造は、熱間でも冷間でも可能だ。熱間の場合には、生地金属が加熱されるため、結晶の再構成によって強度の高い部材ができ上がる。

製品	未加工のスパナの半完成品
材料	スチール
製造業者	元の製造業者は明らかではないが、仕上げは英国の King Dick Tools で行われる
製造国	ドイツと英国

この未完成のメガネレンチは型打ち鍛造プロセスによって作られたものであり、これにドリルでパイロットホールを開け、のこぎり歯状のツールで穴を広げて12個の刻み目を付けて仕上げられる。

プレス鍛造は、熱せられた棒が2本のローラーの間でゆっくりと押しつぶされ、ローラーを通過するにしたがって金属が成形される。据え込み鍛造は棒の端部を成形するために使われる手法で、ダイに固定された棒を圧縮することによって行われる。据え込み鍛造で製造される代表的な製品は、釘やボルトだ。

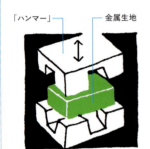

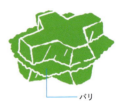

1. 熱間型打ち鍛造では、加熱された金属生地がダイキャビティに入れられる。

2. 雄型と雌型が、ハンマリングアクションによってダイキャビティの形に金属を圧縮する。

3. 部材が型から取り出され、バリがマシニング加工によって取り除かれる。

長所	+	鍛造を選ぶ主な理由のひとつは、金属の結晶構造をコントロールできることだ。鍛造によって結晶の流れが特定の形に整列され、部材の強度と延性が向上する。
	+	ダイカスト（223ページ参照）や砂型鋳造（232ページ参照）などとは異なり、金属にすき間や空洞が生じることがない。
	+	ランナーや湯口が必要な鋳造よりも廃棄物が少ない。
短所	−	鍛造部品は、2分割型が合わさった部分に残された余分な金属を取り除くマシニング加工が必要となる場合が多い。

Information

● 製造ボリューム

単純な手作業による鍛造から、約10,000個まで。

● 単価と設備投資

手作業で行われる熱間自由鍛造の場合、費用は熟練工の労務費に基づいたものとなる。自動化された手法では、成形型の費用は非常に高額となることもある。

● スピード

きわめて遅い。理由のひとつは、すべての鍛造プロセスの90%が熱間プロセスであり、成形前に工作物を加熱する必要があるためだ。

● 面肌

鍛造された部材は、良好で平滑な表面を得るためと、金属が部材の外側に絞り出されることによって生じるバリを取り除くため、一般的にはマシニング加工される必要がある。

● 形状の種類・複雑さ

鍛造プロセスの種類によって、加工可能な複雑さと形状の種類は変わる。落とし鍛造では一般的に抜き勾配が必要とされ、また複雑な形状の成形には分割線をデザインする必要がある。抜き勾配は、使われる金属によって変わる。

● スケール

鍛造は、数グラムの部材から0.5トンに達するものにまで、用いることができる。

● 寸法精度

ダイの摩耗のため、高い精度を達成することは難しい。金属の違いによって、精度には幅がある。

● 関連する材料

熱間鍛造では、大部分の金属や合金が成形できる。しかし、鍛造のしやすさは大きく違う。

● 典型的な製品

鍛造された部材は（鋳造された金属と比較して）強度が向上することから、航空機のエンジンや構造物には大量に用いられている。その他の用途としては、ハンマーやレンチやスパナなどの手工具や、刀（特に日本刀）が挙げられる。

● 同様の技法

粉末鍛造（194ページ）。衝撃押出し成形（150ページ）やロータリースウェージング（110ページ）も、鍛造の一種だ。

● 持続可能性

鍛造によって材料の強度が向上するため、最終製品の耐久性と寿命は向上する。しかし、熱間鍛造テクニックでは大量のエネルギーが消費され、排出量とそれによる環境への影響が増大する。その上、かなりの量の余分な金属が作り出され、またそれを取り除くために後処理としてマシニング加工が必要となり、さらにエネルギーを消費する。幸い、この余分な金属はリサイクル可能だ。

● さらに詳しい情報

www.forging.org
www.iiftec.co.uk
www.key-to-steel.com
www.kingdicktools.co.uk
www.britishmetalforming.com

粉末鍛造
［別名］焼結鍛造
Powder Forging AKA Sinter Forging

粉末金属鍛造は粉末冶金の領域に位置づけられるプロセスであり、焼結（172ページ）と鍛造（191ページ）を組み合わせて完成品を作り出す。他の形態の粉末冶金と同様に、金属粉をダイの中で「未焼成」の状態に成形するのが最初の工程だ。この段階の部材は「プリフォーム」と呼ばれ、完成後の部材とはわずかに形が異なっている。このプリフォームは焼結されてソリッドな部材となり、炉から取り出されてグラファイトなどの潤滑剤がコーティングされ、鍛造プレスへ送られる。型打ち鍛造によって完成品が成形される際、金属粒子が互いに結び付き、ソリッドで稠密なマスとなる。この追加的な圧縮により、このプロセスでは稠密度が高く多孔性のない部材が得られる。

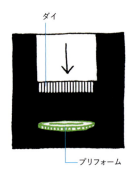

1. 金属粉がダイの中で圧縮されて「未焼成」の状態のプリフォームとなる。

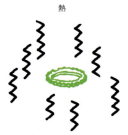

2. プリフォームは焼結されてソリッドな部材となり、炉から取り出されてグラファイトなどの潤滑剤がコーティングされ、鍛造プレスへ送られる。

3. 型打ち鍛造によって完成品が成形される際、金属粒子が互いに結び付き、ソリッドで稠密なマスとなる。

Information

● 製造ボリューム

高ボリューム、通常は25,000個を超える。

● 単価と設備投資

このような高ボリュームの製造プロセスには費用が掛かるが、その理由のひとつは2組のダイが必要となることだ。部材を経済的に製造するためには、大量生産が必要となる。

● スピード

セットアップと部材のサイズによるが、非常に高いスピードが達成できる。

● 面肌

表面は良好で、熱処理などの二次加工は必要ない。

● 形状の種類・複雑さ

このプロセスでは、複雑な形状が製造できる。粉末鍛造では大きく変化する肉厚に対応でき、1mm（1/25インチ）の薄さも可能。アンダーカットは不可。

● スケール

落とし鍛造やプレス鍛造（これらについては、191ページの鍛造を参照）と同様。例として、スパナやギア（直径約200mm／8インチ）を考えてみてほしい。

● 寸法精度

粉末鋳造の利点のひとつは、他の鍛造手法よりも精度の高い部材を製造できることだ。

● 関連する材料

大部分の鉄類および非鉄金属。粉末鍛造品の多くには、少量の銅と炭素を含む鉄が用いられている。

● 典型的な製品

自動車部品、連結ロッド、カム、手工具やトランスミッションの部材など、さまざまな産業のエンジニアリング部材。

● 同様の技法

落とし鍛造およびプレス鍛造（191ページ参照）、そして圧縮成形（178ページ）。

● 持続可能性

粉末鍛造では、通常の鍛造よりも精度が高く余分な材料が少なくなるため、わずかな二次加工しか必要とせず、エネルギーがより効率的に利用される。それでも材料に流動性を持たせるために必要とされる高温は、エネルギー消費量と排出に大きく影響する。さらに、ダイとサブストレート材料との間に数百回にわたって強烈な衝撃圧が加わるため、頻繁な保守が必要となる。

● さらに詳しい情報

www.mpif.org
www.gknsintermetals.com
www.ascosintering.com

長所	+	砂型鋳造（232ページ参照）などとは異なり、金属中にすき間や空洞が生じない。
	+	他の粉末冶金プロセスと比較して、粉末鍛造では延性と強度の高い部材が提供できる。
	+	他の形態の鍛造（191ページ参照）よりも廃棄物が少なく、材料を効率的に利用できる。
	+	他の鍛造手法よりも、はるかに少ない二次成形しか必要としない。
短所	−	成形型が高価であり、大量生産が必要とされる。

精密鋳込プロトタイピング（pcPRO®）
Precise-Cast Prototyping

ドイツのフラウンホーファー研究所は、材料と製造に関する世界で最も大きな研究機関のひとつである。最近この研究所で開発された製造手法のひとつが、精密鋳込プロトタイピングだ。

精密鋳込プロトタイピング（pcPRO®）はラピッドプロトタイピング手法のひとつであり、鋳込とフライス盤加工をひとつのマシンで行うものだ。これは2工程のプロセスであり、最初の工程ではフライス盤（26ページ参照）で、CADファイルからの情報を使ってアルミニウムブロックから型を削り出す。この型に、ポリマー樹脂が満たされる。樹脂が硬化した後、同じフライス盤を使ってそこに精密な最終形状が削り出される。このプロセスのエッセンスは、製品の片面（型成形される面）は製造のたびにまったく同一に複製されるが、反対側の面（フライス盤加工される側）はCADファイルに含まれる情報にしたがって作り変えることができるという点にある。

製品のプロトタイプは最適な形状となるまでに多数の修正が必要とされるのが通常であり、モデルメーカーは毎回ゼロから作り始めなくてはならなかった。しかし精密鋳込プロトタイピングでは、変更を加えるのはCADデータだけでよい。最大の利点は、さまざまな電気製品のハウジングなど形状の片面に微調整が必要とされる部材について、型を使って複製品を成形し、その片面だけをCADファイルで変更できるということだ。

1. 成形されるべき形状の情報を使ってCADファイルが生成され、これがフライス盤に供給されてアルミニウムブロックから型が削り出される。

2. 型にポリマー樹脂が満たされる。

3. 樹脂が硬化した後で、同じフライス盤によって精密な最終形状が削り出される。

4. 完成した部材が取り出される。

長所	+	自動化と、形状に特化した製造の組み合わせが可能。
	+	時間と費用の効率性が高い。
	+	高品質な仕上がり。
短所	−	この手法を提供する製造業者の数が限られている。

Information

● 製造ボリューム
これはCAD駆動のプロセスであり、一品ものとバッチ生産の両方に適しているが、当然のことながら型成形された側は同一であるため、フライス盤加工された側のみが異なる「一品」しか製造できない。

● 単価と設備投資
成形型（この場合には金型）は、部材の製造と同一のマシンを使って作られるため、精密鋳込プロトタイピングは費用対効果が高くなる。

● スピード
型のフライス盤加工には、30分から2時間かかるのが普通だ。部材の複雑さにもよるが、部材1個につき、樹脂の鋳込と硬化、そしてフライス盤加工には、最低でも1時間かかる。

● 面肌
表面品質は、通常のフライス盤加工された表面の品質に相当する。

● 形状の種類・複雑さ
形状はCAD図面とカッターによってのみ制約されるが、非常に複雑な形状の部材や、内面形状におけるアンダーカットは5軸フライス盤（1つのカッターが5つの軌道に沿って移動する）によってのみ製造可能となる。また、外面形状におけるアンダーカットは、特殊な型インサートかシリコーン製の部材が必要となる。

● スケール
標準的なマシンで作成される部材のスケールは250×250×150mm（10×10×6インチ）。

● 寸法精度
マシンの精度によるが、通常は10ミクロン程度。

● 関連する材料
2成分系樹脂。

● 典型的な製品
外側表面には高い精度、内側表面には低い精度が必要とされる、複雑な形状の部材。このプロセスは、携帯電話の筐体やカメラ、車のパーツ、そして電気製品やコンピューターアクセサリーのラピッドプロトタイピングに用いられている。

● 同様の技法
通常のフライス盤加工（26ページ）および鋳込手法。その他のプロトタイピングのテクニックとしては、ステレオリソグラフィ（SLA、250ページ）などがある。

● 持続可能性
部材の型成形と形状作成、そしてマシニング加工が1つのプロセスで行われるため、さまざまなレベルで驚くべきエネルギー効率が達成される。使用される機械の数が減るため、エネルギー消費量は劇的に削減され、また製造拠点間の部材の輸送に伴う排出量も減少する。フライス盤加工される表面の変更は、型全体の作り直しや試作を必要とせず即座に可能であり、材料の使用量が大幅に削減できる。

● さらに詳しい情報
www.fraunhofer.de

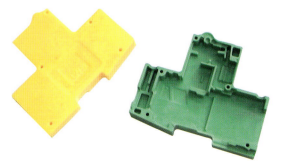

製品	サンプル部材
材料	ポリマー樹脂
製造業者	フラウンホーファー研究所
製造国	ドイツ
製造年	2004

これらのサンプル部材（上面と下面の両方が示されている）は、CADでマシニング加工されたディテールの例を示している。表面の切削線と、鋳込まれた平らな面が見て取れる。

複雑
Complex

複雑な形状と表面を持つ部材

ここで取り上げるプロセスは、「塑性状態成形」と形容できるだろう。型成形の際、材料は柔らかくて加工しやすく、そして多くの場合は高温の状態にあるからだ。私たちの身の周りに安価な型成形プラスチック製品が爆発的に増えた背景には、こうした製造手法の発展がある。しかし、低い単価で複雑な形状を実現できる反面、成形型へ高額の投資が必要となることも事実だ。この章では、プラスチックの射出成形や金属のダイカストなど、高ボリューム大量生産向けに確立された手法を多く取り上げる。また、複雑な形状に材料を追加して仕上げる手法についても検討する。

射出成形
Injection Moulding

水インジェクション射出成形（water injection technology、WIT）を含む

射出成形は、すべてのプラスチック加工テクニックの母なのだろうか？我々がプラスチックを変形して、さまざまな包装材やおもちゃ、そして電気製品のケースを作ることができているのは、このプロセスのおかげだ。フランスの哲学者ロラン・バルトが彼の著書『現代社会の神話』（1957年）で次のように書いているのは、射出成型のことだったのかもしれない。「細長い管状をした理想の機械（製作工程の秘密を示すのに格好のかたちだ）が、山積みされている緑色がかった水晶から、溝のあるつやつや光る小物入れを、何の苦もなく作り出すのだ。一方は、大地からとれた生の原料で、他方は人間による人工物。それらの両端のあいだには何もない。半分は神で、半分はロボットのような、ヘルメットをかぶった従業員が、かろうじて監視している工程のほかは何もないのだ。」（下澤和義訳『現代社会の神話―1957（ロラン・バルト著作集 3）』みすず書房刊より引用）

このプロセスには原料としてプラスチックのペレットが用いられ、ペレットはホッパーからシリンダーへ供給されて加熱される。シリンダー内のスクリューがプラスチックをゆっくりと溶かしながら運び、最終的に一連のゲートやランナーから高い圧力を掛けて押し出されたポリマーが、水によって冷却された鋼鉄製の型へ注入される。圧力のかかった状態で部材が固化すると、完成品がピンによって型から取り出される。

水インジェクション射出成形（WIT）あるいは水アシスト射出成形は比較的新しい技術

製品	BIC® Cristal® ボールペン
デザイナー	Marcel Bich
材料	ポリスチレン（軸）、ポリプロピレン（キャップとプラグ）
製造業者	BIC
製造国	フランス
製造年	1950

毎日何百万本ものBIC® Cristal®ボールペンが、世界中で販売されている。この偶像的なボールペンの部品は、インクカートリッジとペン先以外はすべて射出成形を用いて製造されている。

動的加熱（dynamic heating）は、局所的に急速な加熱と冷却を行うことにより、型成形プロセス中のプラスチックをはるかに精密にコントロールできるツールの加熱手法だ。このRoctoolのサンプルに見られるように、非常に精細な顕微鏡レベルのホログラフィックパターンが表面に形成できる。

であり、通常の射出成形やガス利用射出成形（205ページ参照）に対していくつかの利点がある。これにはいくつかの変種があり、水の噴射を利用してメルト（ポリマー）を型へ押し込んだり、あるいは水の噴射によってポリマーを外側（型の内壁）へ向かって押し付けて中空の部材を作ったりする。水を使うことによって、ガス利用射出成形にまつわるいくつかの問題（プラスチックへのガスの移行など）が解消する。さらに、水は圧縮されないためガスよりもはるかに大きな圧力を掛けることができ、最終製品の複雑さと仕上がりに関して有利に働く。また水には冷却作用があるため、より高速なサイクルタイムが実現できる。

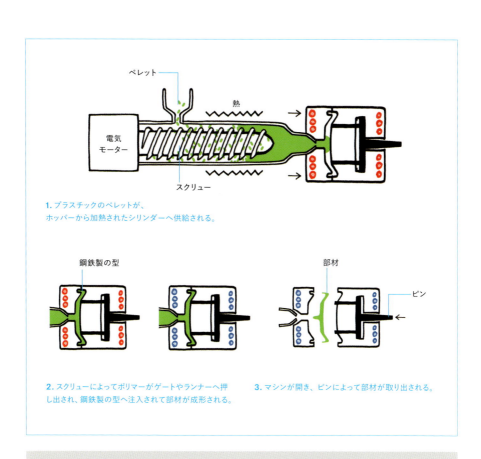

1. プラスチックのペレットが、ホッパーから加熱されたシリンダーへ供給される。

2. スクリューによってポリマーがゲートやランナーへ押し出され、鋼鉄製の型へ注入されて部材が成形される。

3. マシンが開き、ピンによって部材が取り出される。

長所	+ さまざまな形状を型成形できるという点で、非常に汎用的。
	+ 高度に自動化された製造工程。
	+ 部材の経済性が高い。
短所	− かなりの投資と高い生産量が必要とされる。
	− リードタイムは長くなる可能性がある。

Information

● 製造ボリューム

小規模な射出成形製造業者では、5,000個以下の単純な部材を製造してくれるところもある。しかし、一般的に受け入れられる最低数量は10,000個だ。

● 単価と設備投資

単価は非常に低いが、その反面、数万ポンドにも及ぶ高額な成形型の費用が必要となる。

● スピード

サイクルタイムは材料の種類や肉厚、そして部材のジオメトリによって異なる。例えば、単純なびんのふたなら最速でサイクルタイムは5秒から10秒となる。より複雑な部材では、30秒から40秒が一般的なスピードだ。

● 面肌

これは鋼鉄製の金型によって決まり、放電加工状のものから強い光沢までの可能性がある。取り出し用のピンによって小さな円形のへこみが生じるため、これを金型のどこに配置するかを部材の設計時に検討する必要がある。また分割型の合わせ目に現れる分割線も、考慮する必要がある。

● 形状の種類・複雑さ

製造ボリュームが特に大きい場合には、射出成形を使って非常に複雑な部材が成形できる。しかし、アンダーカットや肉厚の変化、インサートやねじ山などを作り込もうとすると、成形型の費用が大幅に上昇する。一般的には、射出成形は薄肉断面に適している。

● スケール

微小射出成形は特殊な領域であり、一部の製造業者は1mm（½₅インチ）にも満たないサイズの部材に特化している。ガーデンチェアなどの大型の製品では、ガス利用射出成形（205ページ）を検討する価値がある。また厚い肉厚が必要な場合には、反応射出成形（RIM、203ページ）を試してみよう。

● 寸法精度

±0.1mm（½₅₀インチ）。

● 関連する材料

主に熱可塑性プラスチックが用いられるが、熱硬化性樹脂やエラストマーも利用可能。

● 典型的な製品

お菓子の包装（例えばtic tacs™の箱）から医療用インプラントまで、射出成形はあまりにも広範囲に利用されているため、「典型的」な製品を挙げるのは難しい。

● 同様の技法

金属に用いられる類似のプロセスは、金属射出成形（MIM、220ページ）や高圧ダイカスト（223ページ）。

● 持続可能性

このプロセスでは、材料とエネルギーの消費が正確にコントロールされ、最適化される。水インジェクション技術はサイクルタイムがさらに高速であり、水を廃棄せずプロセスへ戻す閉ループサイクルを形成すれば、エネルギー効率を改善できる可能性がある。しかし、プラスチックの部材を高速かつ安価に大量生産できる射出成形は、製品の再利用に費用的なインセンティブをもたらさず、使い捨てを助長していると非難されることもある。また、加熱中の有害物質の放出や、エネルギーの大量消費による排出量の増加が槍玉に上がる可能性もある。

● さらに詳しい情報

www.bpf.co.uk

www.injection-molding-resource.org

反応射出成形（RIM）
Reaction Injection Moulding

R-RIMとS-RIMを含む

反応射出成形（RIM）は、構造的フォーム部材の製造に使われるプロセスだ。原料としてペレットを使う通常の射出成形（200ページ参照）とは異なり、RIMでは2種類の液状の熱硬化性樹脂を混合チャンバーへ供給する。次にこの樹脂がノズルを通って型へ注入されると、発熱性の化学反応が起こり、フォームコアを覆う平滑な被膜が自己形成される。RIMを使って製造される部材は、樹脂の配合によって柔らかいフォームにも、ソリッドで剛性の高い部材にもできる。

強化材として長短の繊維を液状の樹脂に混ぜ込めば、複合材料が製造できる。この製造形態は、強化反応射出成形（R-RIM）と構造反応射出成形（S-RIM）の2つのカテゴリーに大別される。

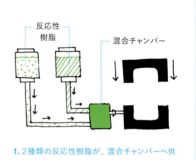

1. 2種類の反応性樹脂が、混合チャンバーへ供給される。

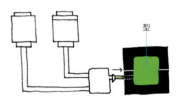

2. このチャンバーから型へ樹脂が注入されると、発熱性の化学反応が起こり、フォームコアを覆う平滑な被膜が形成されて完成品となる。

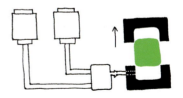

3. 硬化した部材が型から取り出される。

Information

● 製造ボリューム
大量生産向きだが、安価で強度の低い型が利用できるため、少量生産も現実的。

● 単価と設備投資
通常の射出成形（200ページ参照）と比較して、低圧で成形型の費用の低いプロセスだ。しかし初期費用は高額となるため、経済性を高めるためには多数の製品を製造する必要がある。

● スピード
通常の射出成形とは異なり、高速なプロセスではない。サイクルタイムはかなり長く、部材のサイズと複雑さによっては、1個あたり秒単位ではなく分単位の時間がかかる場合もある。

● 面肌
このプロセスを利用して製造されるフォームは「自己被膜」を生じるため、フォームコアを持ちながら、通常の射出成形に近い品質の硬い皮膜を形成することも可能。

● 形状の種類・複雑さ
大型で複雑、ソリッドな形状が可能。また、同一の部材に変化する肉厚を作り込むこともできる。RIM部材の典型的な肉厚は、8mm（⅜インチ）という厚さになる。

● スケール
長さ2m（6½フィート）までの大型の部材に適している。

● 寸法精度
高精度。

● 関連する材料
RIMは、稠密なポリウレタンフォームを成形するために使われることが多い。他によく使われる材料としては、フェノール樹脂、ナイロン6、ポリエステルやエポキシなどが挙げられる。

● 典型的な製品
RIMを用いて製造される大型のフォーム成形品（硬いものも柔らかいものも）は、車のバンパーやトリム、産業用パレット、大型電気製品のケース、そして冷蔵庫のドアパネルなどの製品に使われている。

● 同様の技法
射出成形（200ページ）およびトランスファー成形（180ページ）。また、ガス利用射出成形（205ページ）も複雑で大型の軽量な部材を作れるが、フォームには適していない。

● 持続可能性
フォームの発泡性により、優秀な強度を保ちながら収縮によく抵抗する、空間が多くを占める構造が作り出されるため、材料の使用量は通常の射出成形よりもかなり少なくなる。さらに、加熱温度もかなり低いため、エネルギー消費量と排出量も削減される。欠点としては、通常の射出成形よりもサイクルタイムが遅いためエネルギーの利用効率が低くなることが挙げられる。しかし、材料はリサイクルできない。

● さらに詳しい情報
www.pmahome.org
www.rimmolding.com

長所	+	同一の部材に変化する肉厚を作り込むことができる。
	+	このプロセスで要求される圧力と温度は共に低いため、他のプラスチック大量生産手法と比較して成形型のコストが抑えられる。
	+	強度対重量比の高い部材が製造できる。
	+	大型の部材の製造に適している。
短所	−	小型の部材には、複数キャビティ金型が必要。

ガス利用射出成形
Gas-Assisted Injection Moulding

通常の射出成形では、熱可塑性プラスチックを加熱して金型へ注入する（200ページ参照）。金型の中のチャネルが、プラスチック部材を金型から取り出すまで冷却する役割をする。冷却されている間に部材は収縮して金型の内壁との間にすき間ができるため、これを埋め合わせるため、さらに材料が金型へ注入される。この手法は広く用いられているが、プラスチックがまだ溶融しているうちにガス（通常は窒素）を金型キャビティへ注入する方法もある。ガスの内圧が部材を膨らませて収縮に対抗し、固化するまで金型の内壁との接触が保たれるため、中空のセクションやキャビティを持つ部材が作り出される。

ガス利用射出成形には、内部成形と外部成形の2種類がある。最も広く使われているのは内部成形で、外部成形はより精細な部材や広い表面積が必要とされる場合に用いられる。これは、プラスチックの表面とそれに隣接する金型キャビティとの間に非常に薄いガスの層を注入することによって行われる。

このプロセスによって重量の削減が可能となるため、これを利用してイタリアの製造業者Magisは大型プラスチック製品のデザイン原則を革新する家具のシリーズを製造している。ホームセンターでよく見かける低廉なガーデンチェアは通常の射出成形によって製造されたもので、断面が薄く強固な構造をしている。対照的に、Jasper Morrisonによってデザインされた Magis シリーズはソリッドに見えるが、実は内部が空洞になっている。

製品	**Air-Chair**
デザイナー	Jasper Morrison
材料	ポリプロピレンとガラス強化繊維
製造業者	Magis
製造国	イタリア
製造年	1999

この積み重ね可能なチェアは、頑丈でかなりの重さに耐えられるが、軽量で中空構造をしており、経済的だ。これらの特長はすべて、ガス利用射出成形の利用によるものだ。

Information

● 製造ボリューム
大量生産にのみ適している。

● 単価と設備投資
通常の射出成形（200ページ参照）と同様に、単価が低い反面、投資額は高い。

● スピード
通常の射出成形と比較して、材料が一度だけ注入されて急速に冷却されるため、サイクルタイムは短くなる。

● 面肌
この形態の射出成型の重要な利点のひとつは、優れた仕上がりだ。通常の射出成形では、型内部の流動経路に沿って応力がかかるため、ひずみが生じてしまうことが多い。ガスによって圧力が均一に分散されるため、プラスチック内部の特定のポイントに応力がかからず、フローラインが発生しない。

● 形状の種類・複雑さ
射出成形は複雑な形状を製造するには最良の手法のひとつであり、ガス利用射出成形も例外ではない。成形型にかける費用と1個の型に含まれる部材の数にもよるが、かなり複雑な形状が実現できる。

● スケール
小型の電気製品のケースから、大型家具まで。

● 寸法精度
通常の射出成形よりも材料をよりよくコントロールできて収縮が少ないため、精度は高い。

● 関連する材料
耐衝撃性ポリスチレンやタルク配合ポリプロピレン、アクリロニトリルブタジエンスチレン（ABS）、硬質PVCやナイロンなどの大部分の熱可塑性プラスチック、そして複合材料。

● 典型的な製品
ほとんどすべての型成形部材はガス利用射出成形を用いて製造できる。外部ガス利用射出成形は、車のボディパネルや家具、冷蔵庫のドアや高品質のプラスチック製庭園家具など、表面積の広い部材に使われることが多い。

● 同様の技法
射出成形（200ページ）および反応射出成形（RIM、203ページ）。

● 持続可能性
ガス利用射出成形は中空で軽量な部材が製造できるため、材料の使用量を大幅に削減できる。サイクルタイムもはるかに高速であり、伝統的な射出成形と比較して大幅にエネルギー消費量を節約できる。また重量の削減は、製品の輸送中の燃料消費の低減にも有利に働く。

● さらに詳しい情報
www.magisdesign.com
www.gasinjection.com

長所	+	肉厚の変化する部材を製造できる。
	+	サイクルタイムが短縮される。
	+	重量が削減される。
	+	通常の射出成形（200ページ参照）よりもヒケが少ない。
	+	通常の射出成形よりもエネルギー消費量が15％少ない。
短所	−	ガスの取り扱いや圧力の調整、そして冷却など、パラメーターの数が増えるため、潜在的な問題へ事前の対処が必要で、経験と、かなり複雑な設備が必要とされることが多い。

MuCell® 射出成形
MuCell® Injection Moulding

製品	New Balance Minimus MR10WB2
デザイナー	Jasper Morrison
材料	エラストマー
製造業者	New Balance Design Studio
製造年	2013

このランニングシューズのビブラムソールにはMuCell®プロセスが用いられ、きわめて軽量なランニングシューズを実現している。

伝統的な射出成形テクニックは、携帯電話の
ケースから靴まで、あらゆるプラスチック部材
の大量生産に50年以上にわたって用いられて
きた。新しい複合材料の進化に合わせて、射
出成形も当然ながら進化してきた。MuCell®
は射出成形と押出成形の両方に適用できるプ
ロセスだが、微孔質（マイクロセルラー）フォー
ムという新しい材質を利用する。このプロセス
では平均して重量が10％削減され、型成形
のサイクルタイムは35％短縮される。

起泡剤を混入したポリマーが、非常に高い圧
力で型キャビティへ押し込まれる。ポリマー
がキャビティ全体に行き渡った後で、非常に
高温の窒素ガスが型へ注入され、液体と気体
の両方の性質を兼ね備えた状態となる。これ
は「臨界温度」と呼ばれ、ポリマーのふるまい
に大きく影響する。この温度を超えたガスは、
溶解したポリマーに溶け込んで行く。しかし、
型内部の圧力が低下し始めるとガスは再び状
態を変化させ、ポリマーから分離してその内
部に安定したセル構造を形成する。このセル
は顕微鏡的なサイズだが、非常に軽い重量で
ありながら驚くべき強度を発揮する。このよ

うにして、ポリマー混合物から微孔質（マイク
ロセルラー）フォームが形成される。

微孔質（マイクロセルラー）構造は安定してい
て一様であるため、型キャビティ内の応力は
均一に分散され、構造が一様でない通常のプ
ラスチックよりも収縮が小さくなる。型成形
された製品は、通常の型成形品よりも重量が
大幅に軽く、粘性が低くなる。また、フォー
ムは膨張力があるため、型の形状と寸法をよ
り忠実に再現したものになる。一様な構造を
持つ型成形製品は剛性に優れ、熱および電気
的絶縁性を示す。

このテクニックは日用品の型成形に適したも
のではなく、高い精度を要求されるエンジニ
アリングプラスチック部材向けにデザインさ
れたものだ。ポリマーとガスが同一のサイク
ルで注入される単一フェーズのプロセスであ
り、また材料の流動性が増大するため、より
薄い部材が製造できる可能がある。このプロ
セスで可能なスケールについて説明しておく
と、製造される部材の肉厚は3mm（⅛インチ）
以下が普通だ。

Information

● 製造ボリューム

このプロセスは、射出成形や押出成形と同様の大量生産に適用される。

● 単価と設備投資

伝統的な射出成形と比較して、サイクルタイムの短縮と材料使用量の削減のため、コストは大幅に低下する。しかし、このプロセスには、通常の射出成形に用いられるものよりもコストの高い、特殊な機材への投資が必要となる。

● スピード

製造業者によれば、通常の熱可塑性プラスチック射出成形と比較して、サイクルタイムが15%から35%改善するとのこと。

● 面肌

ガスを利用するため部材の平坦性が向上し、歪みのおそれも少ない。

● 形状の種類・複雑さ

このプロセスでは、通常の射出成形や押出成形よりも微細なディテールと薄い肉厚が作り込める。

● スケール

製造できる部材のサイズは、数グラム（1オンス未満）のラッチピンのサイズから、重量が数キログラム（数ポンド）の大型の自動車部品までが普通だ。MuCell®部材の典型的な肉厚は3mm（⅛インチ）未満であり、タルク配合ポリプロピレンでは2.5mm（1/10インチ）未満となる。

● 寸法精度

± 0.1mm（1/250インチ）。

● 関連する材料

さまざまな熱可塑性プラスチック。その中でもPAやPBT、PEEKおよびPETなどのエンジニアリングプラスチックがよい性能を示すことが知られている。グラスファイバーなどのフィラーを配合した材料は、さらに高性能を発揮する。

● 典型的な製品

現在のところ、このプロセスの重要な用途は自動車部品が大部分を占める。型成形部材の重量が削減できるためだ。電動工具のベースプレート向けにも利用されており、この種の用途に必要とされる平坦性を維持しながら、グラスファイバーを配合したナイロンで金属を置き換えることが可能となる。

● 同様の技法

ガス利用射出成形（205ページ）。

● 持続可能性

フォームの発泡性のため材料の消費量は大幅に削減され、またこれによって部材の重量は減少する。材料の粘性が低下するため、サイクルタイムが高速化されエネルギーの効率的な利用が可能となる。

● さらに詳しい情報

www.trexel.com

長所	+	型成形部材の重量が大幅に軽量化される。
	+	一様なセル構造のため、寸法の安定性が向上する。
	+	重量と粘性が減少するため、サイクルタイムが短縮される。
	+	冷却中に収縮が起こらない。
短所	−	製造業者の数が限られている。

インサート成形
Insert Moulding

インサート成形は多成分成形（二色成形とも呼ばれる）の一種で、さまざまなプラスチックを単一の製造プロセスで組み合わせる製造手法だ。インサート成形は、部品（金属やセラミック、プラスチックなどのさまざまな材料から製造される）をプラスチックの部材の中に挿入して強度を高める工程に適用される。この製造手法には主に射出成形（200ページ参照）が利用され、インサートを型に入れてからプラスチックが注入される。

射出成形を用いた多成分インサート成形には2つの形態が存在する。第1の手法はロータリートランスファーと呼ばれ、型を回転させながら2種類の材料を同一の型キャビティに注入する。第2の手法は一般的にロボットトランスファーと呼ばれ、まず部材を製造し、その後別の型に移して2番目の材料を追加する。インサート成形にはその他の形態もあり、射出成形の代わりに圧縮成形（178ページ）や接触圧成形（156ページ）、そして回転成形（141ページ）を使うこともある。

製品	**Stanley DynaGrip Pro** ドライバー
デザイナー	Stanley 社内デザイン
材料	ハンドルの第1の層はナイロン、次の2層は異なる色のポリプロピレン、最後に熱可塑性エラストマー（TPE）のグリップという4層で構成されている
製造業者	Stanley Tools
製造国	英国
製造年	1998

このドライバーは、金属軸の上に4層のプラスチックが型成形されている。最初の赤い層はハンドルの端に見える。光沢のある黒い領域が第2の層だ。黄色のグラフィックが第3層。最後の層が黒いグリップとなっている。

Information

● **製造ボリューム**

通常は100,000個を超える大量生産向けのプロセス。

● **単価と設備投資**

異なる材料を手作業で組み立てることに比較すれば、経済的なプロセスだ。

● **スピード**

製品によって異なる。肉厚の薄い製品は非常に早く冷却できるが、プラスチックの種類と全体的な部材のデザインも重要な要素だ。

● **面肌**

用いられる型成形プロセスによるが、射出成形（200ページ参照）と同程度。しかしインサート成形では、例えば歯ブラシのハンドルにグリップを追加するなど、表面材料を利用して仕上がりを改善できる。

● **形状の種類・複雑さ**

この種類のインサート成形は射出成形を基本としているため、同じ可能性と制約があてはまる。しかしインサートそのものの形状によっても、実現可能な形状は制約される。

● **スケール**

用いられる射出成形の種類によって、大幅に異なるサイズの製品が実現できる。

● **寸法精度**

射出成形では公差 ± 0.1mm（½₅₀インチ）が達成できるため、精度は非常に高くできる。

● **関連する材料**

熱可塑性プラスチックや熱硬化性ポリマーを含め、任意の材料の組み合わせが可能。材料の組み合わせによって、層の間の化学的な結合性は異なる。しかし、例えば熱硬化性樹脂と熱可塑性プラスチックエラストマー（TPE）の間では、化学的な結合は得られないのが普通だ。

● **典型的な製品**

異なる材料を組み合わせることによって得られる重要な特長のひとつは、ひとつの部材に複数の機能が実現できることだ。例えば、組み立てコストを増大させずに、可動ジョイントを実現したり、柔軟だが強度のあるコアに装飾を施したりすることができる。このプロセスによって製造される典型的な製品の例としては、歯ブラシ、ドライバー、カミソリ、そして（例えば、ゴム製のグリップ付きの電動工具の）ハウジングなどが挙げられる。

● **同様の技法**

加飾成形（216ページ）。

● **持続可能性**

このプロセスではいくつかの製造工程の必要をなくすことができ、またそれに伴うエネルギーの使用量も削減できるし、すべてを単一拠点での単一工程に集約すれば、輸送手段やエネルギーが最も効率的に利用できる。しかし、2種類以上の材料を組み合わせた場合、再加工前に分離が必要となるため、リサイクルは困難となる。

● **さらに詳しい情報**

www.bpf.co.uk

ロボットトランスファー技法

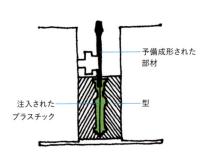

1. 予備成形された部材（この例ではドライバーの金属シャフト）のまわりにプラスチックが注入される。

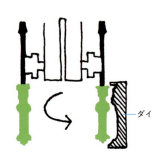

2. 型成形されたプラスチック部材が（シャフトと共に）ロボットアームによって取り出され、別のダイへ移される。

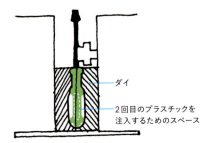

3. ここで、元の型成形品のまわりに2回目のプラスチックが注入される。このプロセスは必要な回数だけ繰り返され、必要な数の材料の層が形成される。

4. 完成した部材が型から取り出される。

長所	+ さまざまな物理的特性や触感を、ひとつの部材に組み合わせることができる。
	+ 組み立てに必要な労務費が削減できる。
	+ さまざまな機能を付け加えることができる。
短所	− 成形型のコストが高い。
	− さまざまな材料を組み合わせる方法や、ひとつの材料の上に別の材料を重ねることによる収縮や応力など、それに伴うデザイン上の考慮点に関して、高度な知識が必要とされる。

マルチショット射出成形
Multi-Shot Injection Moulding

製品	園芸用剪定ばさみ
材料	熱可塑性プラスチックエラストマー（TPE）のグリップ、ポリプロピレンのハンドル、鋼鉄製の刃
製造業者	Fiskars
製造国	フィンランド

この剪定ばさみを分解すると、黒いポリプロピレン製のハンドルに灰色のTPEが射出成形された様子がわかる。

部材がひとつひとつ個別の部品として製造される伝統的な射出成形とは対照的に、マルチショット射出成形では1サイクルで複数の部品を型成形して組み立てられるため、1回の稼働で完成品を作り上げることができる。このプロセスでは、同一の型成形サイクルでキャップやハンドルやヒンジなどの可動部品を作成することさえ可能だ。一般的に言って、複数部品から構成される製品の製造は各部品を別々に（多くの場合には異なる場所で）型成形した上で完成品を手作業で組み立てる必要があるため、プロセスが長期にわたる可能性がある。マルチショット射出成形では、これらの二次加工をすべて削減して1つの工程にまとめることによって、製造工程がはるかに簡略化され、リードタイムと費用が大幅に削減できる。

とは言え、プロセスを最大限に活用するためには多大な準備作業が必要だ。材料の組み合わせが互いにどんな影響を与えるか、どんな種類の機械を使うべきかなど、すべての側面を検討する必要がある。機械加工には柔軟性があるため、型成形プロセスのデザインは非常にクリエイティブな仕事だ。ひとつの正解があるわけではなく、デザイナーは部品の製造にいくつかの異なる方法を試す必要がある。ある手法ではコストが節約できるが、別の手法では柔軟に部品がデザインできる、といったこともあるかもしれない。

マルチショット射出成形マシンは自動化されており、コンピューターでコントロールされ部材を型キャビティから別の型キャビティへ移動するロボットアームが利用される。

長所	+	製造時間が短縮できる。
	+	単価が削減できる。
	+	複数の部品から構成される部材が1サイクルで製造できる。
	+	4種類までの異なる材料を、1サイクルで型成形できる。
	+	プロセスの中で、グラフィックスやテキスト、そしてグリップなど、さまざまな機能や装飾を付け加えることができる。
短所	−	十分な製造計画が必要とされる。
	−	製造に適したデザインとするために、元のデザインに何らかの変更が必要となることが多い。
	−	ロボットには複雑な部材の持ち上げや装着が難しい場合があり、成形品が滑り落ちたり誤装着されたりするおそれがある。

Information

● 製造ボリューム

小規模な射出成形製造業者では、5,000個以下の単純な部材を製造してくれるところもある。しかし、一般的に受け入れられる最低数量は10,000個だ。

● 単価と設備投資

機械設備やデザイン計画への投資は高額となる。しかし、保管や組み立てのコスト、部材の輸送、そして材料の使用量が削減できるため、全体的なコストは伝統的なテクニックに比較して低い。

● 面肌

これは鋼鉄製の金型によって決まり、放電加工状のものから強い光沢までの可能性がある。取り出し用のピンによって小さな円形のへこみが生じるため、これを金型のどこに配置するかを部材の設計時に検討する必要がある。また分割型の合わせ目に現れる分割線も、考慮する必要がある。

● 形状の種類・複雑さ

製造ボリュームが特に大きい場合には、マルチショット射出成形を使って非常に複雑な部材が成形できる。しかし、アンダーカットや肉厚の変化、インサートやねじ山などを作り込もうとすると、成形型の費用が大幅に上昇する。

● スケール

微小射出成形は特殊な領域であり、一部の製造業者は1mmにも満たないサイズの部材に特化している。ガーデンチェアなどの大型の製品に

はガス利用射出成形を、また厚い肉厚が必要な場合には反応射出成形（RIM）を検討する価値がある。

● 寸法精度

± 0.1mm（¹⁄₂₅₀インチ）。

● 関連する材料

このプロセスは熱可塑性プラスチックのファミリーに適しているが、それらをひとつの部材に組み合わせる際にはさまざまな種類の互換性に配慮する必要がある。

● 典型的な製品

医療用およびヘルスケア製品、自動車、通信、エレクトロニクス、日用品、化粧品など。

● 同様の技法

異なる材料を組み合わせる他の手法としては、積層加飾成形（218ページ）、インサート成形（210ページ）、加飾成形（216ページ）を参照。

● 持続可能性

すべての部品が1つのプロセスで製造されるため、エネルギーは非常に効率的に利用され、製造拠点間での輸送が削減できる。しかし、複数材料を用いた部材の材料を分離することは非常に困難であり、これがリサイクルには問題となる。したがって、材料の種類の数を減らすように検討すべきである。

● さらに詳しい情報

www.mgstech.com
www.fiskars.com

加飾成形
In-Mould Decoration

製品	デモ用のサンプル
デザイナー	不明
材料	PET
製造業者	Kurz
製造国	ドイツ
製造年	不明

これらのサンプルは、加飾成形で製造可能なパターンを示している。

加飾という名前からわかるように、加飾成形は製造手法そのものではなく、射出成形されたプラスチックの部材の表面を装飾するための経済的な手法として開発された。加飾成形を使えば、別個の後工程として部材に直接印刷を行う必要がなくなる。この製造テクニックは電子機器の市場の成長とともに重要さを増しており、キーパッドのグラフィックスや製品のブランディング、そしてポータブルな個人向け商品の個性化などへの利用が増えている。

このプロセスは、まず「フォイル」と呼ばれるポリカーボネートまたはポリエステルのフィルムへグラフィックを印刷することから始まる。型成形される部材の形状によって、フォイルはリボン状にして型へ供給されるか、またはカーブのある部材の場合には切り離されて個別に挿入される。このプロセスは複雑なカーブのある形状にも適しているが、この場合にはフォイルを型へ挿入する前に、型に合わせて成形しなくてはならない。

加飾成形は、部材のスプレー塗装や型成形による着色の代替手段としても利用できる。材料の異なる成形品など、正確な色合わせが難しい場合でも、複数の製品に統一感のある色付けが可能だ。

1. 通常はPCまたはPETプラスチックフィルムで作られた、「フォイル」と呼ばれる装飾済みの平面シートが射出成型ツールの背面に挿入される。湾曲したシートも利用できるが、通常は熱成形によって、予備成形しておく必要がある。

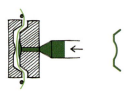

2. 続いてプラスチックがツールに射出され、フィルムが積層されてプラスチック部材が完成する。

Information

● 製造ボリューム
大量生産に適している。

● 単価と設備投資
加飾成形は、別個のプロセスとして部材に塗装やスプレーを行う場合に比べて、非常に費用対効果が高い。

● スピード
ご想像どおり、フィルムの挿入によって全体のサイクルタイムにわずかな悪影響が生じるが、この工程は自動化できるし、例えば塗装など別の手段によって部材を装飾するためにかかる時間と比較して検討すべきだ。

● 面肌
異なる種類のフィルムを利用して、機能的なものや装飾的なものなど、さまざま仕上げを行うことができる。

● 形状の種類・複雑さ
加飾成形は、単純な形状にも、複雑に入り組んだカーブを持つ部材にも利用できる。

● スケール
射出成形（200ページ参照）と同程度。非常に小さな部材を作ることもできるが、形状は非常に単純でなくてはならない。

● 寸法精度
該当しない。

● 関連する材料
ポリカーボネート、アクリルニトリルブタジエンスチレン（ABS）、ポリメチルメタクリレート（PMMA）、ポリスチレンおよびポリプロピレン。

● 典型的な製品
適用可能なフォイルで最も興味深い（ただし目には見えない）もののひとつは、一種の「自己修復性」被膜を形成するものだ。この保護層は、携帯電話のケースなどハンドヘルド型の製品の光沢を保ち、傷から守ってくれる。それ以外に利用されている製品を少しだけ挙げると、携帯電話の装飾用カバー、ダッシュボード、デジタル時計、キーパッド、そして自動車のトリムなどがある。

● 同様の技法
積層加飾成形（218ページ）は同様の手法だが、フォイルではなく材料を型成形品に付け加えるものだ。昇華被膜（sublimation coating）はもうひとつの代替手法だが、型成形の後処理として適用され、ナイロンなどのエンジニアリングポリマーに特に適している。

● 持続可能性
製造時に装飾を付け加えることによって、追加的なマシニング加工や電力消費や輸送が削減されるため、エネルギー消費量は大幅に低下する。さらに、装飾フィルムは材料表面の強化と保護の役目もするため、製品の寿命が向上する。

● さらに詳しい情報
www.kurz.de

長所	+ 再仕上げ加工の必要なく部材をカスタマイズでき、消費者による差異化を提供できる費用対効果の高い手法。
	+ 実質的にどんな色や画像でも、さらには表面のテクスチャーに至るまで、被膜として追加できる。
	+ 低い生産量にも高い生産量にも、どちらにも同様に適している。
	+ フィルムは、表面を傷や化学薬品、そして摩耗から保護するためにも使える。
短所	− フィルムやフォイルを収容するために型が複雑となり、型成形の費用が増大する。

積層加飾成形
Over-Mould Decoration

積層加飾成形は実際には製造手法そのものではなく、標準的な射出成形（200ページ参照）の延長線上にあり、2工程のプロセスの一部として用いられる。特に注目すべき点は、型成形されたプラスチックを異なる材料で覆うことによって、プラスチック製の部材に手工芸的な性質を付与できることだ。

例えば、携帯電話のケースを見てその表面が布地で覆われていることに気付き、面白い組み合わせだと思ったり、プラスチック成形品に手作業で布地を固定するまったく新しいプロセスについて想像したりするかもしれない。現実にそんなことをすれば、あまりに労働集約的で費用が掛かりすぎてしまうだろう。ダウケミカルの子会社であるInclosia Solutionsは、型成形プロセスそのものの中でさまざまな材料をプラスチックと組み合わせ、後仕上げの必要をなくすための技術を開発している。

このような製造手法の利点は、プラスチック成型製品の既成概念に挑戦する、まったく新しい材料と表面と仕上がりがデザイナーに提供されることだ。のっぺりとしたプラスチック皮膜で電子機器全体を覆う代わりに、布地に近い、あるいは木工品に類似した、ぬくもりのある風合いを持たせることができる。

製品	携帯電話カバー
デザイナー	不明
材料	Alcantara®
製造業者	Samsung
製造国	韓国
製造年	不明

プラスチックの基質にプレミアム不織布を積層加飾成形したこの例のように、消費者向け電子機器に布地が使われる傾向が強まっている。

Information

● 製造ボリューム

大量生産向けのプロセス。

● 単価と設備投資

部材の単価は標準的な射出成形（200ページ参照）よりも高い。成形型の費用は、二次材料を導入する必要があるため、高額となる。

● スピード

これは予備成形された部材を材料で覆って型成形する2段階プロセスであるため、同様の手法である多成分（二色）成形よりも速度は遅い。

● 面肌

最も重要な特徴は、二次的な「スキン」がプラスチック成形品に与えられるため、外皮に選んだ材料によって面肌が決まるという点だ。

● 形状の種類・複雑さ

二次的な材料のため、積層加飾成形は平坦な表面や深絞りされた表面に最適。

● スケール

標準的な最大サイズは、約300×300mm（12×12インチ）。

● 寸法精度

さまざまな材料の収縮に左右される。

● 関連する材料

積層加飾成形には、アルミニウムのシート、皮革、布地、そして木材のベニヤ薄板など、さまざまな薄い材料を使うことができる。

● 典型的な製品

積層加飾成形は、携帯電話、PDA、そしてラップトップコンピューターなど、個人向けモバイル技術に分類される製品に用いられている。

● 同様の技法

加飾成形（216ページ）およびインサート成形（210ページ）。

● 持続可能性

積層加飾成形には成形された製品を装飾するための追加的な加工工程が必要となるため、当然のことながらエネルギーの消費量は増大する。しかし、表面の装飾性が向上することによって価値認識が増大するため、製品の寿命の延長に役立つ可能性がある。複数材料を用いたあらゆる部材と同様に、材料を分離する必要があるためリサイクルには問題が多い。

● さらに詳しい情報

www.dow.com/inclosia

長所	+	二次的な柔らかい（または装飾的な）材料でプラスチック成形部材の表面を覆う自動化された手法。
	+	手作業による組み立てに代わる、費用対効果の高い方法。
	+	大部分のエンジニアリング熱可塑性プラスチックおよびエラストマーと互換性がある。
短所	−	積層加飾成形によって表面に装飾が施せるという利点はあるが、2工程のプロセスであり、単価が増大する。
	−	未試験の材料を使うには、試行錯誤が必要となる可能性がある。

金属射出成形（MIM）
Metal Injection Moulding

プラスチックに用いられる通常の射出成形（200ページ参照）の変種である金属射出成形（MIM）は、工具鋼やステンレス鋼など、高圧ダイカスト（223ページ参照）に適さない高融点の金属で複雑な形状を大量に製造するための、比較的新しい手法だ。このプロセスは、原材料として用いられる金属粉（非常に細かい必要がある）の適合性に制約がある。

金属に結合剤を添加する必要があるため、MIMにはプラスチックの射出成形よりも多くのプロセスが必要となる。この技術を利用しているさまざまな会社は、それぞれ独自の結合剤システムを利用している。コンパウンドの50％を占めることもある結合剤は、ワックスや各種のプラスチックなど、さまざまな材料から作られるのが普通だ。結合剤は金属粉と混ぜ合わされて、成形コンパウンドとなる。形状が型成形された後、結合剤は必要なくなるので金属粒子から取り除かれる。残ったものが焼結され（172ページ参照）、これによって部材は約20％収縮する。

製品	エンジニアリング部材（ペン先は大きさの比較のため）
材料	低合金鋼およびステンレス鋼
製造業者	Metal Injection Mouldings Ltd.（PI Castingsの子会社）
製造国	英国
製造年	英国では1989年に初めて製造された

この小型で複雑なエンジニアリング部材の数々は、MIMを用いて作られる製品の典型的な種類を示している。この手法によって、鋳造による成形が困難な高融点の金属から、精密でソリッドな金属製品を作り出すことが可能となった。これらの部材の強度や硬度は、他の方法で製造された金属製品と比較して優れている。

Information

● 製造ボリューム

セットアップと成形型の費用を正当化するには、最低10,000個の大量生産が必要とされる。

● 単価と設備投資

資本投資は高額だが、単価は非常に低い。

● スピード

材料の注入については標準的なプラスチックの射出成形（200ページ参照）と同様だが、焼結と結合剤の除去のためプロセスにかかる時間と費用は増大する。

● 面肌

このプロセスで得られる部材の表面の仕上がりは優秀であり、また細かいディテールを作り込むこともできる。

● 形状の種類・複雑さ

標準的なプラスチック射出成形と同様に、きわめて複雑な形状が可能。複数のキャビティを持つ成形型の使用によって、複雑さを高めることもできる。

● スケール

現在のところMIMで製造できるのは、大規模な製品に用いられる小型のパーツのみ。

● 寸法精度

MIMプロセスでは、±0.10mm（½50インチ）の一般公差が達成できる。

● 関連する材料

MIMは、さまざまな表面仕上げの複雑な部材を大量生産する際に経済的だ。青銅、ステンレス鋼、低合金鋼、工具鋼、磁性合金および低熱膨張率合金など、幅広い金属に適用できる。

● 典型的な製品

外科手術および歯科用具、コンピューター部品、自動車部品、電子機器や消費者向け製品（携帯電話、ラップトップ、PDAなど）のケース。

● 同様の技法

製造量と実現可能な形状の複雑さの点では金属のダイカスト（223ページ）がMIMに最も近いが、これらのプロセスの重要な相違点は、MIMでは低合金鋼やステンレス鋼などの高融点金属を取り扱えることだ。

● 持続可能性

追加的な処理と加熱サイクルのため、通常のプラスチック射出成形と比較してエネルギー消費量は大幅に増加する。鋳造や金属のマシニング加工と比較すると、実質的に余分な材料やスクラップが発生しないため、廃棄物を減らし、二次加工によるエネルギーの消費を抑えることができる。高融点という材料の性質により、リサイクルできる可能性は低い。

● さらに詳しい情報

www.mimparts.com
www.pi-castings.co.uk
www.mpif.org

長所	+ 高温合金の成形に利用できる。
	+ 複雑な形状が成形できる。
	+ 数量が多ければ費用対効果が高い。
	+ 後仕上げを必要としない。
	+ 部材は良好な強度を示す。
短所	− 全体的な部材のサイズが小さい。
	− 標準的なプラスチックの射出成形（200ページ参照）と比較して、MIMを提供できる製造業者の数は限られる。

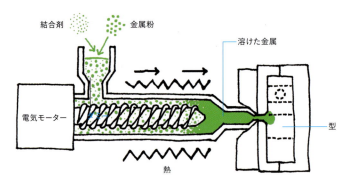

1. 結合剤と金属粉が混合されて、成形コンパウンドとなる。これが射出成形マシンに供給され、「未焼成」の部材となる。

2. 形状が型成形された後、結合剤が金属粒子から除去されて廃棄される。この工程は、製造業者によってさまざまな方法で行われる。

3. 残った部材を焼結して、金属粒子を融合させる。これによって部材は約20%収縮する。

高圧ダイカスト
High-Pressure Die-Casting

製品	Matchbox ロータス・ヨーロッパ
材料	亜鉛
製造業者	Matchbox
製造国	英国
製造年	1969

ダイカスト金属製のおもちゃは、多くの人にとって子供時代を思い出させるものだ。筆者の息子のミニカーの裏側にはっきりと見える文字が、精密で複雑なディテールが作り出せるダイカストの能力をよく表している。

高圧ダイカストは、複雑な形状の金属部材を最も経済的に製造できる手法のひとつだ。複雑な部材を大量に製造したいのなら、このプロセスを使うのがよいだろう。その意味では金属射出成形（MIM、212ページ参照）に似ているが、MIMに対する主な利点としては、低融点の金属に適していて焼結の必要がないことが挙げられる。

このプロセスでは、溶けた金属がリザーバに注ぎ込まれ、その液体がプランジャーによって、高い圧力でダイキャビティへ押し込まれる。この圧力は金属が固化するまで維持され、その後小さな取り出しピンによって部材はダイから押し出される。射出成形（200ページ参照）と同様に、ダイカスト成形用のダイは2分割できるようになっている。

Information

● 製造ボリューム
高圧ダイカストは、大量生産専用の手法だ。

● 単価と設備投資
経済的な単価を実現するためには、非常に複雑な部材を大量生産することが必要とされる。それによって、（溶融金属の高圧反復注入に耐える設計が必要とされるため）高価な金型の相対費用が引き下げられる。

● スピード
高速だが、別プロセスでバリを除去するための時間がかかる。

● 面肌
素晴らしい。

● 形状の種類・複雑さ
複雑で開断面の部材を金属で製造するのに適しており、特に薄肉断面には最適。インベストメント鋳造（228ページ参照）とは異なり、高圧ダイカストには抜き勾配が必要。

● スケール
アルミニウム部材の場合、最大重量は約45kg（100ポンド）まで。

● 寸法精度
精度のレベルはかなり高いが、収縮が問題となる場合もある。

● 関連する材料
アルミニウムや亜鉛など低融点の金属が、最も普通に用いられる。その他の材料としては、真ちゅうやマグネシウム合金などがある。

● 典型的な製品
PCやカメラ、DVDプレイヤーなどさまざまな電子機器のシャーシ、家具の部材、そしてひげそり用カミソリのハンドルなど。

● 同様の技法
インベストメント鋳造（228ページ）と砂型鋳造（232ページ）は、大型の部材を鋳造できて必要とされる資本投資額も少ないが、より高い精度を要求される。重力ダイカスト（gravity die-casting）はずっと古くからあるプロセスで、高圧ダイカストよりもはるかに小規模な生産に用いられる。

● 持続可能性
高圧ダイカストに用いられる金属は低融点であるため、MIMなど他のプロセスよりも低い温度と高速なサイクルが可能となり、消費されるエネルギーや排出量は少なくなる。しかし、鋳造後には余分なバリの部分の材料を取り除く必要があるため、その分だけエネルギーの消費量と廃棄物は増大する。製品を使い終わった後には、回収してリサイクルすることによってバージン金属の使用量を削減できる。

● さらに詳しい情報
www.diecasting.org

6. Complex

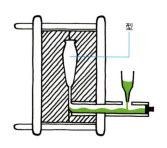

型

1. 溶けた金属がリザーバへ注ぎ込まれる。

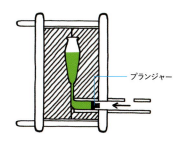

プランジャー

2. プランジャーによって液体が高い圧力でダイキャビティへ押し込まれる。

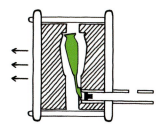

3. この圧力は金属が固化するまで維持され、その後小さな取り出しピンによって部材はダイから押し出される。

長所	+	複雑な形状に最適。
	+	優秀な表面の仕上がり。
	+	良好な寸法精度。
	+	小さな断面や薄い肉厚も可能。
	+	部材にむらがない。
	+	最小限の二次マシニング作業しか必要としない、高速のプロセス。
短所	−	成形型が高価であるため、このプロセスは製造量が非常に大きい場合にのみ適している。
	−	製造された部材にはバリが存在する。
	−	部材に構造強度の高さが保証できない。

セラミック射出成形（CIM）
Ceramic Injection Moulding

セラミックスは硬質で耐摩耗性と耐食性を兼ね備えており、他の材料ではめったに達成できない多くの工学的難題への解決策を提供してくれる。セラミックスの射出成形は、プラスチックの射出成形から多くの要素を借用したプロセスで、複雑な形状が作成可能だ。このテクニックは一品ものの研究試作品から、商用製品の大量生産部材までのスケールに適している。セラミック射出成形（CIM）は医療分野で特に有用で、ペースメーカーの部材や手術用具など、超小型であって並外れた精度を持ち、そして生体適合性が要求される部材を作成するために使われている。

最適な種類のセラミック粉末が選択され、結合剤と混合されて流動性を持つ成形可能材料となる。結合剤は成形プロセスの重要な側面であり、セラミック粉末よりも融点が低いため、後工程で2つの材料が分離できるようになっている。伝統的な射出成型機よりも耐食性に優れた、特別に製造されたマシンを用いてセラミックと結合剤の混合物が型キャビティへ供給される。耐食性が要求されるのは、成形されるセラミックに摩耗性があるためだ。部材が冷却された後、ちょうど結合剤材料が溶解する（しかしセラミックは溶解しない）温度にまで型が加熱され、結合剤が除去されてセラミック材料だけが残る。こうして成形された部材は焼結することもできるし、成形中に加えられた応力を除去し、さらに強度を高めるため、ホットアイソスタティック成形（HIP）を行うこともできる。

製品	Apple Watch
デザイナー	Apple Design Studio
材料	ジルコニアセラミック
製造年	2016

Apple Watchの一部のエディションの背面には、射出成型されたジルコニアセラミックが使われている。セラミックは硬度が高いため傷が付きにくく、先進材料によるプレミアム感を演出する。

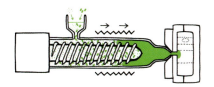

1. セラミック粉末と結合剤が射出成型機のホッパーに供給され、金型に射出される。

2. 金型から取り出された部材を加熱して結合剤を除去し、残ったセラミック部材を焼結してセラミック粒子を融合させる。

Information

- **製造ボリューム**
このプロセスでは、万のオーダーで複雑なセラミック部材を製造することができる。
- **単価と設備投資**
型の製作のため、初期セットアップ費用は非常に高額となる。生産規模が増大するにつれ、単価は下落する。
- **スピード**
同一の製造ラインで複数の部材を製造することによって、製造時間を最適化できる。さまざまな製造段階を経て部材が完成するまでには何日もかかるからだ。
- **面肌**
セラミック材料の性質により、緻密で石質のマットな風合いが得られる。
- **形状の種類・複雑さ**
形状の種類にはプラスチックの射出成形と同様の制約があり、主にアンダーカットと、型からの部材の取出しを考慮する必要がある。
- **スケール**
このプロセスで製造される部材の寸法は、1〜2mm（1/25〜1/12インチ）から携帯電話程度の大きさが一般的だが、専門的な成形業者では針の穴を通るほど小さな部材も製造できる。
- **寸法精度**
材料の種類によって異なるが、±0.005mm（1/5000インチ）の精度が可能。
- **関連する材料**
酸化ジルコニウムやシリコンカーバイド、酸化アルミニウムなど、各種のセラミックス。
- **典型的な製品**
CIMは小型のエンジニアリング部材に特に適している。セラミックスは摩耗や腐食、そして化学薬品に並外れた抵抗性を持ち、また生体不活性であるため、このプロセスは歯科インプラントなどのさまざまな部材の製造に用いられている。
- **同様の技法**
プラスチックの射出成形（200ページ）
- **持続可能性**
この多工程プロセスの主要な懸念点は、焼結と結合剤の除去の際に行われる加熱だ。
- **さらに詳しい情報**
www.sembach.com

長所	+	他の手法ではセラミックスでの製造が不可能または困難な、複雑で精緻な部材が実現できる。
短所	−	型の製作に費用と時間がかかる。

インベストメント鋳造

[別名] ロストワックス鋳造
Investment Casting AKA Lost-Wax Casting

「インベストメント鋳造」という名前は、このプロセスが犠牲となる材料への「投資（インベストメント）」を必要とすることに由来し、非常に複雑な形状が作成できるという特徴がある。このプロセスは数千年にわたって使われ続けており、古代エジプト人が使っていたという証拠も残っている。簡単に説明するとこのプロセスは、ワックス型をセラミックの液体に浸けて十分に厚い皮膜を形成し、ワックスを溶かして取り除いた後に溶けた金属を流し込むというものだ。セラミックの型を壊して完成品を取り出すため、通常の金型では実現不可能な、どんなアンダーカットや複雑な形状も実現できる。

最初の工程でダイ（通常はアルミニウムで作られるが、ポリマーが適当な場合もある）を製作し、

ワックス型　　　　セラミックのシェル　　　　完成した製品

製品	スピリット・オブ・エクスタシー（自動車のボンネット飾り）
デザイナー	Charles Robinson Sykes
材料	ステンレス鋼
製造業者	Polycast Ltd
製造国	英国
製造年	1911

上の画像は、この有名な小像（「典型的な製品」の項参照）をインベストメント鋳造で製作する3つの工程を示している。またこれは、かつて流行した華麗で装飾的な彫像を現代的なデザインによって再現する製造手法の選択を示す、すばらしい例ともなっている。

6. Complex 229

これを繰り返し使ってワックスの複製型を作る。作成された複数のワックス型はワックスランナーに連結されて、ツリー状の構造となる。次にこの集合ランナーがセラミックのスラリーに浸され、乾燥されて硬いセラミックの被膜が形成される。十分な厚さの層ができるまで、この浸漬作業は繰り返される。そして

ランナーをオーブンに入れ、ワックスを溶かして取り除き、セラミックを焼き固める。セラミックのシェルには、溶けた金属を流し込めるだけの十分な強度がある。冷却後にセラミックを壊して、出てきたツリーから個別の部材が切り取られる。

Information

● 製造ボリューム
サイズにもよるが、小型の部材ならツリーに数百個の部材を連結し、一度に鋳造することができる。大型の部材は、ツリーごとに1個ずつ作られる。インベストメント鋳造は100個未満の小規模な生産量でも、また数万個という生産量にも対応できるプロセスだ。

● 単価と設備投資
高圧ダイカスト（223ページ参照）よりも成形型ははるかに安価であり、そのため設備投資額も低くなる。完成品のサイズにもよるが、1本のツリーで複数個の鋳造品を製造して、費用対効果を高めることもできる。

● スピード
部材のひとつひとつについて複数の工程を完了させる必要があるため、低速。

● 面肌
表面の仕上がりは良好だが、ワックス型の表面に大きく左右される。

● 形状の種類・複雑さ
抜き勾配が必要な高圧ダイカストとは異なり、インベストメント鋳造では非常に複雑な部材が製造できる。これは他の成形手法には見られない、このプロセスに特有の利点だ。

● スケール
5mmから約500mm（20インチ）の長さまで、あるいは100kg（200ポンド）の重さまで。

● 寸法精度
高い。

● 関連する材料
さまざまな鉄類および非鉄金属。

● 典型的な製品
彫像や立像だけでなく、ガスタービンや船舶用シャックル、宝飾用および医療用用具など。非常に有名な例としては、ロールス・ロイスの自動車のボンネットの上に飾られている「スピリット・オブ・エクスタシー」がある。

● 同様の技法
高圧ダイカスト（223ページ）、砂型鋳造（232ページ）および遠心鋳造（165ページ）。

● 持続可能性
犠牲セラミックは壊した後に回収して再加熱し、再びスラリー状にできるので、廃棄物の発生を防止し原材料の使用量を抑えることができる。このプロセスは、完成品が得られるまでに数段階の加熱と処理の工程を経るため、比較的エネルギー集約的である。まだアルコールベースの結合剤をシェルに使っている工場もあり、これが廃棄される際に環境への脅威となるおそれがある。すべての金属鋳造テクニックに共通する主な課題は、プロセス中に行われる加熱だ。

● さらに詳しい情報
www.polycast.co.uk
www.castingstechnology.com
www.pi-castings.co.uk
www.tms.org
www.maybrey.co.uk

6. 複雑

1. 最初にダイを製作した後、ワックス型（右側）が作られる。

2. この画像では別のワックス型が使われ、4つの部材のシンプルなセットがセラミックのスラリーに浸されようとしている。

3. この典型的なセットアップに写っている、シンプルなランナーに取り付けられた多数のワックス型は、この後スラリーに浸される。

4. セラミックのシェルに金属が注ぎ込まれる（比較のため完成品を手に持って示している）。

5. 乾いたセラミックが取り除かれて破棄され、完成品が現れた段階。

6. 完成品と、元のワックス型。

6. Complex

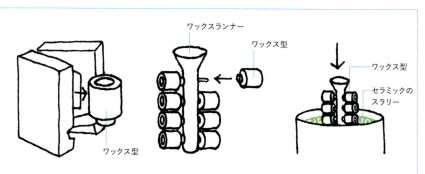

1. アルミニウム製のダイを用いてワックス型が作られる。ダイは必要な数を製造するために再利用される。

2. 複数のワックス型が、ワックスランナーに連結される。

3. 集合ランナーはセラミックのスラリーに浸され、乾燥されて硬いセラミックの被膜が形成される。十分な厚さの層ができるまで、このプロセスは繰り返される。

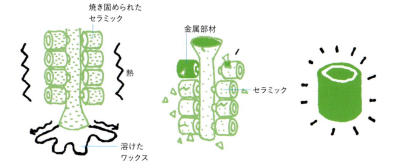

4. ランナーをオーブンに入れ、ワックスを溶かして取り除き、セラミックを焼き固める。

5. 溶かした金属が、焼き固められたセラミックのシェルへ流し込まれる。冷却後にセラミックを壊して、出てきたツリーから個別の部材が切り取られる。

6. 完成した鋳造品。

長所	+	中空のコアを持つ複雑な形状が製造できる。
	+	中空のコアが形成できるため、重量が削減できる。
	+	高い精度が得られる。
	+	後処理のマシニング工程が必要ない。
	+	自由なデザインが可能。
短所	−	いくつかの工程が必要。
	−	まだアルコールベースの結合剤をシェルに使っている工場もあり、環境への脅威となるおそれがある。

砂型鋳造
Sand Casting

CO₂ケイ酸塩鋳造（CO₂ silicate casting）およびシェル型鋳造（shell casting）を含む

砂にはさまざまな特性があるが、最も重要なのは耐熱材料であるということだ。つまり砂は非常に高い温度に耐えることができ、したがって溶けた金属を流し込んで鋳造することも簡単にできる。砂型鋳造にはさまざまな形態があるが、その違いは主に必要とされる部材の量にあり、完成品の型（または複製）を作成するという非常に単純な原理はすべて同じだ。この複製は、押し固められた砂と粘土の混合物に写し取られてから取り除かれ、残ったキャビティに溶けた金属が注ぎ込まれる。砂型には、余分な溶けた金属を貯めておくためにランナーと押し湯が設けられる。これらは基本的に、砂型に空いた穴だ。ランナーは金属の注ぎ口であり、押し湯は余分な溶けた金属を貯めておく役割をする。これは用心のために必要なことで、溶けた金属は凝固する際に収縮するが、その際に余分な金属が型に引き込まれて鋳物に空洞ができることを防止する。

この基本的な原理から、いくつかの手法が派生している。その中には、金属が流し込まれた際に蒸発するポリスチレンフォームのような犠牲材料で作られた複製型を使うものがある。工場での少量バッチ作業には木製の複製型が使われるが、アルミニウムの複製型とプログラム化された押し固め手法を用いた手順としてプロセスを自動化することもできる。他の手法にはCO₂ケイ酸塩鋳造とシェル型鋳造がある。CO₂プロセスは最近開発されたもので、粘土の代わりにケイ酸ナトリウム（水ガラス）を利用して砂が結合される。成形後にCO₂を吹き込むと水ガラスが硬化し、より強靭な型となるため精度が向上する。シェル型鋳造は、きめの細かい非常に純粋な砂を、熱硬化性樹脂でコーティングしたものを使用する。これによって鋳型は肉厚が薄く（10mm／⅜インチ程度まで）できるが、強度は非常に高い。シェル型鋳造は通常の砂型鋳造に対して、精度や表面平滑度の向上などの利点がある。

製品	High Funkテーブルの脚
デザイナー	Olof Kolte
材料	アルミニウム
製造業者	David Designで最初に製造された
製造国	スウェーデン
製造年	2001

これらのテーブルの脚には、テーブルトップなしのデザインを販売し、顧客が自分で選んだテーブルトップに取り付ける脚を購入してもらうというコンセプトが込められている。

6. Complex

233

Information

● 製造ボリューム

砂型鋳造は、一品部材の製造にも、大規模な生産にも用いることができる。

● 単価と設備投資

手作業による砂型鋳造では、価格は木型の製作費用によって決まり、部材の単価は比較的安くなる。自動化されたプロセスの費用は高額だが、当然ながらより安い単価で製造できる。

● スピード

高圧ダイカスト（223ページ参照）と比較して、かなり時間のかかるプロセスだ。

● 面肌

砂での鋳造は非常にテクスチャーのある表面となるため、きめの細かい表面が要求される場合には研削や研磨が必要となる。ポリスチレンを用いた砂型鋳造では分割線が残らないため、仕上げの必要性が減少する。シェル型鋳造によっても、表面の仕上がりを向上させることができる。

● 形状の種類・複雑さ

砂それ自身は鋳型として使うにはもろい材料であるため、砂型鋳造は非常に単純な形状に最も適している。しかし、変化する肉厚やアンダーカットのある複雑な形状が製造できる、多数のプロセスが開発されている。

● スケール

他の金属鋳造法と比較して砂型鋳造は非常に大きな部材を鋳造できるが、最低でも3〜5mm（⅛〜⅕インチ）の肉厚が必要とされ、また比較的荒い仕上がりとなる。

● 寸法精度

他の多くの鋳造テクニックと同様に、プロセスを検討する際には収縮を考慮に入れる必要がある。金属によって収縮率は異なるが、一般的には約2.5％以下だ。シェル型鋳造では、より高いレベルの寸法精度が可能となる。

● 関連する材料

一般則として、融点の低い金属。例えば鉛、亜鉛、スズ、アルミニウム、銅合金、鉄および一部のスチールなど。

● 典型的な製品

車のエンジンブロックやシリンダーヘッド、タービンのマニホールドなど。

● 同様の技法

類似しているが、より費用の掛かる手法としてはダイカスト（223ページ）やインベストメント鋳造（228ページ）が挙げられる。しかし一般的に言って、砂型鋳造のほうがより精緻な形状を製造できる。

● 持続可能性

鋳型に使われるバージン砂は、プロセス内で何度も再利用できる。しかし、溶解した金属の熱と摩耗作用によって次第に砂は損耗し、連続使用に耐えられなくなって、廃棄物となる。幸いにも、この廃棄された砂の一部は鋳造以外の用途にリサイクルが可能だが、埋め立てごみとして処理されるのが一般的だ。年間に発生する数トンの鋳物砂のうち、リサイクルされるものはわずか約15％と推定されている。あらゆる金属鋳造テクニックと同様、主な懸念点はプロセス中に行われる加熱だ。

● さらに詳しい情報

www.icme.org.uk

www.castingstechnology.com

1. キャビティがはっきりと見える下型へ向かって、上型が降ろされて行く。

2. 溶けた金属がランナーへ注ぎ込まれる。

3. 部材が上型と共に持ち上げられ、仕上げ工程へ送られる。

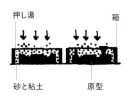

1. まず、原型の複製型（ランナーと押し湯が含まれる）が上下の砂箱に埋め込まれる。

2. 砂が押し固められた後、複製型が取り除かれる。

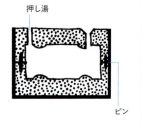

3. 上下の砂箱が組み合わされ、位置合わせピンで固定される。

4. 溶けた金属がランナーへ注ぎ込まれ、型キャビティを満たす。

5. 鋳造品が冷えた後、部材が砂型から取り出される。

6. 完成した部材。

長所	+	低コストのプロセス。
	+	操業が容易。
	+	多くの先進的な手法では、非常に精緻な部材が製造できる。
	+	生産のレベルが柔軟に決められる。
短所	−	労働集約的であり、小バッチ生産では単価が高くなる可能性がある。
	−	部材に多大な仕上げが必要とされる場合がある。

ガラスのプレス加工
Pressed Glass

「ガラスの射出成形」に最も近い手法と言えるガラスのプレス加工は、形状の外側だけでなく内側にもディテールのある、精緻なガラス製品の大量生産を可能とする。この点が、外側の表面だけにディテールが制約される吹きガラス（120ページ参照）との明確な違いだ。さまざまな種類の安価なガラス製品の大量生産の驚異的な急成長は、ガラスのプレス加工が1827年に登場したときにまでさかのぼることができる。

このプロセスの核となるのは、熱したガラスが型にくっつかないように注意深く予熱され、一定の温度に保たれた雄型と雌型だ。ねばねばした溶けたガラスのかたまりが2つの型の間へ押し込まれ、雄型と雌型との間のスペースが完成品の肉厚となる。これら2つの型が、内側と外側に刻印を残すとともに、両面の形状のコントロールを可能としている。大規模

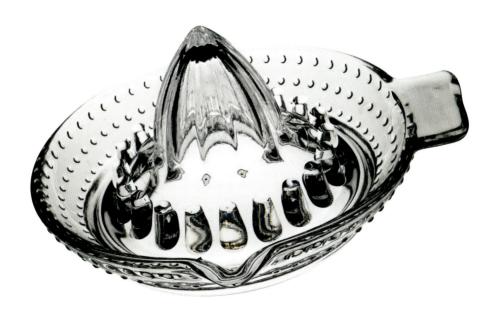

製品	レモン絞り
材料	ソーダ石灰ガラス
製造国	中国

灰皿と同様に、この（私が近所のスーパーマーケットで買ってきた）レモン絞りは、機械によるガラスのプレス加工で実現可能な、複雑で肉厚なずんぐりした形状をよく表している。これは、より薄く中空の機械吹きガラス製品とは対照的だ。

な生産では、通常ターンテーブル上で複数のマシンが稼働しており、型へのガラスの充てんや実際のプレス加工など、さまざまな製造工程が多数のステーションで行われる。

このプロセスによる製造に典型的な厚肉でずんぐりとした製品は、高級なカットガラスよりもずっと日用品寄りであり、研磨二次加工を行うことによってこのプロセスの特徴であるはっきりとしたシャープなエッジが得られる。強い個性を持った製品を作り出す他のプロセスと同様に、プレス加工されたガラスには特有の「見栄え」と「感触」があるため、一部の作品はコレクターズアイテムともなっている。

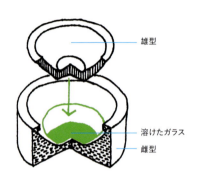
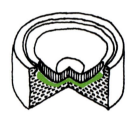

1. 雄型と雌型は予熱され、熱したガラスが型にくっつかないように一定の温度に保たれる。

2. ねばねばした溶けたガラスのかたまりが2つの型の間へ押し込まれる。完成品の肉厚は、雄型と雌型との間のスペースによって決まる。

長所	+	内側と外側の両面に、特徴を持たせることができる。
	+	吹きガラスでは不可能なディテールを表面に持たせることが可能。
短所	−	吹きガラス製品（120ページ参照）と比較した際の主な短所は、先がすぼまった形状の容器が製造できないことだ。
	−	薄肉断面を作るには適していない。
	−	一般的に、吹きガラスの大量生産よりも高価な成形型が必要となる。

Information

● 製造ボリューム

ガラスのプレス加工は、手作業にも、半自動化または自動化された機械によるプロセスにも使われる用語だ。半自動化生産は最低数量500個に対して用いることができ、大規模な生産量を完全に自動化するためのサンプルとして行われることが多い。

● 単価と設備投資

完全に自動化された生産では単価は非常に低いが、ほとんどの大量生産と同様に、高額な成形型が必要となる。

● スピード

部材のサイズにもよるが、自動化されたセットアップでは1台の機械で同時に複数の型を処理するように設定することが可能だ。これによって、時には1時間あたり5,000個に達する、膨大な生産速度が得られる。

● 面肌

くぼみや刻み目、そしてダイヤモンドのパターンなどはすべてガラスのプレス加工で実現できるが、カットガラスの同様なパターンほど特徴は明確ではない。

● 形状の種類・複雑さ

吹きガラス（120ページ参照）は丸みのある形状に向いているのに対して、ガラスのプレス加工ではより複雑なディテールや装飾が可能であり、はるかに汎用的だ。注意しておくべき重要なデザインの特徴として、閉じた形状は不可能であること、そして熱成形（72ページ参照）と同様に、製造工程の最後に型を開けられるように部材には抜き勾配が必要となることが挙げられる。ガラスのプレス加工は、厚肉の中空容器にも適している。

● スケール

半自動化された製造の場合、最大で600mm（24インチ）ほどの直径が可能なこともある。生産ボリュームと製造業者によっては、より大型の製品も製作可能。

● 寸法精度

材料の収縮と膨張のため、ガラスのプレス加工はエンジニアリング部材に匹敵する高い精度が達成できる。しかし、典型的な精度は±1mm（1/25インチ）。

● 関連する材料

ほとんどすべての種類のガラス。

● 典型的な製品

レモン絞り、鉄道の信号ランプ、レンズ、街路照明や展示照明、実験用のガラス製品、灰皿、舗道照明レンズ、壁面ブロック、船舶用照明、航空機や空港滑走路の照明レンズ、交通信号。

● 同様の技法

細かいディテールのパターンにはカットガラスを用いることも可能だが、両面に装飾が可能な開いた形状のガラスを製造するには、この手法が最も確実だ。プラスチック部材については、圧縮成形（178ページ）を検討してみるとよいだろう。

● 持続可能性

ガラスは再生可能な材料であり、広くリサイクルされている。ガラスのリサイクルによって廃棄物とバージン材料の消費を減らすことができ、また再処理後にもガラスはすばらしい透明度と見栄えを失わない。しかし、ガラスの製造や加工はあまり環境にやさしくない。ガラスのプレス加工には、大量のエネルギーを消費する高温の加熱がさまざまな工程で必要とされるからだ。一部の有害な大気汚染物質や粒子が、加工中に排出されるおそれもある。

● さらに詳しい情報

www.nazeing-glass.com
www.britglass.org.uk

加圧スリップキャスティング
Pressure-Assisted Slip Casting

加圧排泥鋳込み成形（pressure-assisted drain casting）を含む

加圧スリップキャスティングは、通常の陶磁器のスリップキャスティング（144ページ参照）の発展形だ。伝統的なスリップキャスティングよりも、スピードと最終製品の複雑さの点で、製造上の優位性がある。通常のスリップキャスティングは、石膏型にセラミックの「スリップ」を注ぎ込むことによって行われる。このスリップの「脱水」は、スリップから石膏への毛細管現象によって行われ、型の内壁に粘土の乾いた層が形成される。これには、きわめて低速であり、石膏型の寿命が制限されるという欠点があった。

加圧スリップキャスティングでは、より大きな穴を持つ、回復性の高い材料を型に利用する。穴のサイズによる毛細管現象の低下は、加圧（通常は10〜30バールだが、製品のサイズによって異なる）によって代替される。これは、多孔質のプラスチック製の型にスリップをポンプで注入することによって行われる。この圧力のため、水分は型の中に自然と形成される毛細管を通して漏れ出して行く。乾燥後、成形品が型から取り出され、欠陥が修正される。次に製品は高速ドライヤーで乾燥され、釉薬がスプレーされて火入れされる。

イギリスのCeram Researchの主導するFlexformというプロジェクトが、加圧スリップキャスティングを高度化した「加圧排泥鋳込み成形」と呼ばれるプロセスを提案している。この発展形では、通常の合成樹脂製の型はマシニング加工可能プラスチックで置き換えられ、製品デザイナーのオリジナルのCAD図面から直接マシニング加工される。これによって提供される利点としては、成形型がより安価となること、型の再切削ができること（加圧スリップキャスティングに使われる型では不可能）などがある。

製品	Looシリーズの浴槽
デザイナー	Marc Newson
材料	セラミック
製造業者	Ideal Standard
製造国	英国
製造年	2003

この浴槽は、セラミックで製造可能な鋳込み品のスケールの典型的な例だ。

Information

● 製造ボリューム

加圧スリップキャスティングの型は、プラスチック製の成形型の利用を正当化するために、約10,000個の製造ボリュームを必要とする。

● 単価と設備投資

上述のように、いくつかの要因の結果として部材の費用対効果は高い。Flexiformの加圧排泥鋳込み成形プロジェクトでは、型の費用が大幅に削減される。

● スピード

通常のスリップキャスティング（144ページ）では、鋳込みや成形品の取出し、そして乾燥に1時間もかかることがあった。加圧スリップキャスティングでは通常、時間にして30％の短縮が可能となる。

● 面肌

通常のスリップキャスティングと比較して、型の継ぎ目が目立たず、フェルト感の少ない優れた品質の仕上がりが得られる。

● 形状の種類・複雑さ

小型で単純なものから、大きくて複雑なアンダーカットのある部材まで。衛生陶器から美術品、そして食器に至るまで、あらゆるものがこのプロセスで製造できる。トイレの下のU字型を考えれば、どれほど複雑な形状が可能か理解できるだろう。

● スケール

小さなティーカップから、トイレや浴槽まで。

● 寸法精度

すべての焼成品に言えることだが、製品が火入れされた後のサイズの収縮を考慮して型を作成する必要がある。

● 関連する材料

大部分の種類のセラミック材料に適している。

● 典型的な製品

持ち手が作り付けになっているティーポットやコーヒーポットなど、複雑な食器には4分割型が必要となる場合がある。衛生陶器には大規模に用いられているが、それ以外に加圧スリップキャスティングが最も強い興味を引いているのは先進セラミック技術の分野だ。

● 同様の技法

セラミックのスリップキャスティング（144ページ）と圧縮成形（178ページ）。

● 持続可能性

以前用いられていた有機溶剤や結合剤に代わって、セラミックに流動性を持たせるためには水が利用されている。この水は浄化してリサイクルし、プロセスへ再投入することによって廃棄物と原材料の消費を削減することができる。また、プラスチック製の型は耐久性が高く、長期間の使用に耐えるため、さらに材料の消費が抑えられる。

● さらに詳しい情報

www.ceramfed.co.uk
www.cerameunie.net
www.ceram.com
www.ideal-standard.co.uk

長所	+ プラスチック製の型を使うことによって、より高い圧力を利用してより大型の部材が製造できる。
	+ プラスチック製の型は、廃棄されるまでの寿命が長い（約10,000回の鋳込）。
	+ 必要とされる型の数が少なく、置き場所も少なくて済む。
短所	− 型のために初期費用が増大する（しかし、排泥鋳込み成形用のFlexiform型では成形型の費用は大幅に削減される）。

粘性塑性加工（VPP）
Viscous Plastic Processing

材料技術や製造テクニックの進歩に伴って、異なる系統の材料の間に存在していた隔たりが埋まりつつある。すべての材料ファミリーの中でも、プラスチックは利用可能な製造テクニックの点で最も汎用性の高いグループを形成している。しかし、例えば金属やセラミックなど、その他の材料についても、塑性状態の成形テクニックを用いて部材を大量生産する新しい方法を見つけ出そうと研究が行われている。それによって、セラミックを含め、伝統的に成形手段が限られていた材料が、射出成形（200ページ参照）などの手法を用いて成形できるようになってきた。

材料と製造手法との間には、材料の特性によって製造可能な複雑さが決まるという意味

製品	Old Roseシリーズのティーカップ
デザイナー	Harold Holdcroft
材料	ボーンチャイナセラミック
製造業者	Royal Doulton
製造国	英国
製造年	1962

VPP技術の利用によってボーンチャイナの特性が向上し、このユニークな英国製のティーカップが射出成形できるようになった。デザインと、このプロセスによる経済性の高さがあいまって、1962年以来100,000,000個ものカップが販売されている。

で、密接な関係がある。セラミックの成形にまつわる問題のひとつは、セラミック材料に固有の微細構造欠陥を除去する必要があることだ。この欠陥が存在すると材料の強度が低下し、もろくなってしまう。粘性塑性加工（VPP）は、このような欠陥を除去することによってセラミック材料の特性を向上させ、は

るかに柔軟なセラミックの加工方法を提供する。そのために利用されるのが、技術用語でいう「塑性」状態だ。このプロセスでは、まずセラミック粉末を高圧下で粘性のあるポリマーと混合する。そしてこの混合物が、押出成形（100ページ参照）や射出成形など、さまざまな製造テクニックによって部材に成形される。

Information

● **製造ボリューム**
該当しない。

● **単価と設備投資**
該当しない。

● **スピード**
該当しない。

● **面肌**
セラミック粉末の粒径にもよるが、すばらしい風合いが実現可能。

● **形状の種類・複雑さ**
この方法で製造されたセラミックは「粘弾性的な振る舞い」が強化されているため、部材は「未焼成」の状態で強度が高く、きわめて野心的な形状が製造できる。またこのプロセスでは標準的なセラミック材料よりも薄肉断面が製造できるため、結果として部材の重量が削減され、強度が向上する。

● **スケール**
大型の製品を作ることも可能だが、すべての寸法を大きくはできない。言い換えれば、VPPでは肉厚6mm（¼インチ）までの長い押出成形セクションか、薄いシートが製造できる。

● **寸法精度**
該当しない。

● **関連する材料**
あらゆるセラミック材料。

● **典型的な製品**
平坦な部材、電子部品の基板、窯道具、スプリング、棒やチューブ、未焼成状態で強度のあるカップ、防弾チョッキ、および生物医学的な用途。

● **同様の技法**
該当しない。

● **持続可能性**
セラミックの強度の向上により、薄肉の部材が製造でき、材料の消費量が削減され、また製品の寿命が延びる。また、この強度の向上によって成形中に欠陥が生じる可能性が減少するため、材料の廃棄量と再加工が最小化される。セラミックとポリマーの混合物の成形に利用される製造手法はどれも高熱を必要とするため、エネルギー集約的である。

● **さらに詳しい情報**
www.ceram.com

長所	＋	このプロセスは広範囲のセラミック材料に適用でき、「未焼成」の状態で材料に良好な強度をもたらす。
短所	－	製造業者の数が限られている。

多様なデジタル・ファブリケーション
Advanced

先進的な新技術

このセクションに取り上げたプロセスの大部分では、形状の作成に利用される情報がCADファイルから供給される。これによって成形型の費用が削減され（この章で取り上げるSmart Mandrels™も同様の特長を持つがCAD駆動ではない）、既存の製造ルールからの根本的なマインドシフトがもたらされる。その意味で、この章で取り上げる手法は将来の工業生産の方向性を示すものであり、こういった新技術は大量生産方式に産業革命以来最大の変革を引き起こすことになるだろう。これらのプロセスの中には、ステレオリソグラフィなど比較的なじみ深いものもあるが、消費者の手で製造が行える新技術も含まれている。

インクジェット印刷
Inkjet Printing

デスクトッププリンターのおかげで、コンピューターさえあればデスクの上でさまざまな作業が行えるようになった。このなんということはないプリンターが、モノづくりの方法を変革させることになるかもしれない。夜パン焼き機に材料を入れておけば翌朝焼きたてのパンが味わえるのと同じように、製品（例えばドアの取っ手）の設計図をダウンロードして自分の机の上にある3Dプリンターで適切な原材料からその製品を作り上げられる日はもうすぐ来るだろう。しかし、そのような3D技術が家庭レベルで現実のものとなるまでの間、「技術オタク」たちは普通のプリンターに新たな使い道を見出そうとしている。

シカゴのMoto'sレストランのシェフだった故Homaro Cantuは、Canon i560インクジェットプリンターを使って料理を作ったことでよく知られている。インクカートリッジを入れ換えて、CMYKインクの代わりに食用となる液体を使い、デンプンから作られた食べられる紙に印刷したのだ。Willy Wonka（「チャーリーとチョコレート工場」の登場人物）がチョコレート工場の中で食べられる砂糖の草花を作り出したように、Cantuは印刷プロセスから発想を得てレストランのメニューと料理にまったく新しいコンセプトを打ち出した。

この技術の最も風変わりな応用例のひとつは、世界中の科学者たちのさまざまなチームが開発している、「改造された」インクジェットプリンターを使った生体組織の作成だろう。このプロセスは、隣同士に置かれた細胞は融合するという昔から知られた知識に基づいて、熱可逆性ゲルを細胞の足場のように使って生体組織を作り上げる。これを開発したサウスカロライナ医科大学（Medical University of South Carolina）のチームでは、「プリンティング」作用によって散布される細胞を支持する手段として熱可逆性ゲルを用いている。このゲル自体も興味深い性質を持ち、温度の変化

製品	食べられるメニュー
デザイナー	Homaro Cantu
材料	食べられる紙の上に植物性色素で印刷
製造業者	Moto Restaurant（シカゴ）
製造国	米国
製造年	2003

この印刷された食べられるメニューは食品と製造業との興味深いクロスオーバーの一例であり、「テクノ」レベルでも食品を利用したさまざまな実験が行えることを示している。

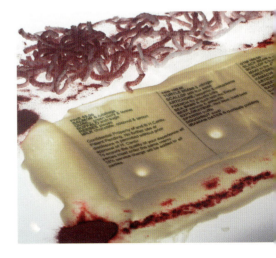

7. Advanced

などの刺激に反応して瞬間的に液体からゲル
に（またその反対に）変化するようデザインさ
れている。

Information

● 製造ボリューム
一品ものから小バッチ生産まで。

● 単価と設備投資
2次元プリンターは多くの人が購入できる金額
なので、1台買ってきて分解し、インクを印刷し
たいものと入れ替えて、好きなように楽しむこ
とができる。

● スピード
何をしたいかにもよるが、通常はいまだに比較
的遅いプロセスだ。

● 面肌
標準的な製造材料から3次元物体を作り出す際
には、材料が積層された様子を示す筋状のテク
スチャーが残る場合がある。

● 形状の種類・複雑さ
どれほど複雑な形状であっても、コンピュー
ターで描いたものが実現できる。

● スケール
サウスカロライナ医科大学のチームは、高度に
コントロールされた細胞レベルのスケールが可
能であることを実証している。

● 寸法精度
立体生体組織の作成によって、微細な精度が実
現できることが実証されている。

● 関連する材料
実際にプリンターを使っていろいろと試してみ

ればよいが、基本的には液体と固体材料との組
み合わせが必要となるだろう。上記の例を参考
にして、可能性を追求してみてほしい。

● 典型的な製品
このプロセスの魅力は、上記の例のように、技
術やマシンを駆使して新しい機能を実現しよう
とする人たちの日曜大工的な活動として現在行
われていることだ。2つの対照的な例は、このハ
イブリッド技術に典型的な製品などというもの
は存在しないことを示している。

● 同様の技法
コンタークラフティング（248ページ）、選択的
レーザー焼結（SLS、256ページ）、そして微小
金型の電気鋳造（254ページ）。

● 持続可能性
ここで取り上げたインクジェット印刷の食べら
れる出力は、廃棄物をなくしてしまうための理
想的な方法を示している。つまり、食べてしま
えばよいのだ！　実験は奨励されるが、材料を
テストする過程であまりに大量の廃棄物を作り
出したり、あまりにたくさんのプリンターを壊
したりしないように注意してほしい。通常のイ
ンクベースの印刷で最も問題となるのは、カー
トリッジのリサイクルと再利用だ。

● さらに詳しい情報
www.motorestaurant.com

長所	＋	コンピューターで作成したどんな形状でも、立体オブジェクトに変換できる。
	＋	自由に実験が行える。
短所	－	いまだに発展途上にある。
	－	遅い。

紙ベースのラピッドプロトタイピング
Paper-Based Rapid Prototyping

積層紙（layered paper）

紙ベースのラピッドプロトタイピングに用いられるマシンを前にすると、通常のインクジェットプリンターがまるで前世紀の遺物のように見える。実際、できることも段違いだ。どこにでもある普通のA4のプリンター用紙を使って、実質的にあらゆる形状で非常にディテールに富んだ精緻なモデルが作成できる。コンピューターに入力された図面やスキャン結果を、紙だけを使って立体的な物理オブジェクトにプリントアウトできるのだ。このようなことを行うために、このマシンはソフトウェアを使って図面やスキャン結果を紙と同じ厚さの層に分解する。この情報をプリンターへ送ると、プリンターは紙を1枚1枚その形に切り抜き、水性接着剤を使って互いに貼り合わせる。この積層化には何時間もかかるが、その結果として数百枚の紙を積層した、信じられないほど精密な立体が作り上げられる。紙には柔軟性があるため、実際に動かすことのできるヒンジを1つのピースの中に作り込むこともできる。これはプラスチックベースの代替手法では不可能なことであり、現実に可能な限り近い、より正確な試作品が得られる。紙と水性接着剤しか使われていないため試作品はリサイクル可能であり、このため現状では最も環境にやさしいプロセスとなっている。さらに、原料としてリサイクル紙を使うこともでき、優秀な結果が得られる。

製品	携帯電話カバー
材料	コピー紙
製造業者	Mcor Tdchnologies Ltd
製造国	英国
製造年	不明

この携帯電話カバーは、紙ベースのラピッドプロトタイピングプロセスで実現可能な仕上がりとディテールのレベルを示している。

Information

● 製造ボリューム

ラピッドプロトタイピングの一形態として、この
プロセスは低ボリューム生産に最も適している。

● 単価と設備投資

このプロセスは、プラスチックを使う場合より
も、最大で50倍安くなると言われている。紙の
費用は非常に安く、ほとんどどこでも手に入る
からだ。

● スピード

ここに示した携帯電話カバーは、5〜10時間か
けて作られた。

● 面肌

表面は木の質感があり、最小限の仕上げしか必
要としない。Z軸方向の分解能は0.1mm（$\frac{1}{250}$
インチ）。

● 形状の種類・複雑さ

このプロセスは、ステレオリソグラフィで製造
可能な最も複雑な形状にも適応する。例外は、
薄くて華奢な形状だ。

● スケール

このプロセスは標準的なA4サイズの紙をベー
スとしており、最大積層高は150mm（6イン
チ）。

● 寸法精度

現在のところ、XY軸方向には0.1mm（$\frac{1}{250}$イン
チ）、Z軸方向には1%。

● 関連する材料

標準的なコピー紙。Mcor Technologiesは、最
良の結果を得るには繊維含有量の低い低品位紙
を推奨している。

● 典型的な製品

このプロセスは、X線画像を物理的な形状とし
て再現し外科医が手術前に計画を立てられるよ
うに、また歯科分野では歯列矯正医が石膏より
もずっとすばやく患者の歯型を作れるように、
医療産業での利用を想定して開発されている。
またこのプロセスは、従来のプラスチックによ
るラピッドプロトタイピングの安価な代替手段
として学生が使うために、工学や建築、そして
製品デザインの講座へ導入されることも期待さ
れている。また、これは建築モデルにも、真空
成形やインベストメント鋳造、砂型鋳造などの
プロセスに用いられる型を素早く成形する方法
としてもよく使われている。

● 同様の技法

紙パルプの成形（153ページ）。

● 持続可能性

紙は回復の早い資源であり、また広くリサイク
ルされている材料でもある。一部のプラスチッ
クによるラピッドプロトタイピングのようにプ
ロセス中に有毒なヒュームが放出されることは
なく、部材は短時間で製作できるので、エネル
ギー消費を有効に活用できる。

● さらに詳しい情報

www.mcortechnologies.com

長所	+	素早く製造できる。
	+	プラスチック樹脂と比較して紙は安価であり、入手が容易。
	+	プラスチックを使用するプロセスよりも、環境にやさしい。
短所	−	現在のところ、A4サイズの紙に制約される。

コンタークラフティング
Contour Crafting

これは、建築業界に革命を引き起こすかもしれないプロセスだ。南カリフォルニア大学（University of Southern California）のBehrokh Khoshnevis博士は、住宅を「プリント」する機械を発明した。彼の指摘によれば産業革命以来、製造業界では自動化が着実に進歩している。それに対して、同じ期間中の建築業界の発展は微々たるものだ。しかしKhoshnevis博士は、彼が「コンタークラフティング」と呼ぶプロセスによって、この状況を変えようとしている。このプロセスは、コンクリート吹付の発展形だ。

2008年に市販されたこの技術の中心となるマシンは、インクジェットプリンター（244ページ）や押出成形（100ページ）と同様に、コンクリートを堆積させる手法を用いている。しかし、この技術ははるかにスケールが大きく、また「プリンティング」ヘッドは2次元グラフィックスではなくCAD図面に基づいて、6軸方向に移動しつつ材料を積層させることができる。

オーバーハングしたキャリッジに取り付けられた「プリンティング」ノズルが速乾性コンクリートを堆積させ、一体化されたピストン式のこてによって成形される。コンタークラフティングのもうひとつの特長は、電気や上下水道やエアコンの配管などの付帯設備を埋め込めることだ。

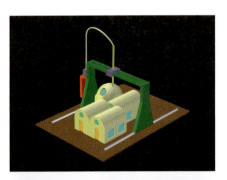

製品	コンタークラフティングによって作成された試作品とCAD設計図面
デザイナー	Behrokh Khoshnevis博士によって開発
材料	コンクリート
製造業者	国立科学財団および海軍研究局のBehrokh Khoshnevis博士
製造国	米国

これらのサンプルは、建物のスケールではないにせよ、コンタークラフティングによって作成可能な形状の種類を示している。上の図は、スプレープロセスを駆動するCADデザインの一例である。

Information

● 製造ボリューム

コンタークラフティングの重要な特長は、自動化された建築手法であるという点だが、もちろん建物は一度にひとつずつしか建てることはできない。

● 単価と設備投資

1台のマシンを使って複数の住宅が建築できることから、米国の平均的なサイズの住宅の建築費用は、従来の手法による現状の住宅建築費用の1/5から1/4になるとKhoshnevis博士は見積もっている。

● スピード

このプロセスを用いた建設では、2,000平方フィートの住宅が、電気と水道の配管を含めて24時間未満で建築できる。

● 面肌

さまざまな種類のこてを使うことによって、良好なコンクリートの表面が得られるため、塗装前の下処理が必要なくなる。塗装システムを、コンタークラフティングプロセスそのものの中に組み込むことさえ可能だ。

● 形状の種類・複雑さ

形状の制約となるのはCAD図面と、建物に加わる通常の物理的な力だけだ。アーチのような形状も、ノズルから押し出して作ることができる。

● スケール

Khoshnevis博士は、この手法が小さな住宅から高層建築にまで利用できると示唆している。

● 寸法精度

6軸方向に可動なノズルアセンブリーによって、大規模なスケールで非常に高い精度が得られる。

● 関連する材料

繊維や砂、砂利などを混和したセメント。

● 典型的な製品

恒久的な住宅やビルディング、複合施設に加えて、一時的な緊急避難所などを建築するための新たな方法を建築業界に提供するプロセスだ。

● 同様の技法

このスケールでは、このプロセスが唯一のものだ。CADベースのシステムとしては、より小規模のラピッドプロトタイピングプロセス（例えばステレオリソグラフィ（SLA、250ページ）を参照）に類似のものが多数ある。

● 持続可能性

高速「プリンティング」システムを採用したコンタークラフティングは、既存の建築テクニックと比較して、建築期間を劇的に短縮できるためエネルギー消費量も削減できる。構造の輪郭に沿って正確にコンクリートが積層されるため、廃棄物や余分な材料は発生しない。

● さらに詳しい情報

www.contourcrafting.org
www.freeformconstruction.co.uk

長所	+	迅速な建築が可能となる。
	+	CAD駆動であるため、設計図やデザインの変更が容易。
	+	現地で入手できる材料を、セメントの補強材として利用できる。
	+	費用対効果が高い。
	+	プロセスが自動化されている。
短所	−	いまだに発展途上にある。

ステレオリソグラフィ（SLA）
Stereolithography

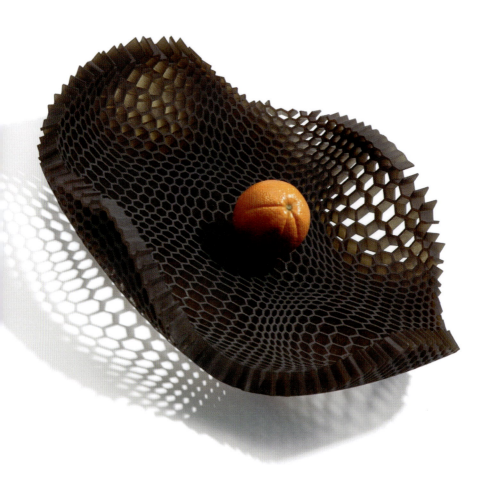

製品	Black Honey ボウル
デザイナー	Arik Levy
材料	エポキシ樹脂
製造業者	Materialise
製造国	ベルギー
製造年	2005

この美しいオープンセル構造は、このプロセスを用いて作り出せる非常に複雑で精緻な形状の好例だ。

ステレオリソグラフィ（SLA）は、ラピッドプロトタイピング手法としては最もよく知られているもののひとつだ。部材は、CADファイルによって駆動されるレーザーが感光性樹脂の槽の中をスキャンして、部材の層を積み上げて行くことによって製造される。紫外線のレーザービームが液体の表面に焦点を合わせ、部材の断面をトレースして液体の薄い層を固体に変化させて行く。固体の部分は、次第に下がって行くベッドに載っているため、プロセスが進むにつれて樹脂の水面下に沈み、その上に部材が積層されて行く。

どのラピッドプロトタイピング技術も、他のプロセスでは不可能な形状の自由度を提供する。SLAは典型的に、大量生産に入る前に部材を試験するために使われる。プロセスは、部材の形状や必要とする表面品質、あるいは使いたい材料によって選択される。例えば選択的レーザー焼結（SLS、258ページ参照）では、SLAの品質は達成できない。

SLAは精密なプロセスだが最も精密なわけではなく、また幅広い材料に適用できるが真空鋳造（vacuum casting）ほどではない。（真空鋳造とは、一般的に試作品やモデル作成に用いられる同一の部材を小バッチで生産するための手法だ。これは、原型のマスター型を作り、シリコーン樹脂の型を鋳造することによって行われる。次にこのシリコーン型にプラスチック樹脂が満たされ、真空引きされる。作成された部材は非常に精密で、細かいディテールと薄肉断面が実現できる。）

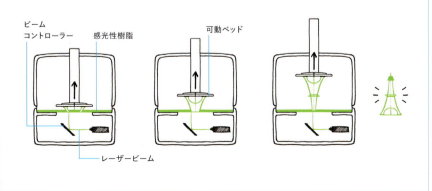

1. CADファイルによって駆動されるレーザーが感光性樹脂の槽の中をスキャンして、層を積み上げて行くことによって部材が製造される。

2. 紫外線のレーザービームが液体の表面に焦点を合わせ、部材の断面をトレースして液体の薄い層を固体に変化させて行く。部材はベッドとともに下がって行くため次第に樹脂の水面下に沈み、その上に部材が積層されて行く。

7. 多様なデジタル・ファブリケーション

1. これはPatrick JouinのデザインしたCIチェアの画像で、完成した製品が液体ポリマーから引き上げられているところを示している。実際に製造されている間は、その時点でレーザーによって成形されているチェアの上端だけが見える。

2. この画像に見える完成したチェアには、成形プロセス中に座面を支えるための白いブロックが挿入されていることがわかる。このブロックがないと、チェアは倒れてしまう。

3. 支えのブロックを取り除く前の、完成したチェア。

4. 完成したチェアは全体が透明で、幽霊のように壮観だ。

長所	+	形状の自由度に制限がない。
	+	良好な表面の仕上がり。
	+	CADモデルから中間工程なしに完成したオブジェクトが得られる。
短所	−	単価が高い。
	−	感光性樹脂のみ利用可能。
	−	2方向の精度が低い。
	−	支持構造が必要となることが多い。
	−	他の多くのプロトタイピングプロセスほど高速ではない。

Information

● 製造ボリューム

製品を作り上げるために必要な時間のため、SLAは低ボリュームの生産のみに制約される。

● 単価と設備投資

成形型は存在せず、また単価はかなり高いものの、試作品製造には最も費用対効果の高い手法のひとつだ。

● スピード

部材のボリューム、使用される材料、そしてオペレーターによって設定される工程の細かさなど、多くの要因によって変化する。もうひとつの要因は、部材の向きだ。例えば、飲料缶は横倒しの状態で作成すればプロセスは高速となるが、正確さは失われる。縦に製造すれば、正確だがより多くのレーザーのパスが必要となる。

● 面肌

積層の結果として表れる「階段状効果」は、層の厚さによってコントロールが可能だ。また、浅い勾配には地図の等高線に似た線が見られる。深い勾配や垂直な壁は平滑な表面となるが、どちらの場合でも部材にはサンドブラストが必要となることがある。

● 形状の種類・複雑さ

コンピューター上で描けるものなら、何でも。

● スケール

標準的なマシンは、500×500×600mm（20×20×24インチ）の積層エリアを収容できる。これよりも大きな部材は、複数のセクションに分けて製造し、つなぎ合わせなくてはならない。しかし、数メートル（フィート）の長さの部材を製造できる独自のマシンを持っている会社もある。

● 寸法精度

レーザーが積み重ねて行くパスの数が多数となるため、高さ方向の寸法精度が最も悪いが、精度は±0.1%プラス0.1mm（½₅₀インチ）が一般的。

● 関連する材料

セラミックやプラスチック、あるいはゴムを用いることができる。より普通には、アクリロニトリルブタジエンスチレン（ABS）やポリプロピレン、そしてアクリルなどのエンジニアリングポリマーが用いられる。

● 典型的な製品

「典型的」という言葉はここでは通用しない。望めばどんなものでも作れてしまうからだ。

● 同様の技法

真空鋳造（251ページ参照）、選択的レーザー焼結（SLS、256ページ）およびインクジェット技術（244ページ）。

● 持続可能性

ステレオリソグラフィには樹脂を硬化させるための紫外線レーザーが必要で、また部材の複雑さによってサイクルタイムがきわめて遅くなる可能性があるため、非常にエネルギー集約的だ。多くの成形品に必要とされる追加的支持構造は、材料の消費量と廃棄物を増加させる。しかし、未硬化の液体樹脂は完成品から洗い流され、リサイクルされてプロセスへ再投入できるので、材料の使用量を減らすために役立つ。すべてのラピッド製造手法と同様に、成形型は不要で、また将来的に現地で製造することにより輸送コストも削減できる。

● さらに詳しい情報

www.crdm.co.uk

www.materialise.com

www.freedomofcreation.com

微小金型の電気鋳造
Electroforming for Micro-Moulds

スイスの会社Mimotecは、電気鋳造（168ページ参照）プロセスを発展させ、微小金型の作成に使えるようにした。しかしMimotecプロセス自体を説明する前に、微小成形が射出成形の「ミニチュア」と同じものではないことをはっきりさせておく必要があるだろう。微小成形は単なる小型の成形ではなく、ナノスケールと言う極微の世界で、重さがわずか数ミリグラムで数ミクロンの厚さしかないディテールを持つ部材を作り上げるための重要な技術なのだ。

微小成形の背後にある原理は比較的平凡だが、金型を作るために使われる手法はかなり魅力的だ。微小金型は、例えば微小切削加工（材料を切り取ること）など、いくつもの異なる手法を利用して作成できる。しかしMimotecは、電気鋳造によって作成可能な細かいディテールを利用して、最も微小な金型を作り上げた。Mimotecのプロセスは、ガラス板に未重合のフォトレジストの層を堆積させることから始まる。次に完成品の形をしたマスクを通して紫外線を当てると、紫外線の当たった部分のレジストが重合するので、紫外線の当たらなかった領域のレジストを洗い流すことができる。残った部分が金めっきされ、さらにレジストの層で覆われる。このように部材を積層して行くことによって作られた、より複雑な部材が金型ブロックとなり、そこに部材用のプラスチックを注入するための穴があけられる。このプロセスは数多く存在する新しいナノスケール部材成形手法の一例であり、製造工学のこの分野で進行しつつある先進的な研究のすばらしいデモンストレーションでもある。

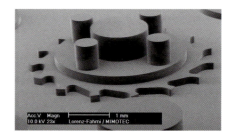

製品	微小金型
製造業者	Mimotec
製造国	スイス

完成品のクローズアップ画像（上）は実現可能なスケールを示しており、また金型（下）は直径わずか0.6mm（¹⁄₄₂₅インチ）で内側に微小な刻み目を持つピニオンキャビティを示している。プレートは（針の頭と比べて分かるように）わずか5×9.8mm（¹⁄₅×³⁄₈インチ）の大きさで、厚さは1.2mm（1/20インチ）しかない。

Information

● 製造ボリューム

この種の微小金型を用いて、数万個にのぼる部材の生産が可能。

● 単価と設備投資

CAD駆動というこのプロセスの性質から、初期費用は低い。

● スピード

100ミクロンの厚さの層を堆積させるには約7時間かかるが、1枚のガラス板の上で数千個の微小金型が同時に製造できる。

● 面肌

この方法で作られた微小金型には、高いレベルのディテールと精密な仕上がりが実現可能。

● 形状の種類・複雑さ

側面がテーパー状をしていたり、垂直な直線でなかったりする形状が製作できる金型を作ることはできない。階段状のステップは製作できるが、より長い時間を必要とする。

● スケール

30ミクロン幅のチャネルが埋め込まれた、100立方ミクロンという小さなブロックを作ることも可能。部材は最大で100×50mm（4×2インチ）。

● 寸法精度

±2ミクロン。

● 関連する材料

微小金型それ自体は、ニッケル合金でめっきした金で作られている。型成形される部材は、ポリアセタール（POM）およびアセタール樹脂から作られることが多い。

● 典型的な製品

ご想像どおり、微小金型は生物医学デバイスや電子機器、時計製造および通信用部品など、非常に小型の部材の製造に用いられる。

● 同様の技法

ワイヤ放電加工（EDM、50ページ）および微小切削加工テクニック。

● 持続可能性

このプロセスは非常に低速となる可能性もあるが、この手法を用いて製造される金型には熱処理や研磨などの二次加工の必要がなく、エネルギー消費量を大幅に削減できる。部材は設計された輪郭と正確に一致するように積層されるため、材料の切断や切削加工は必要なく、したがってこのプロセスでは資源が非常に効率的に利用され、廃棄物が削減される。金型は平均以上の寿命を持ち、連続使用に耐える。

● さらに詳しい情報

www.mimotec.ch

長所	+	非常に精密な加工が可能。
	+	電気鋳造の初期費用は低いため、プロトタイピングに適している。
短所	−	この方法による微小金型の作成は、かなり低速なプロセスだ。
	−	現在の技術の制約により、微小金型にはニッケルおよびニッケル―リン合金しか使えない。

選択的レーザー焼結(SLS)
Selective Laser Sintering

選択的レーザー溶融(selective laser melting、SLM)を含む

製造テクニックの革新は、積層造形法の進歩によって牽引されている。デザイナーは、CADファイルから直接ユニークなオブジェクトを作成する能力を、ますます活用できるようになってきた。選択的レーザー焼結(SLS)は、製品が作り出される方法を変革しつつある、現時点で確立された手法のひとつだ。

焼結(172ページ参照)は、粉末冶金の分野における重要な技術であり、さまざまな製造手法に用いることができる。選択的レーザー焼結は、焼結を応用(そして改良)したものであり、レーザーを使って粉体ブロックの一部を正確に固化させることにより、軽量な部材を製造する。他の焼結プロセスと同様に、粉末材料(ここで示したインプラントの場合には、金属)が出発点となる。CADファイルによって駆動されるレーザーが、粉末の中へ繰り返し照射され、粒子を融合させることによって意図した部材が一層また一層と作り上げられて行く。このため、このプロセスは選択的レーザー溶融(SLM)とも呼ばれる。

スポーツ用フットウェアは、新たな製造テクニックの探求をリードする業界となってきた。Adidasは、大量生産手法としてはまだ揺籃期にある技術であっても、消費者は付加価値を認め割増料金を払ってくれると信じている。このシューズはそのことを示すものだ。

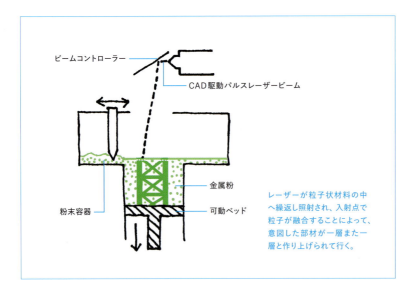

レーザーが粒子状材料の中へ繰返し照射され、入射点で粒子が融合することによって、意図した部材が一層また一層と作り上げられて行く。

7. Advanced 257

製品	Adidas Futurecraft 3D
デザイナー	Adidas
材料	TPU
製造業者	Materialise
製造国	ベルギー
製造年	2016

Futurecraft 3Dに関するAdidasのビジョンは、Adidasの販売店へ行ってトレッドミルでちょっと走ってみれば、あなたの足にぴったりのミッドソールをすぐに3Dプリントしてもらえるというものだ。Materialiseの3Dプリンティングソフトウェアとソリューションは、Adidasがスポーツ用フットウェアの将来をより良いものとするために役立っている。

長所	+ 高い強度を持つ軽量の部材が製造できる。
	+ カスタマイズが容易。
	+ 幅広い金属などの材料が利用できる。
	+ 完全に自動化されたシステム。
短所	− 単価が高い。

Information

● 製造ボリューム
部材はすべて個別に製造される。

● 単価と設備投資
成形型は存在しないが、部材が個別に製造されるため単価は高い。

● スピード
選択レーザー焼結は、ゆくゆくは最終製品の製造に広く活用されることになると予想されているものの、まだ比較的低速で低ボリューム向けのプロセスであり、プロトタイピングに最も適している。

● 面肌
現在のところ、部材の表面は20〜30ミクロンの粗さを呈する（つまり、粗さはほとんどない）。

● 形状の種類・複雑さ
これを駆動するCAD技術によってのみ制約される。このシューズの微細構造は、複雑な形状の製作には最適であることを実証している。

● スケール
厚さが0.1mm（½₅₀インチ）という極薄の垂直壁など、非常に微細なディテールが実現できる一方で、部材の全体的な大ききは、マシンが保持できる粉体ブロック容器の大ききによって制約される。

● 寸法精度
非常に高い。

● 関連する材料
スチールやチタンなどの金属、そしてプラスチックなど、粉末冶金に用いられるあらゆる粒子状材料。

● 典型的な製品
主としてラピッドプロトタイピングの一形態であるSLSは、当初は製造前のテストモデルに用いられていた。しかし、デザイナーたちはこの技術を完成品の製造へも適用しようとしている。この技術は、宝飾品やコンピューターのヒートシンクから、医療用および歯科用インプラントまで、あらゆるものの製造に用いることができる。

● 同様の技法
他のCADによって駆動される技術としては、堆積プロトタイピング（例えば248ページのコンタークラフティング）、ステレオリソグラフィ（SLA、250ページ）、そして3Dプリンティング（244ページのインクジェット印刷の応用など）がある。

● 持続可能性
材料を効率的に利用し、廃棄物を削減するために、部材はデザインの輪郭に沿って正確に積層されるため、二次的な切断や製造が省略できる。また、これらの微細構造で実現可能な複雑さのレベルが高いことも、材料の使用量と重量の削減に役立つ。作成される部材は微小なサイズであるため、複数の部材を粉体ベッドの中で作成し、生産性とエネルギー効率を向上させることができる。ステレオリソグラフィとは異なり、SLSには支持構造が必要ないので、廃棄物や材料の消費量は少ない。すべてのラピッド製造手法と同様に、成形型は不要で、また将来的に現地で製造することにより輸送コストも削減できる。

フィラメントワインディングのSmart Mandrels™
Smart Mandrels™ for Filament Winding

形状記憶合金や形状記憶ポリマーは、材料の世界でのビッグニュースだった。特定の形状に「プログラム」可能という特徴を持つこれらの材料は、加熱して軟化させると元の形状を失って新たな形状に再成形できるようになり、材料が冷却されるとこの形状を保つ。この材料の便利なところは、再加熱されると部材が元の「プログラム」された形状へ戻ることだ。

米国を拠点とするCornerstone Researchという会社は形状記憶技術では世界的に有力な企業のひとつであり、このような材料を利用してSmart Mandrels™という特許取得済みの成形型システムを開発している。これは、フィラメントワインディング（162ページ参照）プロセスに用いられるマンドレルを作成するためのものだ。このシステムには、2つの使い道がある。まず、単一の形状記憶マンドレルを特定の形状に成形して目的の部材の製造に用い、それから再加熱して再成形し、新たな形状のマンドレルとしてまったく異なる部材の成形に再利用できる。もうひとつは、アンダーカットなどのために通常は完成品内部から取り外すことができない複雑なマンドレルの成形だ。

Smart Mandrels™を用いたフィラメントワインディングでは、フィラメントをマンドレルのまわりに巻き付け、その後マンドレルを加熱して軟化させれば元の「プログラム」された直線的なチューブ状の形状となる。これによって、完成したフィラメントワインディングを容易に取り出すことができる。

1. 紫色のSmart Mandrels™を使ったフィラメントワインディングが始まったところ。

2. Smart Mandrels™を加熱して軟化させれば、完成した部材からマンドレルが容易に取り外せる。

Information

● 製造ボリューム

現在のところは小規模な生産量とプロトタイピングにのみ用いられているが、マンドレルに耐久性があり数多くの部材の作成に利用できるため、この最近になって開発されたプロセスは大量生産にも同様に使われて行くことになるだろう。

● 単価と設備投資

Smart Mandrels™は、少量生産の費用を大幅に削減できる。これは、高価な複数の部品からなる成形型が必要ないためであり、単価は大規模な生産と同等のレベルに抑えられる。

● スピード

サイクルタイムは部材1個あたり数分だが、通常の硬いマンドレルを用いたフィラメントワインディング（162ページ参照）よりも大幅に高速化される。これは、部材ごとにマンドレルを分解したり組み立てたりする必要がないためだ。

● 面肌

後仕上げは必要ないが、部材はフィラメントワインディングされた製品特有の「見栄え」となる。

● 形状の種類・複雑さ

Smart Mandrels™の主な利点は、より複雑な形状がフィラメントワインディングを用いて製造できるようになることだ。部材には、通常であればマンドレルが部材から取り外せなくなるため不可能だったアンダーカットや折り返しを持たせることもできる。

● スケール

巨大なスケールでフィラメントワインディングを製造するマシンを作り上げることもできる。スケールに関して唯一の制約は、形状記憶合金やポリマーが作成でき、効果を保つことのできるサイズだ。

● 寸法精度

高い精度が要求される場合に適した種類のプロセスではない。

● 関連する材料

任意の熱硬化性プラスチック材料、およびガラス繊維や炭素繊維。

● 典型的な製品

航空産業の部材、タンク、ロケット、そしてハウジング。

● 同様の技法

引抜成形（103ページ）、そして接触圧成形（手積みまたはスプレーレイアップ成形、156ページ）。

● 持続可能性

フィラメントワインディングは大部分が自動化されているため、モーターを駆動するために電気エネルギーが必要だ。マシンを高速度で稼働させれば、大量生産によってこのエネルギーを効率的に利用できる。また、強度対重量比が高いため、重量も大幅に削減できる。

● さらに詳しい情報

www.crgrp.net

長所	+	非常に多様な形状が製造できる。
	+	マンドレルが容易に取り外せるため、労務費が削減できる。
	+	再利用可能かつ適応性のある成形型。
	+	部材からのマンドレルの取り外しが簡単。
短所	−	部材はすべてフィラメントワインディングされた製品特有の「見栄え」となる。
	−	特許化されたプロセスのため、利用が限られる。

漸進的板金加工
Incremental Sheet-Metal Forming

現在、製造に関する研究が盛んに行われているのが「インダストリアル・クラフト」という分野だ。この言葉は、専用の成形型の必要をなくすことによって、大量生産へ向けた非常に柔軟性のあるアプローチを可能とする一連の技術を意味する。漸進的板金加工は、カスタマイズされた部材の少量生産に利用できる、板金加工に変革を引き起こす可能性のある技術だ。

簡単に言うと、漸進的板金加工は可動圧子を用いた一種の板金のラピッドプロトタイピングであり、専用の成形型を必要とせず、貝殻状の立体であればほとんどどんな形でも作り出すことができる。これは、3軸制御される汎用の単一点ツールを金属板へ押し付けることによって（工作物はクランプで固定されている）、CADファイルから供給されるパスに沿って成形するさまざまな板金加工手法の総称だ。

このプロセスはここ15年ほど使われてきているが、主に成形物の形状的な精度を保証することが困難であるため、いまだにその能力は産業界で十分に活用されてはいない。しかし、トヨタは試作車に使われる部材の成形にこのプロセスを利用して、片面ダイを用いてより厳密な制御を行っている。

多数の研究者がこのプロセスのさまざまなバリエーションを試しているが、同時に2つの圧子ツールを工作物の両面から用いた例もある。また、雌型と雄型を利用すれば、形状的な正確さと表面の仕上がりをより厳密に制御できる。

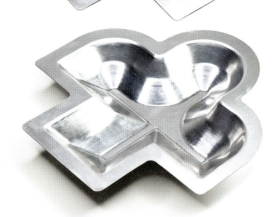

製品	漸進的に成形されたシートのサンプル
材料	ステンレス鋼
製造業者	このサンプルはケンブリッジ大学工学部生産研究所で作成された
製造国	英国
製造年	2006

このプロセスをより広く工業的に活用する方法を探求している研究者は国際的に数多いが、ケンブリッジ大学のJulian AllwoodとKathryn Jacksonはその中の2人だ。このサンプルの階段状の模様は、ツールが金属板をゆっくりと押し付けて成形しながらたどった経路を示している。

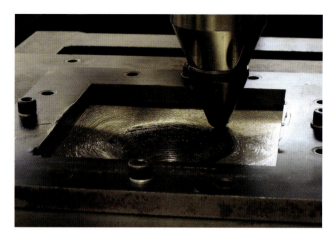

このクローズアップ画像は、クランプされた金属板を単一圧子ツールで加工しているところを示している。

1. 部材の形状がCADファイルとして描画される。

2. 金属板がクランプに固定され、単一圧子を押し当てて成形が行われる。

3. 完成した部材が取り外される。

長所	+	このプロセスの主な長所は、汎用的なツールを用いて複雑な形状を作り出せることであり、結果的に一品ものや少量の生産では成形型や初期費用が削減できる。
短所	−	利用が限られている。
	−	いまだに発展段階にある。

Information

● 製造ボリューム

漸進的板金加工プロセスは次第に知名度を上げており、小バッチ生産には経済的となる可能性があるため魅力的だ。この手法は、トヨタによって製造された試作車など、試作品の製造に用いられてきた。例えば歯科矯正具など、ひとつひとつの製品がユニークでなくてはならない分野にも応用され始めている。

● 単価と設備投資

このプロセスの明白な利点は、成形型の費用や初期費用を非常に低く抑えた少量生産が可能となることだ。

● スピード

典型的な供給速度は1秒あたり50mm（2インチ）以下であり、必要とされる表面品質に応じて、典型的な部材の製造には20分から1時間かかる。

● 面肌

ツールのパス間のステップサイズによる。パスあたり約0.1mm（½₅₀インチ）のステップサイズでは、車の車体メーカーによる等級でAクラスの表面品質が得られる。表面品質は、型の使用によっても改善できる。

● 形状の種類・複雑さ

ダイの利用の有無にもよるが、部材は必ず貝殻状となる。しかし近い将来、上下に圧子を持つことによってこの制限を回避するマシンが作り出されるだろう。

● スケール

典型的な部材の面積は約150〜300mm^2（¼〜½平方インチ）で平均厚さは1mm（½₅インチ）だが、日本の研究者たちは長さ数mm（1インチ未満）から長さ2m（6½フィート）のシートにわたる部材を成形できている。

● 寸法精度

ダイの利用の有無による。ツールのパスがCADモデルからの単純な輪郭を描くだけの場合であっても、最初の形状的な精度は悪い（2〜5mmあるいは½₁₂〜½₅インチ）。これは改善可能だが、試行錯誤を必要とする。ダイを利用した場合に精度が大幅に向上することは明らかだ。

● 関連する材料

高品質のアルミニウムや合金鋼、ステンレス鋼、純チタン、真ちゅう、そして銅など、幅広い材料。

● 典型的な製品

車のボディパネルの製造および補修、カスタム化された医療機器および矯正具、そして建築パネルなど、一品ものの製造にこのプロセスを利用している例がある。

● 同様の技法

漸進的板金加工は金属スピニング加工（62ページ）を祖先とするが、ラピッドプロトタイピングやフレキシブル生産に圧倒的な利点があることは明らかだ。密接に関連したもうひとつのプロセスは、プレス成形だ（65ページの金属切削加工を参照）。

● 持続可能性

このプロセスによって、製造される部材ごとに専用の成形型を用意する必要がなくなり、型の製造に用いられる材料やそのために利用されるエネルギーが劇的に削減される。不良品のシートは再処理や廃棄ではなく、簡単に再生できるため、さらにエネルギーの使用量が減少し予備成形された部材の変更が容易となる。バッチ生産や試作の場合、競合するテクニックよりも加工速度やエネルギー使用量が効率的。

● さらに詳しい情報

www.ifm.eng.cam.ac.uk/sustainability/projects

3Dニッティング
3D Knitting

製品	Nike Flyknit Racer
デザイナー	Nike Design
材料	不明な編み糸
製造国	米国
製造年	2012

2012年のロンドン五輪でデビューしたNikeのFlyknitシューズは、デジタル化された3Dニッティングプロセスによって作り出されたものだ。ニッティングされた平坦なアッパー部分が、ミッドソールに接続された構造となっている。

編地の3Dニッティングは、プラスチックの3Dプリンティングと同じようなものだ。つまり、CADデータを使って複雑な形状が単一のプロセスで編み上げられる。これによって複数の生地を縫い合わせる手間がなくなり、継ぎ目なく一体となった衣服や製品ができ上がる。また、衣服は一着ごとに異なるサイズで作れるので、注文仕立てが可能で、通常のS/M/Lサイズ以上の選択肢を消費者に与えられる。さらにこの延長線上には、ボディスキャンを利用して完璧にフィットした衣料品が庶民にも届けられる未来が待っていることだろう。これは新しいプロセスではなく、1990年代中葉から使われてきたものだが、より効率化し費用対効果を高めた編み機のおかげで、大量生産が可能となった。また、数多くのスポーツシューズがこのプロセスを使って作られたことによって、このプロセスの知名度が上がるとともに、テキスタイルがシューズや衣料

長所	+ 継ぎ目のない立体形状が作成できる。
	+ 複雑な曲面形状の編地が作れる。
	+ 例えばフラップ付きのポケットなどのディテールを作り込むことができる。
	+ 初期費用を必要とせずに製品を作成し試験できる。
短所	− セットアップはシンプルだが、編地を作り上げるにはこのプロセスと編み糸に関する技術的知識が必要。

品として見直されるだけでなく、耐久消費財にも使われる道が開けてきた。

ニッティングマシンはコンピューターからの指令を受け、何百本ものニードルを制御して円筒形の形状を編み上げ、つなぎ合わせて単一の製造工程で完全な衣服を作り上げる。

Information

● 製造ボリューム
一品ものから大量生産まで。

● 単価と設備投資
製品のCADファイルから直接完成品が作り上げられることが、このプロセスの顕著な特徴だ。考慮すべき唯一の点は編み機のセットアップだが、これは部材の複雑さに応じて時間がかかる可能性がある。

● スピード
スピードに関する3Dニッティングの主要な利点は、複数の布地を縫い合わせる必要がなくなることだ。8gマシンでセーター1枚を編むのにかかる時間は、ゲージ、デザイン、サイズなどに応じて30〜60分。

● 面肌
編みのパターンよりも編み糸の種類のほうが表面のテクスチャーに影響する。細い糸を使った極上のテキスタイルから、ざっくりとしたニットまで、さまざまな編地が製造できる。表面の仕上がりを決めるのはゲージ（編み糸の太さの単位）であり、一般的には2.5〜9.2ゲージの範囲だ。

● 形状の種類・複雑さ
チューブが接続された形状や、口の開いた立方体や球（例えばヘルメットのシェルや内ポケット）など、ニッティングマシンの登場前には困難か不可能だったさまざまなトポロジーがマシンによって作り出せる。

● スケール
編地は無限の長さで製造でき、幅は編み機によって制約される。最大幅はニードルの数と、編み機の製造業者によって決まる。ニッティングマシンの主要な製造業者であるStollは、本書の執筆時点で1,195ニードルの編み機を作って

いる。編み糸によっても変化するが、これはおおよそ180cm（6フィート）に相当する。平均的な編み機のサイズは699ニードルほどである。

● 寸法精度
該当しない。

● 関連する材料
利用できる編み糸に関する制約は非常に少ないので、例えば体温調節機能や、内部に電子回路を作成可能な導電性の糸など、さまざまなテクノロジーを実現できるスマートファイバーを使った興味深い展開が行なえる。

● 典型的な製品
Nike Flyknitなどの著名な製品によってこのプロセスに消費者やデザイナーの注目を向けさせたのは、主にフットウェア業界だ。フットウェア以外では衣料品が最大の業界のひとつであり、バッテリー入れや携帯電話ホルダーなどのディテールを作り込めるという利点を提供するため、立体ニッティングがウェアラブル製品に利用され始めている。それ以外の業界では、炭素繊維の糸を使い、編んだ後で樹脂を含浸させて硬化させ、構造部材を作るために使われている。

● 同様の技法
3Dニッティングは、手編みの技術を大量生産レベルに進化させたものだ。カスタマイズされた部材を作れるという点では、プラスチックの積層造形法が比較対象となるだろう。

● 持続可能性
このプロセスはまったく廃棄物を出さずに材料を非常に効率的に利用するので、環境にやさしいと言えるだろう。

● さらに詳しい情報
www.stoll.com

デジタル光合成
Digital Light Synthesis

製品	Adidas Futurecraft 4D シューズ
デザイナー	Carbon and Adidas Design
材料	UV硬化樹脂およびポリウレタン
製造国	米国
製造年	2018

CarbonとAdidasのコラボレーションによってプリントされたミッドソール。

工業生産の業界で最もよく口にされる話題のひとつが積層造形法であることは、もはや言うまでもないだろう。積層造形法とは、データから生成される3Dオブジェクトを大量生産する多種多様なテクニックをまとめて使われるようになった用語だ。積層造形法では、ひとつひとつの物体をカスタマイズできるだけでなく、複雑な形状を作り上げることもできる。近年の新たな産業革命の裏付けとなっていたのが、この製造手法だ。

その中でも、かなりのセンセーションを巻き起こしてきた比較的新たな技術がデジタル光合成（DLS）だ。この手法に独特のセールスポイントとしては、他の積層造形プロセスにはつきものだった欠点（平滑な仕上がりを得るためには表面に後仕上げが必要とされること、標準的な製造手法に用いられるものよりも優秀な機械的特性が材料に求められること）なしに部材を製造できることが挙げられる。

このプロセスでは液状の樹脂を通して投射される光を利用するが、この業界のリーダーであるCarbonはこれをCLIP（連続液体インタフェース製造）技術と呼んでいる。この光が、酸素透過性の窓を通して紫外線硬化樹脂の入った容器に一連の紫外線画像を投射し、次第に上昇するプラットフォームの上で部材が形作られて行く。Carbonが「デッドゾーン」と呼ぶ、部材と窓との間に位置する人間の髪の毛の3分の1ほどの厚さの未硬化樹脂の層が、硬化中に樹脂の流れ落ちを可能とし、高品質な仕上がりを部材に与える。その他の光重合手法では弱い部材ができてしまうのに対して、CLIPプロセスでは部材をオーブンで加熱し、二次的な反応を引き起こして部材の強度を高めることにより、この問題を克服している。

Information

● 製造ボリューム

「1個から百万個まで」とCarbonは言っている。

● 単価と設備投資

パーツのCADファイルを作成するためのコンピューター以外に、投資は必要ない。

● スピード

Carbonによれば、従来の製造所要時間を最大で40%削減することが可能。

● 面肌

その他の手法で3Dプリントされた部材では、部材が積層される際に荒い階段状の外見となってしまうが、それとは違ってDLSシステムでは射出成型された部材に近い性質の部材が製造できるため、はるかにきめ細やかな仕上がりが得られる。

● 形状の種類・複雑さ

このAdidas Futurecraftシューズが示しているように、非常に複雑な形状が実現可能。

● スケール

Carbonは数種類のマシンを提供しており、本書の執筆時点で最大のマシンは189×118×326mm（7½×4½×7インチ）の立体を造形できる。

● 寸法精度

ピクセル解像度は75ミクロン。

● 関連する材料

このプロセスでは、さまざまな性能や工学的特性の硬質および軟質プラスチックが利用でき、最終的な用途に適した十分に優秀な品質の部材が作成できる。そのような材料には、生体適合性のあるシリコーン、さまざまな硬質および軟質ポリウレタン、エポキシなどのプラスチックが含まれる。Carbonによれば、個別のニーズに応じてカスタム材料も製造可能とのこと。

● 典型的な製品

表面の仕上がりが優秀であり機能材料が利用できることから、DLSはAdidasによってFuturecraftシューズの製造に使われた。このシューズはエラストマーを基本とした材料を格子状の構造にプリントしたソールを採用することによって、クッション性を高めている。その他の応用分野としては医療業界、特に歯型の作成が挙げられる。

● 同様の技法

FDM（268ページ）およびSLS（256ページ）などのプラスチック積層造形プロセス。

● 持続可能性

すべての積層造形手法に言えることだが、エネルギーと材料の利用効率は高い。マシンを顧客の近くに置くことができれば、さらに輸送も削減できる。

● さらに詳しい情報

www.carbon3d.com

長所	+	さまざまな硬質および軟質材料が利用できる。
	+	モックアップだけでなく、実際の製品の部材を製造するためにも使える。
	+	他の積層造形プロセスと比較して、非常にきめ細かな表面の仕上がりが得られる。
短所	−	本書の執筆時点では、少数の企業に利用が限られる。

熱溶融積層方式（FDM）
FDM

アクティブ材料の利用

この画像は、張力が解放される前のファブリック上の平面形状のアウトラインを示している。プラスチックは、さまざまな厚さの層としてプリントされる。

プリントされた形状が局所的に動きを制約するため、ファブリックは自己変形してこのような立体構造を形成する。

製品	Active Shoes
デザイナー	Christophe Guberan、Carlo Clopath
製造業者	MITのSelf-Assembly Lab
材料	テキスタイルとプラスチック
製造国	米国
製造年	2015

この研究プロジェクトは、靴の製造方法に異議を唱えようとするものだった。ここに見えるラインは、プログラムされたパターンを引き延ばされたファブリックに3Dプリントしたものだ。ファブリックが解放されると、靴の構造に自己変形する。

熱溶融積層方式（FDM）は、さまざまな材料のフィラメントをノズルから押し出して部材を作成する、最もよく見られる3Dプリンティング手法のひとつだ。この製品はFDM（通常は層を積み重ねて部材を造形するために使われる）の典型的な出力ではないが、デザインの最もエキサイティングなトレンドのひとつを示している。デザイナーが最終製品を開発するだけでなく、製品を実際に作り上げる方法について実験することによって、この分野は大きく変化しようとしている。

FDMは、Self-Assembly Labがプログラム可能材料と名付けたものに関する基本原則のひとつとして利用されている。それは、特定の材料の性質によって部材の形状がもたらされるプロセスだ。ここで取り上げた製品では、ファブリックに内在する弾力性と張力が部材を自己変形させるために利用される。FDMをこういった形で使うことによって、硬質の材料（ここではポリアミド）が、平面に保持されて張力を与えられたテキスタイル（ここではライクラ）にプリントされる。この張力が解放されると、ポリアミドによって作り出された動きの制約により、ファブリックは引っ張られたり引き延ばされたりして立体形状となる。結果的に作り出されるのは、材料の特性と処理が調和して働くことによる驚くべき実例であり、それをSelf-Assembly Labは「自分自身を作り出すモノ」と呼んでいる。

Information

● 製造ボリューム

一般的なFDMは、オフィスのデスクトップで部材を1個だけ作ったり、3Dプリンティングファームで複数のマシンを使って同一の部材を作ったりするものだったが、このプロセスを利用した大規模な生産は常に進化を続けて商業的に実現性のあるものとなっている。

● 単価と設備投資

一般的なFDMマシンは非常に安価で、販売している会社も数多い。すべての積層造形法に言えることだが、パーツのCADファイルを作成するためのコンピューター以外に投資は必要ない。

● スピード

実際に利用するマシンによって変化する。

● 面肌

FDMでプリントされた部材の表面はこのプロセスの大きな欠点であり、ビルドラインが非常に目立つため、滑らかな仕上がりを望むなら取り除く必要がある。ラインが目立たないような向きで部材をプリントするという方法もある。また、二次加工によってラインを取り除くような考案もなされている。

● 形状の種類・複雑さ

ほとんどどんな形状でも製造できるということが、あらゆる積層造形プロセスに共通する最も大きな特徴のひとつだ。

● スケール

スケールは、ベッドのサイズとファブリックの寸法によって制限される。大規模な作品を作りたければ、テキスタイルを乗せたベッドをFDMマシンに対して移動させるという方法もある。

● 寸法精度

3Dプリントされた部材の性質から、このプロセスのプリンティングの部分の精度は高いが、例えばマルチジェットプリンティングほど高くはない。マルチジェットプリンティングは、薄肉断面を作成する能力も優れている。しかし、自己変形フェーズを精度の面で管理するのは難しい。しかしこの点は、他のテキスタイル加工手法でも一般的には変わらない。

● 関連する材料

FDMで利用できる材料の範囲は、標準的なPLA（最も広く使われている材料のひとつ）から、ポリカーボネートや軟質TPUなどのエンジニアリング素材に至るまで、拡大の一途をたどっている。

● 典型的な製品

射出成型の場合と同じく、無限の可能性があるため、FDMの典型的な製品の例を挙げることはほとんど不可能だ。とはいえ、FDMの主な使い方のひとつとして、材料やマシンが手に入りやすいことから、デザイナーや愛好家が手早く試作品を作れることが挙げられる。ポリカーボネートやTPUなどの生産材料が利用できるため、実際の使用に耐える部材も作成できる。

● 同様の技法

FDMと比較可能な手法としては、SLS、SLA、材料噴射（material jetting）、高速液体プリンティングなどがある。

● 持続可能性

現地での製造が可能なため、このプロセスはエネルギーや材料の消費量に関して非常に効率的だ。材料は熱可塑性であるため、再溶融して再利用できる。

● さらに詳しい情報

www.selfassemblylab.net

www.christopheguberan.ch

長所	+ 伝統的なFDMは、非常に幅広い材料に利用できる。
	+ プロセスは利用範囲が広く、マシンのコストは低い。
	+ セットアップが容易で汎用的。
短所	− 伝統的なFDMは表面の仕上がりが低品質で、後仕上げが必要。

マルチジェットフュージョン
Multi Jet Fusion

切削プロセスのように材料を取り除くのではなく付け加えて行くことによって製品を作り上げる積層造形法は、3Dプリンティングを意味する包括的な用語となっている。この分野は成長と進化を続けて重要性を増し、新たな産業革命の裏付けとなっている。そしてまた、積層造形法の新たなバリエーションも続々と登場している。マルチジェットフュージョンは、ヒューレット・パッカード（HP）によって発明され開発された、そのようなバリエーションのひとつだ。

マルチジェットフュージョンはマルチジェットプリンティング（272ページ）と似通った原理に基づいて、粉末ポリマーを一層また一層と堆積させて行くことによって、断面図から部材を作り上げる。

インクジェットプリンターと似通った機構を用いて、プリンティングヘッドが幾度ものパスを経て部材を一層ずつ、1秒当たり3千万回もの滴下によって作り上げて行く。そこには、HPがボクセル（voxels）と呼ぶ制御が用いられている。これは2次元プリンターのピクセルに相当する微小なビルディングブロックであり、サイズは約50ミクロンで、ひとつひとつのボクセルに色や材料に関するカスタマイ

製品	Nike Zoom Superfly Flyknit
デザイナー	NikeおよびHP
材料	ポリアミド
製造業者	Nike
製造国	米国
製造年	2016

このシューズは、オリンピックの金メダリストであるAllyson Felixのために、マルチジェットフュージョン3Dプリンティング技術を利用してカスタムメイドされたものだ。

ズが将来的には可能となるかもしれない。

マルチジェットプリンティングと異なる大きな特徴のひとつは、紫外線硬化光ではなく、ポリマー粒子を融合させ結合させる溶解促進剤が使われることだ。次に溶融を修飾するため、いわゆる「表面装飾剤」が適用され、細かなディテールと平滑な表面が作り出される。プリンティングベッド上に熱が選択的に加えられ、材料上の何百もの点で温度を測定してどの領域により多くのエネルギーが必要かを判断することにより、溶融が必要な部分が管理される。結果として、機械的特性の非常に厳密な管理が可能となる。部材は冷却される必要があり、それはビルディングボックスが後処理ステーションに置かれて粉末除去作業の準備をしている間に行われる。

Information

● 製造ボリューム

HPは、週に1,000個までの少量生産に適合した、数種類のマシンを製造している。

● 単価と設備投資

他の積層造形法マシンほどマシンは安くならないが、これは完全に異なるセットアップであり、プリンター、材料を蓄えるとともに製造中の部材を支えるビルドユニット、そして冷却と仕上げを行う加工ステーションが含まれる。最終製品の費用対効果は非常に高いとHPは主張している。

● スピード

HPによれば、このプロセスはプラスチック3Dプリンティングとしては最高速のものであり、FDM（268ページ）やSLS（256ページ）プロセスよりも10倍高速にプリンティングが行なえる。例えば、同じものをSLSでは1,000個、FDMでは460個製造するのと同じ時間で、12,000個のギアが製造できる。

● 面肌

ビルドラインは目に見えるが、FDMと比較すれば非常に微細なものである。その他の積層造形プロセスで作成された部材と同様に、硬質の材料で作られていればサンディングによって非常に滑らかな仕上がりが得られる。

● 形状の種類・複雑さ

ソリッドなブロックをプリントするのでなければ、支持材料を考慮する必要がある。

● スケール

本書の執筆時点で、HPのマルチジェットフュージョンプリンターの最大のビルドサイズは380×284×380mm（15×11×15インチ）。

● 寸法精度

このプロセスで作成される最も薄い層は0.07mm（1/3500インチ）、解像度は1,200dpiである。

● 関連する材料

さまざまなグレードのポリアミド12（PA12）粉末が標準的な材料だが、HPのオープンソースアプローチにより、将来的には他の材料も追加されるだろう。

● 典型的な製品

最上位のHPマシンには大量生産能力があるため、このプロセスはPA12の機能特性を持つ製品モックアップや完成部材に適している。

● 同様の技法

このプロセスは、一層ずつプラスチックを堆積させて行くという点で、原理的にはマルチジェットプリンティングに類似している。またバインダージェット（binder jetting）方式にも近い。

● 持続可能性

この3Dプリンティングプロセスは、材料を融合させるために熱を必要とする。このマシンが利用するポリアミド粉末は熱硬化性樹脂としてリサイクルできる。またHPは、この粉末や各種の薬剤は有害なものではないと主張している。

● さらに詳しい情報

https://www.hp.com/us-en/printers/3d-printers.html

長所	+ 機械的特性が微調整できる。
	+ 最も高速なプロセスのひとつ。
	+ 精度が非常に高い。
短所	− 現在のところ、1種類のプラスチック（PA）の利用に制限されている。

マルチジェットプリンティング

[別名] ポリジェット、フォトポリマー

Multi-jet Printing AKA PolyJet, Photopolymer

ひとことで言えば、これはインクジェット印刷と同じように作用するプロセスだが、インクを印刷するのではなく、感光性プラスチックを印刷する。CADファイルとして作成されたオリジナルのデザインが、スライスされて2次元の断面図となる。この断面図を1枚ずつ、厚さ16ミクロン（0.016mm）の極薄の層として、「ジェット」（噴射）するのだ。層を堆積させるたびに、セカンドパスとして紫外線が照射されて樹脂を硬化させ、そしてまた次のポリマーの層が噴射される。層が積み重ねられるごとに、作成中のパーツが乗っているビルドプラットフォームが1層分下げられる。複雑なパーツの場合、あるいはアンダーカットがある場合には、支持構造を追加する必要がある。支持構造は、プリンティングの完了後、容易に取り除かれる。

他の積層造形手法とはいくつか異なる点があることには注意が必要だ。例えば、このプロセスではSLS（256ページ）と同様に、さまざまな紫外線硬化材料を使ってパーツが作られるため、完成したパーツは実用には適さない。紫外線によって劣化するおそれがあるからだ。このプロセス独特の非常に有用な長所として、マルチジェットによって硬質および軟質の多色のパーツを同時にプリントできるため、パーツの積層加飾成形が可能であるという点が挙げられる。

Information

● 製造ボリューム

一品ものから、任意の数のパーツが大量生産できるプリンティングファームまで。

● 単価と設備投資

マシンの価格は、FDMマシンほど安価にはならないだろう。しかし、すべての積層造形法と同じく、パーツのCADファイルを作成するためのコンピューター以外に投資は必要ない。

● スピード

マルチジェットプリンティングは、10cm^2（1½平方インチ）程度の比較的小さなパーツについては、最も高速な3Dプリンティング技術のひとつだ。5インチを超えると、プリントノズルが非常に薄い層を堆積させながら長距離を移動しなくてはならないため、スピードは遅くなる。

● 面肌

他の積層造形手法、特にFDMやSLSと比較して、優れた表面品質が得られる。このプロセスは1回のプリントでCMYKWフルカラーが実現できるため、本物そっくりのパーツが作れる。

● 形状の種類・複雑さ

すべての積層造形法と同じく、無限の可能性がある。マルチジェットプリンティングは、薄肉のプリンティングに特に適している。

● スケール

このプロセスは、バッチ生産で低単価を実現するために最適だ。本書の執筆時点で、最大のビルドボリュームは381×292.1×381mm（15×11½×15インチ）だ。

● 寸法精度

非常に精密なプロセスであり、薄肉のセクションにも適している。

● 関連する材料

透明、硬質、軟質といった、さまざまな性質の材料が利用できるものの、これらの材料は他の一部の積層造形手法で利用できるような機能材料ではないため、例えば射出成型された実際のパーツの代わりには使えない。機能性プラスチックを模倣する材料とみなすべきだ。

● 典型的な製品

このプロセスの制約のひとつとして、利用される材料は生産材料を模倣するものにすぎないため、実用とされるパーツをこのプロセスで作ることは推奨されない。それを踏まえれば、モックアップや特殊効果、展示品など、一般的にパーツに機械的応力が加わらないような用途に使われるべきだ。

● 同様の技法

HPによって開発されたマルチジェットフュージョンに非常に近いものの、材料粒子を融合させるわけではないという点では違いがある。また、紫外線によって硬化する感光性ポリマーを利用するという点ではSLSにも近い。

● 持続可能性

この3Dプリンティングプロセスは、粉末を融合させるためにSLSほどの熱量は必要としない。

● さらに詳しい情報

www.stratasysdirect.com

長所	+	硬質および軟質の材料からパーツが作成できる。
	+	多色のパーツを作ることができる。
	+	既存のパーツに積層が可能。
短所	−	材料は試作品にのみ適しており、製品には不適。

高速液体プリンティング
Rapid Liquid Printing

製品	高速液体プリンティング
チーム	Christophe Guberan、Kate Hajash、Bjorn Sparrman、Schendy Kernizan、Jared Laucks、Skylar Tibbits
材料	ゴム、フォーム、プラスチック
製造業者	MITのSelf-Assembly Lab
製造国	米国
製造年	2017

これらの画像は、ゲル槽の中に吊り下げられた製造中のパーツが、ノズルからプリントされているところを示している。

この実験的なプロジェクトが開始されるきっかけとなったのは、積層造形プロセスによって、既存の製造プロセスと同じくらい高速に、他の3Dプリンティング方式よりも大規模なスケールでパーツが製造できるだろうかという問いだった。MITのSelf-Assembly LabがChristophe Guberanと協力して開発したこの製造手法を要約するならば、水性のゲルの入った槽に吊り下げられたパーツをX、Y、Zの3軸からプリントする押出プロセスと言えるだろう。

このプロセスは、濃厚で非常に粘性の高い液体ゲルの中に、少なくとも3軸に移動するノズルから2成分複合材料を搾り出すという非常にシンプルな原理に基づいている。このゲルは、材料が硬化するまでの間、排出された材料を宙づりにして保持する役割を担っている。もっと簡単に言えば、宇宙空間で連続した線を描くように練り歯磨きのチューブを搾り出し、自立した構造を作り上げることを想像してみてほしい。最初に述べた疑問のスピードの部分については、他の積層造形手法では一般的な支持構造を追加することなく、実際の部材のみをプリントすることによって対応している。これによって、支持構造を作成するための材料や時間の無駄も省くことができる。このプロセスに利用されている化学反応は、主剤と硬化剤がノズルの先端から搾り出されて接触することによって発生する。この材料はゲルの中で硬化させる必要があり、材料の

長所	+ 他の積層造形プロセスと比較して、大型のパーツに適している。
	+ 他の積層造形プロセスよりも高速に製造できる。
	+ パーツの輪郭が長さ方向にわたって変更できる。
短所	− まだ開発段階にある。

種類にもよるが硬化時間は最速で20秒ほどだ。このプロセスはまだ誕生したばかりであり、本書の執筆時点では商用生産には利用できない。

Information

● 製造ボリューム

このプロセスが商用化されれば、低ボリューム生産と大量生産の両方に適したものになるだろう。

● 単価と設備投資

すべての積層造形手法と同じく、重要なのは成形型やセットアップが必要ないという点だ。

● スピード

このプロジェクトの検討が始まるきっかけとなった、積層造形プロセスを高速化する方法という前提には、支持材料を省くことによって対応している。

● 面肌

パーツの厚さ、輪郭、そして表面品質を左右するのは、ノズルのサイズと形状、プリンティングヘッドの動くスピード、そして圧力という3つのパラメーターだ。フラットなノズルを利用すれば、ノズルの動きに従って向きを変えることによってねじれたリボンのような輪郭を作り出すことができる。平滑な表面を得るためには、材料の中に気泡が生じないようにプロセスを注意深く管理する必要がある。

● 形状の種類・複雑さ

このプロセスの利点を生かすためには、連続線に基づいた構造をデザインするのが最適だ。ヘッドの動きを遅くすることによって、長さ方向にわたって厚さが変化するパーツを作ることもできる。

● スケール

サイズの制限はない。実際のパーツのサイズはゲル槽によってのみ制限されるが、ヘッドから形状を押し出しながら槽をランナーに沿って移動させることによって、非常に長いパーツを収容することもできる。

● 寸法精度

このプロセスは、ステレオリソグラフィなど他の積層造形法ほど高い精度を達成できるもので

はないが、それでも同等レベルとみなすことはできる。これは、このプロセスが中程度のサイズの物体を、高速により良くプリントできる理由でもある。

● 関連する材料

軟質と硬質のバイオレジンやフォームが使える。また、同一のパーツに異なる種類のプラスチックを組み合わせることも可能だ。

● 典型的な製品

このプロセスで作成されるパーツの形状は、ソリッドあるいは中空の立体ではなく、連続線で構成されるものだ。この点から、最適の用途はソリッドなロッドやチューブで構成される構造部材ということになるだろう。そのため、家具の支持やフレーム、直線状の構造の内装および建築用部材などの用途が最適だ。靴のソール、バルーンオブジェ、防水製品やバッグなどがこれまでに製造されている。

● 同様の技法

原理的に最も近い手法は押出成形であり、両者とも連続した長さのパーツが成形できるが、高速液体プリンティングの大きな違いはパーツが1方向ではなく3次元的に成形できるという点にある。スケールの面では大きく違うが、その他のプロセスとしては愛好家によく使われている空中に3Dプリントできるペンが挙げられる。

● 持続可能性

高速であり、加熱や型を必要とせず、支持材料を省けるという点で、このプロセスはエネルギーと材料の消費量の面で非常に効率的だ。ゲルは水性であり、部材にはバイオレジンを使うことができる。また変更の必要なく、同一のゲルで複数のパーツが製造可能だ。

● さらに詳しい情報

www.selfassemblylab.mit.edu
www.christopheguberan.ch

仕上げテクニック
Finishing Techniques

Ezio Manziniは彼の先見的な著書『The Materials of Invention』の中で、物体の表面を「物体の材料が終わり、それを取り囲む環境が始まるところ」と定義している。製品の表面は、新機軸が最も容易に実現可能な場所であることが多い。2010年には、家庭用品メーカーのMieleが、桃の皮のような産毛のような表面で覆われた特別版の掃除機を発売した。製品を非常にありふれた光沢のあるプラスチックで覆う代わりに、完全に異なる視覚的および触覚的表面を持たせたのだ。

塗装やめっき、そして被覆などのテクニックを含め、この章では実用的および装飾的コーティングに分類される、標準的で広く利用可能でもある表面処理手法の多くを取り上げた。また、製品に新たな種類の機能性を付け加えるためにハイテクでスマートなコーティングが使われる例が増えているが、そのいくつかの実施例も含まれている。

→ 装飾的

昇華型印刷
sublimation dye printing

真空蒸着
Vacuum Metallising

昇華型印刷は、もっぱら事前成形された立体形状のプラスチック製品を装飾するために用いられる。Massimo GardoneとLuca NichettoのAround the Rosesテーブル（上の写真）に見られるように、色やパターン、そしてグラフィックが印刷できるが、このプロセスで保護は提供されない。その代わりに、ちょっとこすったくらいでは落ちないような装飾が提供される。シルクスクリーン印刷や塗装のように、全スペクトルにわたる色や画像、そしてデザインを再現することはできない。

昇華型印刷に用いられる特殊な染料は加熱されると蒸発し、プラスチックの基質と結合して、20〜30ミクロンの深さにまで部材へ色を浸み込ませる。その結果、表面を洗い落としたりこすり取ったりできない、十分な耐久性と耐ひっかき性を持つ装飾された製品が得られる。また、このテクニックはさまざまな表面を装飾するための用途に用いられている。その一例がVAIOラップトップコンピューターのケースだ。コンピューターをさまざまな色やグラフィックスで装飾することによって、人とは違った個性を持たせることができる。

● **典型的な用途**｜昇華型印刷は写真品質のプリンターにも用いられ、その場合には色は固体の染料が加熱されて紙へ浸み込み、再び固体へ変化することによって印刷される。これによってインクジェットやレーザープリンターのようなドットマトリックスプリンターよりもはるかに高品質な画像が得られ、また退色やゆがみのおそれも少ない。

● **持続可能性**｜このプロセスは効率的で、環境にも安全だ。しかし、大量の熱が発生するため、エネルギーの使用量が問題となるかもしれない。

● **さらに詳しい情報**
www.kolorfusion.com
www2.dupont.com

本物の金属を使わずに、プラスチックの部材に金属的な効果を与える必要があるなら、このプロセスがぴったりだ。通常の電気めっきによってプラスチックをクロムめっきするのは難しいが、真空蒸着は経済的で広く用いられる手法であり同様の結果が得られる。

真空蒸着プロセスでは、真空チャンバーの中で気化したアルミニウムが、基質上で凝結して結合し、クロムのような層を形成する。次に表面には保護膜が形成される。この皮膜処理はクロムめっきよりもずっと安価ではるかに環境にやさしいが、クロムめっきのような高いレベルの耐久性と耐腐食性は達成できない。プラスチック部材には本物の金属のような重みや冷たさがないので、より容易に錯覚を引き起こすために、利用者の手が触れないような部材に使うことを考えてみてほしい。このプロセスが明るさを増すために利用されている一例は、懐中電灯の反射鏡だ。Tom Dixonは、ポリカーボネート樹脂製の銅色シャンデリアというまた別の種類の照明にこのプロセスを応用し、金属的な銅色に仕上げている（上の写真、www.tomdixon.net）。

● **典型的な用途**｜懐中電灯の先端部や車のヘッドライトに見られる円錐形の反射鏡や、クロムのような光沢をもつ自動車のトリムは、どちらも真空蒸着を用いた製品だ。

● **持続可能性**｜真空蒸着はアルミニウムを用いてクロムのような効果が得られ、クロムめっきよりもはるかに環境にやさしい。

フロック加工
Flocking

フロック加工された表面は、とても強い連想を呼び起こす。毛羽立ったフェルト、1970年代の母親の壁紙、そしてびっしりと毛羽で覆われた表面を爪でひっかくときの、あのぞっとするような感覚。これは伝統的に装飾的な目的で用いられてきたテクニックだが、例えば遮音性や遮熱性など、他にも多くの実用的な利点があるため、幅広い各種の応用に適している。珍しい例としては、Miele 56掃除機の特別版（上の写真）がある。

フロック加工は、精密に切りそろえられた長さの繊維を、接着剤を塗った表面へ、静電気を利用して植え込むことによって行われる。これによって、1平方センチメートルあたり23,250本に及ぶ繊維からなる、継ぎ目のない布地のような被覆が得られる。用いられる繊維の長さと種類によって、どんな仕上がりとなるかは変わってくる。

● 典型的な用途｜フロック加工は装飾のためだけのものだと思われがちだが、数多くの利点があるため幅広い各種の用途に適している。例えば、メガネや宝石、化粧品などの保護が必要とされるケースの内側には、フロック加工が行われていることが多い。また結露が減少するため、トレーラーハウスやボート、そして空調システムにもよく用いられている。最も革新的なデザインへの応用を2つ挙げるとすれば、陶器製の食器をコーティングして毛羽立たせたもの、そしてここで取り上げた掃除機の特別版だ。

● 持続可能性｜表面に付着しなかった余分な毛羽は回収して再利用できる。使われた基材と繊維の種類によるが、フロック加工された製品はリサイクル可能だ。

酸エッチング
Acid Etching

ケミカルミリングやウェットエッチングとしても知られる酸エッチングは、薄く平坦な金属シートに精緻なパターンを作成するのに適している。これにはまず、処理する材料の表面にレジストを印刷する。このレジストは酸の浸食作用に耐えられる保護層となるため、むき出しになった金属の部分だけが酸によって浸食される。このレジストは直線的なパターンにも、写真の画像としても、あるいはそのどんな組み合わせでも塗布できる。

● 典型的な用途｜酸エッチングは、スイッチの接点やアクチュエーター、マイクロスクリーンなどの精密な電子部品によく用いられ、またラベルや標識にも利用できる。デザイナーのTord Boontjeは、このプロセスを使ってWednesday Light（上の写真）を制作した。このランプシェードは、エッチングされたステンレス鋼の信じられないほどディテールに富んだシートから作られている。酸エッチングは軍事用途にも、ミサイルの柔軟なトリガー装置を作るために使われている。このトリガーは非常に微細にできていて、目標に近づくにしたがって大気圧で形を変える。

● 持続可能性｜多くの金属はリサイクル可能であり、またモダンな形態の酸エッチングでは有害な化学物質の使用が最小限となるため、このプロセスには良い環境格付けが与えられる。

● さらに詳しい情報
www.precisionmicro.com

レーザー彫刻
Laser Engraving

たぶん読者も、彫刻の方法については多少の知識があり、トロフィーや楯などに文字を彫り込むために使われていることもよく知っているだろう。しかし、レーザー彫刻は顕微鏡的なディテールを作り出すことができ、偽造困難な紙幣の印刷版を作るために使えるほど正確で精密なのだ。彫刻にはさまざまな種類があるが、現在ではレーザーによって行われるのが普通で、大量生産や精緻なディテールには特に効果を発揮する。

　彫刻マシンは、レーザーをちょうど鉛筆のように使って、ビームをコンピューターで制御しながら材料の表面へパターンをトレースする。方向やスピード、深さやサイズなどはすべて用途に合わせて微調整できる。レーザー彫刻は、どんな形でも工具ビットを使ったり表面へ接触したりはしないので、手彫りの場合のように部品を定期的に取り換える必要はない。

● **典型的な用途** │ 最高品質の手彫りは宝飾品に見られるが、レーザーを使えばさらに高い精度とはるかに高い速度で彫刻できることに宝石商たちも気付き始めている。レーザーは平面にも曲面にも彫り込むことができるため、このプロセスはこの分野で特に有効だ。
レーザー彫刻にはもうひとつの、ちょっと変わった使い道がある。建築モデルに利用すれば、非常に細かいディテールやパターンが作り出せるのだ。
● **持続可能性** │ 他の多くの表面装飾プロセスとは異なり、レーザー彫刻には消耗品や有害な副産物の問題がない。しかし、材料によってはレーザー彫刻される際に有害なガスを発生するものもある。
● **さらに詳しい情報**
www.norcorp.com
www.csprocessing.co.uk

スクリーン印刷
Screen-Printing

スクリーン印刷は、すべての印刷テクニックの中で最も汎用性が高いと言えるだろう。テキスタイルやセラミックス、ガラス、プラスチック、紙、そして金属など、多種多様な材料に利用でき、どんな形状や厚みやサイズの物体にも印刷できるため、幅広い応用分野に適している。

　このプロセスは、フレーム上にぴんと張られたメッシュのスクリーンを用いて行う。グラフィックパターンは、手作業または光化学的プロセスを用いて、スクリーン上の印刷しない部分をマスクすることによって作り出される。ローラーまたはスクイージーを用いて、インクがメッシュスクリーンのスレッドを通して、ステンシルの空いた領域に押し込まれる。これによって、表面上にシャープなエッジの立った形状が形成される。使用するインクの種類やスレッドの直径、そしてメッシュのスレッドカウントなどは、すべて画像の仕上がりに影響する。

● **典型的な用途** │ スクリーン印刷は通常衣料品と結びつけて考えられるが、このテクニックは時計の文字盤など、数多くの他の分野へ応用されている。もっとエキサイティングな例では、セラミック材料の上に導体や抵抗を作成するためなど、さらに先進的な用途にも用いられている。
ロータリースクリーン印刷機は、Tシャツなどの衣服への印刷プロセスを高速化するために用いられる。衣料品業界が、米国内で行われるスクリーン印刷の半分以上を占めている。
● **持続可能性** │ スクリーンは、清掃すれば再利用できる。スクリーン印刷は同様の手法よりもはるかに高速に印刷を行えるため、エネルギー消費の面でより効率的だ。

電解研磨
Electropolishing

見た目や感触が滑らかな金属の多くは、実はその反対の性質を持っている。顕微鏡で表面を見てみると、数多くの微小欠陥が見つかるだろう。この微小欠陥は、金属を利用する際の性能に影響することもある。そこで、電解研磨の出番だ。電解研磨は電気化学的なプロセスを用いて金属の薄い層を取り除き、より純粋で光沢のある、滑らかな表面をむき出しにする。

電解研磨は、材料を表面へ付け加える電気めっきとは反対の役割をする。電解研磨プロセスは、電解質槽へ工作物を浸し、そこへ電流を流すことによって行われる。これによって酸化反応が起こり、金属の表面が溶け出して行く。処理時間を増やせば、より多くの金属が取り除かれる。上の写真は、KX Designers による Betra Vilagrassa ベンチに施されたプロセスを示している。

● 典型的な用途｜電解研磨によって表面に存在する微量の水素が除去されるため、微生物の繁殖は大幅に制限される。この理由から、食品業界では食品加工や食品処理の機器へ広く用いられている。
このプロセスは銅などの合金製の小型で複雑な製品に最適だ。他の仕上げ手法はほとんどすべて、このような柔らかい金属を損傷してしまうからだ。
● 持続可能性｜電解研磨には有害なおそれのある化学物質が利用されるが、電解質槽は数多くの部材に繰り返し使用できるため、廃棄物の量は最小限となる。
● さらに詳しい情報
www.willowchem.co.uk

タンポ印刷
Tampo Printing

タンポ印刷は、ほとんどすべての材料や表面に利用できる、汎用的な技術だ。小さく限定された表面や曲面にグラフィックを印刷できるため、複雑な部材に高水準のグラフィックやその他の装飾を施すためには非常に有効だ。しかし、印刷できるのは単色だけで、グラデーションや色調の変化をつけることはできない。

このプロセスはまず、グラフィックを実物大でフィルム上に作成することから始まる。次にこれが、陽極酸化処理されたプレートの表面にエッチングされる。このプレートがタンポ印刷機に装着され、表面全体にインクが塗布される。次に、エッチングされたグラフィックの部分にだけインクが残るように、プレートがきれいに拭い取られる。シリコーンのパッドが金属プレート上に降りてきて、グラフィックの部分のインクが転写される。そして、このシリコーンのパッドが印刷される物体の表面へ移動して、グラフィックを捺印する。

● 典型的な用途｜タンポ印刷は、ペンやキーホルダーなどの一般的なプロモーション用商材にロゴを印刷するために主に使われる手法だ。また、電卓やラジオ、時計、そして懐中電灯などの製品にもよく用いられる。
● 持続可能性｜タンポ印刷機はCNC制御され、レーザーを使って部材を正確かつ高速にセットアップするため、エネルギーを効率的に利用できる。

スエード皮膜
Suede Coating

桃の皮や、細かく毛羽立った表面を想像してみてほしい。そこにわずかなゴムの手触りを加えれば、1990年代に流行した材料になる。桃の皮のような、ベルベットの感触のあるNextel®は、特別に厳しい特性の皮膜を必要とするNASAの要求によって開発された。Nextel®の当初の用途は、静電気を帯びず、化学的に安定で無反射、そして傷が付きにくいことが必要とされるスペースシャトルの内張りだった。しかし、現在ではこの皮膜は、装飾性と機能性の両方を目的として、あらゆる業界で用いられている。

Nextel®は非常に簡単に施工でき、特別な分散媒にネオプレンの粒子が含まれる構造をしている。この皮膜は3層から成り立っている。第1の層は基質で、これが適切なプライマーの第2層で覆われる。これが乾燥した後で着色され、皮膜の第3層となる微小なネオプレン粒子が追加される。これには標準的な工業用のスプレー機器が用いられ、皮膜は空気乾燥されるか、あるいは低温のオーブンの中で乾燥される。

● **典型的な用途** | Nextel®の用途はほとんど無限だが、広い範囲の材料をコーティングできるため、特にインテリアデザインに適している。頑丈で美観にも優れているため、オフィスにも家庭の家具にも最適だ。
またこの皮膜は、運輸業界でも広く用いられている。車のダッシュボード、列車や航空機のシートなどが、この摩耗に強く柔らかい表面仕上げを利用している製品の数例だ。
● **持続可能性** | Nextel®によって、基質表面のくぼみなどの欠陥を隠すことができる。これによって必要とされる工程数が減少するため、エネルギーの使用量も節約できる。皮膜の施工時には、ほとんど廃棄物が発生しない。
● **さらに詳しい情報**
www.nextel-coating.com

箔押し
Hot Foil Blocking

箔押しは「ドライ」プロセスだ。つまりインクや溶剤を必要とせず、工作物は箔押し後すぐに取り扱える。また汎用性が高く、あらゆる材料に適用が可能だ。箔押しの装飾効果には、インクでは実現できない輝かしさがある。

このプロセスは、まず金属製の箔押しダイまたはプレートを作成するのだが、その際にグラフィックの部分が一段高くなるようにエッチングを施す。箔のロールと、その下の棚（ここに箔押しされる材料が置かれる）からなる箔押し機に、このダイを取り付ける。ダイが箔へ押しつけられると、ダイの一段高くなった部分の熱と圧力によって箔から顔料が放出され、材料へグラフィックが転写される。グラフィックスをさらに際立たせるため、箔押しはエンボス加工と組み合わせされる場合が多い。

● **典型的な用途** | 箔押しの典型的な用途には、本の表紙や名刺、おもちゃ、そして高級品のパッケージなどがある。またこのプロセスは、靴のラベル表示やクレジットカードのホログラムなど、ちょっと変わった用途にも使われている。
● **持続可能性** | 箔押しは大量のエネルギーを使用しないが、多少の廃棄材料は避けられない。
● **さらに詳しい情報**
www.glossbrook.com

オーバーモールディング
Over-Moulding

積層成形は実際には製造手法そのものではなく、射出成形の拡張とみなされることが多い。しかしこれによって異なる材料を組み合わせ、製品に手工芸的な性質を付け加えることができるため、デザイナーにとっては非常に役立つツールだ。

　非常に複雑な製品を作ることができる割に、このプロセス自体はかなり単純明快だ。本体が型成形されて別の型へ送られ、そこで基礎となる成形品の周囲に（または上、下、もしくはそれを貫通するように）2番目の材料が型成形される。

● 典型的な用途｜オーバーモールディングは、携帯電話、PDA、そしてラップトップコンピューターなど、個人向けモバイル技術に分類される製品に用いられることが多い。
携帯電話のケースには、その表面が布地で覆われているものがある。プラスチック成形品に布地を固定するには、まったく新しいプロセスが必要なのだろうと想像するかもしれない。しかし積層成形を使ってプラスチックを実際の型成形プロセスの中で別の材料と組み合わせれば、後仕上げの必要をなくすことができる。

● 持続可能性｜オーバーモールディングされた製品をリサイクルするのは難しいかもしれない。組み合わされた材料が容易には分離できない場合が多いためだ。これは主にデザイナー側の問題であり、このことに注意して製品がうまく分解できるようにしておけばよい。

● さらに詳しい情報
www.ecelectronics.co.uk

サンドブラスト加工
Sandblasting

このプロセスには多くの使い道があり、表面を平滑にしたり成形したりするためにも利用できるし、またエッチングや彫刻のような装飾を行うためにも用いられる。

　サンドブラスト加工は、その名前のとおりの働きをする。研磨粒子がガンから非常に高速に噴射され、実際に工作物へ吹き付けられる（ブラストされる）のだ。この説明から明らかなように、このプロセスは密閉されたチャンバー内で行うのが最も安全だ。装飾用途では、ガラスのサンドブラスト加工には非常に印象的な効果があり、一種の芸術作品とみなされることもある。ステンシルを用いてさまざまな装飾パターンを作り出すこともできるし、また単純に噴射される粒子のスピードや角度を調整するだけで、さまざまな陰影や深み、効果が生み出せる。

● 典型的な用途｜装飾だけでなく、サンドブラスト加工はさびや腐食を取り除く効果があるため、自動車部品や建築構造、機械部品の再生に利用される。また塗装前の物体の下地処理にも使われてきた。小さな研磨粒子によって欠陥が平滑化され、汚れやごみが取り除かれるため、塗料がよく乗るようになるためだ。最大の用途のひとつとして、デニムのジーンズにダメージ加工をするためにも使われてきた。しかし、サンドブラスト加工中に放出される微粒子を吸い込むと危険なので、適切な設備を備えた工場で行われるよう法律で規制されている。また、このプロセスが禁止されている場合もある。

● 持続可能性｜材料の表面の洗浄や修正を行う代替手段の多くは、化学薬品を利用する。したがって、それに比べれば、空気（比較的エネルギー消費量が低い）や研磨粒子を用いるサンドブラスト加工のほうが環境にやさしいと言えるだろう。

● さらに詳しい情報
www.lmblasting.com

⊖ 機能的

i-SD システム
i-SD System

i-SDは、従来のハイドログラフィックス（水圧転写）に代わる、新たな表面被覆技術だ。画像をひずませることなく、複雑で立体的な表面をグラフィックスで非常に正確に覆うことができる。元の高解像度画像にしたがって、キャビティやくぼみ、そしてディテールのある表面テクスチャーを含めた形状全体がインクで覆われる。このプロセスは、プラスチック、木材、金属、ガラス、そしてセラミックなど、多くの基礎材料と互換性がある。PBTプラスチックを用いた場合、イメージはプラスチックの中へ実際に埋め込まれるので、摩耗することがない。

● **典型的な用途**｜i-SDプロセスは現在、高い耐摩耗性が求められる自動車分野で利用されているが、携帯電話のカバーなど、消費者向けエレクトロニクス製品の表面装飾という広大な領域で採用の可能性がある。
● **持続可能性**｜このプロセスは射出成形と組み合わせることによってより高速な製造サイクルが達成でき、類似の装飾プロセスと比較してエネルギー消費を削減できる。
● **さらに詳しい情報**
www.idt-systems.com

加飾成形（フィルムインサート成形）
In-Mould Decoration (Film Insert Moulding)

加飾成形は、射出成形されたプラスチックの部材の表面を装飾するための経済的な手法として開発されてきた。加飾成形によって別個の印刷工程が必要なくなるため、携帯電話など消費者向けエレクトロニクス製品を個性化するグラフィックスやブランディングの利用が増加するにつれて、ますます重要性を高めつつある。

　このプロセスは、まず「フォイル」と呼ばれるポリカーボネートまたはポリエステルのフィルムへグラフィックを印刷することから始まり、このフォイルはその後形状に沿って切り取られる。型成形される部材の形状によって、フォイルはリボン状にして型へ供給されるか、またはカーブのある部材の場合には個別に挿入される。

● **典型的な用途**｜加飾成形はテキストベースのグラフィックスに限られたものではなく、型成形品への色付けや、表面にパターンを付け加えるためにも使える。適用可能なフォイルで最も興味深い（ただし目には見えない）もののひとつは、一種の「自己修復性」被膜を形成して、製品の光沢を保ち、傷から守ってくれるものだ。それ以外に利用されている製品には、携帯電話の装飾用カバー、ダッシュボード、デジタル時計、キーパッド、そして自動車のトリムなどがある。
● **持続可能性**｜揮発性有機化合物（VOC）を放出する塗装やスプレーよりも、加飾成形は環境にやさしい。
● **さらに詳しい情報**
www.macdermidautotype.com

自己修復性皮膜
Self-Healing Coating

この透明なポリウレタン皮膜は自己修復性があり、加熱されると製品表面の小さなひっかき傷や欠陥などは回復してしまう。高温ではこのプラスチック皮膜中の分子のネットワークが弾力性と柔軟性を増すため、ちょうどろうそくのろうが熱せられた際のように、傷を平滑にする働きがある。この皮膜は耐久性と抵抗力に優れているため、ひっかき傷の問題は過去のものとなってしまうかもしれない。

これを利用した良い例が、自動車の車体だ。暑い日に車が日光にさらされると、板金についた小さなひっかき傷は直ってしまい、滑らかさと輝きを取り戻す。

● 典型的な用途｜この皮膜は車体の板金のためにテストされてきたが、可能性は膨大だ。自己修復性の被膜で建物の外壁を覆うことさえ考えられるかもしれない。
● 持続可能性｜この自己修復性皮膜は、少量の溶剤しか使用しないため環境にやさしい。
● さらに詳しい情報
www.research.bayer.com/en

撥水性皮膜
Liquid-Repellent Coatings

伝統的に、撥水性皮膜は織物などの材料を不浸透性の被膜で処理することによって行われてきたが、それによって元の材料の見た目や感触がまったく違うものになってしまうことが多かった。これに対してP2iは、プラズマ促進蒸着技術を利用してナノスケールの撥水性皮膜を作成する。これは特殊なパルスプラズマを用いて、室温の真空チャンバー内で、撥水性のモノマーを重合させて保護される物体の表面に付着させるものだ。このプロセスによって、対象となる物体の表面全体に厚さ1ナノメートルの丈夫な皮膜が形成され、完全な撥水性が得られるが、物体のそれ以外の特性は変化しない。このプロセスは幅広い材料に有効であり、複数の異なる材料を組み合わせた複雑な立体オブジェクトであっても、P2iプロセスを用いて効果的に処理が行える。

● 典型的な用途｜この技術は、P2iのAridion™ブランドの電子機器やion-mask™ブランドのフットウェアなど、幅広い製品に撥水性を持たせるために利用できる。縫い目や接合部を含め、製品全体を一度にコーティング可能だ。実験機材や医療用製品などもこの技術にとって重要な領域であり、例えばピペットに適用すれば、中の液体が一滴残らず確実に放出されるため、正確なテスト結果が得られる。
● 持続可能性｜このプロセスは少量の保護モノマーしか必要としないため廃棄物は最小限となり、浸漬やスプレーなど従来の手法と比較して効率が向上する。
● さらに詳しい情報
www.p2i.com

セラミック皮膜
Ceramic Coating

Keronite®は、非常に硬質で耐摩耗性があり、軽金属や軽合金に利用可能で、表面処理に変革をもたらしたセラミック皮膜のブランド名だ。硬質クロム処理やプラズマ溶射に代わる、環境にやさしく経済的で精密な選択肢を提供する。

　この皮膜の適用は、物体を電解質溶液に浸けて電流を流すところから始まる。これによってプラズマ放電が起き、「プラズマ電解酸化 (PEO)」と呼ばれる反応によって、薄いプライマーの層が作成される。次に実際の皮膜として、硬い微結晶が詰め込まれた結晶母材によって、部材全体が覆われる。このプロセスは陽極酸化処理と似ているが、はるかに厚く硬質の層が形成される一方で、環境に有害なアルカリ性の電解質の使用量は少ない。

● **典型的な用途** | Keronite®はユニークな特性を兼ね備えているため、幅広い種類の製品に適している。航空宇宙産業では、衛星ハードウェアへの使用が許可されている。ヨーロッパ宇宙機関では、Keronite®を繰返し沸騰水と液体窒素に浸す、宇宙環境を模擬した熱衝撃試験が行われた。
これらの利点は、建築の分野で最もよく認識されている。Keronite®の軽量皮膜によってアルミニウムはより堅牢となり、構造部材に適したものとなる。上に示した画像は、RockShoxシリーズの調節可能な自転車のフロントフォーク、2011 Revelation World Cupだ。

● **持続可能性** | このプロセスに用いられる電解質には環境に有害な化合物は含まれておらず、無処理で廃棄できる。Keronite®は100%リサイクル可能だ。

● **さらに詳しい情報**
www.powdertech.co.uk
www.keronite.com

粉体塗装
Powder Coating

粉体塗装は完全にドライなプロセスであり、細かく砕かれた樹脂や顔料の粒子などの原材料の組み合わせを物体の表面に塗布することによって皮膜が形成される。通常の塗装よりも強靭であり、垂れや流れの心配なく、はるかに厚く塗ることができる。このプロセスでは、基礎材料として熱可塑性ポリマーか熱硬化性ポリマーが選択できる。熱可塑性フィルムは加熱されると再溶融するが、熱硬化性ポリマーは一度固まると液体に戻ることはない。

　粉体塗装は通常スプレーによって行われ、静電気を利用して基質に皮膜を付着させる。最初に物体を電気的にアースしておき、次に電極を通過させて粉末をスプレーすると、帯電した粒子はアースされた物体に引き寄せられる。この静電気によって、粉末は均一な層となる。その後、物体をオーブンで加熱すると粉末粒子が溶融し、融合して連続した表面を形成する。

● **典型的な用途** | 粉体塗装は強靭で耐久性があるため、耐ひっかき性や耐候性が要求される自転車のフレームや自動車部品など、過酷な用途に最適だ。
　基質をアースする必要があるため、粉体塗装は当初、金属など導電性のある材料にしか使えなかった。しかし、この問題を回避するさまざまな方法が考案され、現在ではガラスやMDFなど他の材料に適用できるようになっている。

● **持続可能性** | このプロセスでは揮発性有機化合物 (VOC) が空気中に放出されない。また、未使用またはスプレーしすぎた粉末は回収して再利用できる。

● **さらに詳しい情報**
www.dt-powdercoating.co.uk

8. Finishing Techniques

287

リン酸塩皮膜処理
Phosphate Coatings

20世紀初頭に開発されたリン酸塩皮膜処理は、鉄やスチール製の部材の特性を強化する方法として現在でも広く用いられている。この皮膜は、金属に対して一種のプライマーや下塗りの役目をし、塗装の下地を整えると共に腐食や摩耗から保護する働きをする。

他の多くの仕上げ処理と同様に、このプロセスはまず処理される部材の洗浄から始まる。形状やサイズによって、部材はラックに載せられるか、あるいはバスケットや樽に入れられた状態で溶液に浸され、そこでリン酸化合物の結晶が表面全体に形成される。

用いられるリン酸塩には3種類ある。リン酸亜鉛は塗装の下地として優秀で高い耐腐食性を持ち、リン酸鉄は他の材料との接着に適した表面を形成する。リン酸マンガンは油の吸収に特に効果的で、また優秀な耐摩耗性を提供する。

● **典型的な用途** ｜ リン酸塩皮膜処理は、機械部品の寿命を延ばし保守の必要性を減らすために、自動車や航空宇宙などの重工業を含め、多様な分野で広く用いられている。また整形外科用や歯科用インプラントの生体適合性を改善し、生体拒否反応のリスクを低減することも知られている。

● **持続可能性** ｜ リン酸塩皮膜処理プロセスには、有害な化学物質の使用が必要となる。しかし、皮膜処理によって優秀な耐摩耗性と腐食保護が提供されるため、製品の寿命を延ばすことができる。

● **さらに詳しい情報**
www.csprocessing.co.uk

溶射
Thermal Spray

このプロセスは、部材の寿命を延ばし性能を改善する非常に効果的な方法だ。溶射には4種類あるが、粉末またはワイヤがスプレーピストルに供給され、加熱されて溶融または軟化したものが基質へスプレーされるという、基本は同じだ。溶射によって広い面積に厚い皮膜が形成できるが、皮膜の密度は利用する材料によって異なる。

このプロセスには、火炎溶射、アーク溶射、プラズマ溶射、高速フレーム溶射の4種類があり、それぞれさまざまな用途に適した異なる材料を使って行われる。耐候性を持たせるために、溶射はめっきや塗装に代わる優秀な選択肢であり、さらに環境への悪影響がはるかに少ないという利点もある。

● **典型的な用途** ｜ 外科手術用のはさみの電気的絶縁など、非常に過酷な状況で溶射は特に有効であり、また自転車ブレーキの性能向上のためにも役立っている。
コストが高いため、溶射は主に航空宇宙や自動車、そして生体化学産業、さらには印刷、電子機器、および食品加工機器に用いられている。

● **持続可能性** ｜ 揮発性有機化合物（VOC）を利用しないため、溶射は環境にやさしいプロセスだ。

● **さらに詳しい情報**
www.twi.co.uk

表面硬化
Case Hardening

表面硬化は、軟鉄を硬化するために用いられるシンプルな手法だ。鋼（スチール）は炭素含有量が高く加熱によって硬化できるが、軟鉄の炭素含有量は非常に低いためこれができない。その代わりに炭素を金属表皮へ浸み込ませることによって、軟鉄に非常に堅い表面と、しなやかで比較的柔らかい中心部を持たせることができる。

このプロセスは、軟鉄を赤熱するまで加熱するところから始まる。小さなセクションのみを硬化させる必要がある場合には、部分的に加熱することもできる。次に軟鉄は炭素溶液へ投入され、その後再び加熱されて最後に冷水中で冷却される。このプロセスを繰り返すことによって、硬化表面の深さと強度を増すことができる。

———

● **典型的な用途**｜このプロセスには多くの用途があり、高い圧力や衝撃に耐える必要のある、あらゆる部材に適している。基本的に、表面硬化は成形しやすい材料（軟鉄）の耐摩耗性と耐久性を向上するために行われる。処理済みの部材はのこぎりで切断できず、また簡単には割れなくなる。

● **持続可能性**｜表面硬化はあまり効率的ではなく、また廃棄材料の回収が難しい場合もある。

高温塗装
High-Temperature Coatings

Diamonexはダイヤモンドのような仕上がりの、薄いがきわめて耐摩耗性のある皮膜だ。通常150℃（300°F）未満の温度で適用できるため、Diamonexはプラスチックを含む幅広い材料に利用できる。良好な耐摩耗性・耐浸食性に加えて、皮膜は化学的に安定で非常に堅く、摩擦係数が低いという特徴を持つ。

———

● **典型的な用途**｜この非常に汎用性のある皮膜は、ジェットエンジンからスーパーマーケットのレジのスキャナまで、きわめて高い耐摩耗性と低い摩擦係数を要求されるあらゆる用途に使われている。またDiamonexは、インプラントや外科手術用具など多くの医療用途にも適している。

● **持続可能性**｜Diamonexはあまり多くの廃棄物を出さない効率的な被膜プロセスだ。しかし、皮膜された製品はリサイクルや再処理が難しいということは覚えておいてほしい。

● **さらに詳しい情報**
www.diamonex.com

8. Finishing Techniques **289**

厚膜蒸着
Thick-Film Metallising

厚膜蒸着によって、プラスチックやセラミックスに金属の層を「印刷」することが可能となる。別の言い方をすれば、完全に機能する導体回路を印刷し、回路基板を別に用意する必要をなくすために使えるのだ。この皮膜はスクリーン印刷やスプレーおよびローラー塗装によって、またレーザーを使って金属蒸着パターンを製品へ直接「印刷」することによって、適用できる。

● **典型的な用途**｜　厚膜蒸着が最もよく使われているのは、いわゆるRFIDタグ（無線認識票）だ。これは配送業界で小包などを追跡するために用いられ、またロンドン公共交通機関のOysterカードなどの無線発券システムにも使われている。しかし、これにはもっと幅広い用途がある。すでに次世代のラビッドプロトタイピング装置には厚膜蒸着技術が組み込まれ、デザイナーは実際に動作する回路を試作品に組み込めるようになっている。

● **持続可能性**｜金属が部材へ直接蒸着されるため、厚膜蒸着では最小限の材料しか廃棄されない。しかし、製品のプラスチックをリサイクルするためには、金属を除去する必要がある。

● **さらに詳しい情報**
www.americanberyllia.com
www.cybershieldinc.com

保護皮膜
Protective Coatings

ガラスの表面は完全に滑らかだと考えられがちだが、顕微鏡的なレベルではきわめて荒く、微小な突起やクレーターのため汚れが表面に付着しやすい。Diamond-Fusion®は、このガラスの特性を改善するとともに保護を提供するガラス皮膜だ。この皮膜はガラスと融合して撥水性のバリアを形成するとともに視認性と強度を向上させ、未処理のガラスと比べて材料の最大許容荷重は10倍にまで高まる。またDiamond-Fusionは、セラミックスや他の石英ベースの材料（磁器や御影石など）にも適している。

　Diamond-Fusion®は「化学蒸着（chemical vapour deposition）」と呼ばれるプロセスを利用して適用される。処理される表面はまず洗浄され、液体触媒で覆われる。次に特殊な機械から、分子を変化させる特殊な化学物質を含む蒸気が噴射される。このプロセスは、非常に大型の製品を十分に収容できるチャンバーの中で行われる。かかる時間はほんの少々で、ガラスはその後すぐに使うことができる。

● **典型的な用途**｜この汎用性のある皮膜は、バスルームの調度品から車のフロントガラスまで、さまざまなガラスやセラミックに用いられ、視認性を向上させ、悪天候でもよく見えるようになる。またDiamond-Fusion®は道路上の落下物や氷雪、さらには酸性雨や紫外線放射による損傷からの保護も提供する。この皮膜は、海洋環境での用途にも適している。

● **持続可能性**｜ガラスに適用された後の皮膜は化学的に安定で、完全に無毒だ。またDiamond-Fusion®を作成するために用いられる蒸着プロセスも環境にやさしい。さらに、皮膜によって洗浄回数が減らせるため、環境に良くてエネルギーの消費も少なくなる。

ショットピーニング
Shot Peening

ショットピーニングは、金属表面の強度と全体的な物理特性を向上させる冷間加工プロセスだ。このプロセスを理解するには、ショットガンを思い浮かべてもらうのがよいだろう。基本的にショットピーニングは、金属表面に多数の小球を打ち付けることによって行われる。これらの小球が表面に衝突すると小さなくぼみを作り、これによって表面下の金属が復旧しようとするため非常に応力のかかった圧縮された層が作成される。

表面的なレベルでは、ショットピーニングはサンドブラスト加工と似ているが、摩耗を伴わないという違いがある。つまり、プロセス中に材料が失われる量が少ないため、ショットピーニングで成形を行える場合さえある。

このプロセスは、場合によって疲労寿命を10倍も延長させることもある。ショットピーニングは強度が向上するだけでなく、処理された表面に割れが生じにくくなるため、耐食性も向上する。

● 典型的な用途｜金属板材料の強度の向上が有益な、さまざまな用途——建築の外装材から航空機翼の強化まで——にショットピーニングは利用できる。また、航空宇宙業界では仕上げだけではなく、成形に用いられる場合もある。さらに、このプロセスは修理後の材料の強度を向上させるためにも使われる。

● 持続可能性｜ショットピーニングは冷間加工プロセスであるため、加熱を必要とする仕上げプロセスよりもエネルギー消費量が少ない。サンドブラスティングとは異なり、ダストはほとんど発生しない。

● さらに詳しい情報
www.wheelabratorgroup.com

プラズマアーク溶射
Plasma-Arc Spraying

プラズマは、物質の第4の状態と形容されることが多い。ほとんどの材料は十分に冷却すれば凝固するのと同じように、大部分の固体は十分に加熱すればプラズマ状態になる。プラズマは気体と非常によく似ているが、電気を通すというユニークな特性がある。プラズマアーク溶射は、高温や腐食、浸食、そして摩耗に対する保護を提供する。また、すり減った材料を置き換えたり、材料の電気的特性を向上させたりするためにも利用できる。皮膜はさまざまな基礎材料と互換性があり、さまざまな厚さで作成できる。

溶射される材料は通常は粉末で、これがスプレーガンの内部で加熱され溶融される。電極とノズルとの間を流れるガスによって、溶融した材料が工作物の表面へ噴射される。最後に、材料が表面に到達すると急速に固化してソリッドな被膜を形成する。

● 典型的な用途｜プラズマアーク溶射によって得られる高温への耐性は、航空宇宙産業での過酷な用途に最適だ。タービンエンジンの部品の多くは、極限状態でも機能を発揮するよう溶射されている。
医療は、プラズマアーク溶射が非常に有効なもうひとつの分野だ。皮膜に生体適合性があるため、インプラントと組織との間に結合を生み出すことができる。

● 持続可能性｜無駄になったスプレーは回収して再処理できるため、プラズマアーク溶射は効率的なプロセスだ。

亜鉛めっき
Galvanising

亜鉛めっきのユニークな利点のひとつは、その構造だ。このプロセスによって起こる金属との反応によって、母材金属と融合した皮膜は金属部材に際立った靭性を与え、寿命を延ばす。

反応が起こるためにはめっきされる部材が完全に、徹底的にクリーンでなくてはならないため、このプロセスには多くの準備が必要だ。したがって部材はまず脱脂溶液で洗浄され、次に水洗され、さらに酸浴に浸されて、さびとスケールが取り除かれる。完全にクリーンになった部材が溶融亜鉛に浸されると、亜鉛と母材金属が反応し、強靭で分離不可能な保護層が表面全体に形成される。反応の初期速度は非常に速く、厚さの大部分はこの時点で形成される。典型的には部材は溶融亜鉛に4〜5分浸されるが、大型の製品の場合にはもっと長いこともある。

● 典型的な用途│鋼鉄部材の亜鉛めっきは、建築業界で広く用いられている。鋼鉄棒、ボルト、アンカー、鉄筋コンクリートに用いられる鉄筋、そして高速道路のガードレールなどは、このプロセスが提供する耐久性と靭性の向上から恩恵が得られる用途の例だ。

● 持続可能性│亜鉛めっきには比較的扱いにくい化学物質や酸を多少なりとも使う必要はあるが、このプロセスは適切に管理されていれば環境に大きな悪影響を与えるものではない。

● さらに詳しい情報
www.wedge-galv.co.uk

バリ取り
Deburring

せん断加工からドリル加工まで、すべてのマシニング加工では乱雑で荒く、鋭いエッジが金属に残ることが避けられない。これらは業界では「バリ」と呼ばれ、バリ取りはこれらを除去するために用いられるテクニックだ。

バリを取るには、用いられる金属の種類と製品の形状によって、いくつものやり方がある。最も普通なのが、転磨機(tumbler)を使う方法だ。さまざまな材料の小さなチップとともに、部材がドラムに入れられる。このドラムがマシン内部で回転し、最終的にすべての鋭いエッジが研ぎ落される。またこのプロセスによって清掃や面取りが行われ、場合によっては部材の強度が向上することもある。

● 典型的な用途│バリ取りは、航空宇宙業界で用いられる部材の製造には不可欠の工程だ。例えば、タービンエンジンの部品は使用中に非常に高圧と高温にさらされるため、すべてのエッジは完全に、大きな半径で平滑化されていなくてはならない。このプロセスは単純なので、どんな金属部材の後処理にも使える。

● 持続可能性│自動化されたバリ取り装置は、大量のエネルギーを消費する。

● さらに詳しい情報
www.midlanddeburrandfinish.co.uk

化学研磨［別名］電解研磨
Chemical Polishing AKA Electropolishing

電子機器用の部材には、非常に正確な寸法と、高度な表面仕上げが必要とされることが多い。化学研磨は、製造分野で非常に高いとされる精度が達成でき、表面や構造への損傷を最小限としつつ「顕微鏡的に特徴のない」平滑な表面を実現できる。

　このプロセスは、酸浴槽中の制御された化学溶液に部材を暴露することによって行われる。酸が突起部や荒い表面を攻撃するため、その部分が平らな部分よりも早く溶解し、完璧に平滑な表面が得られる。電気めっきに詳しい人なら、電解研磨はその逆だと考えてみてほしい。つまり、表面にイオンを付け加えるのではなく、逆に表面からイオンを取り去るのだ。

● **典型的な用途**｜化学研磨は、電子部品、宝飾品、医療機器、カミソリの刃、そして万年筆など、高精密製品に用いられる。

● **持続可能性**｜このプロセスに用いられる化学物質は侵襲的だが管理可能で、また余分な材料はリサイクルできる。

● **さらに詳しい情報**
www.electropolish.com
www.delstar.com

蒸気メタライジング
Vapour Metallising

蒸気メタライジングはよく知られていない仕上げプロセスかもしれないが、鏡を製造するために最もよく使われる手法のひとつとして急成長してきた。プラスチックを含めたさまざまな基礎材料に、光沢と反射性のある金属皮膜が非常に経済的に作成できる。また蒸気メタライジングは、用途によって電気めっきの代わりとしても利用でき、表面の一部を被覆しその他の部分は被覆しないまま残しておくこともできる。

　被覆される物体がジグの中に置かれ、メタライジングプロセスを促進し耐久性のある皮膜を作り出すために粘着性の下塗りが行われる。この下塗りがオーブンの中で硬化された後、物体は真空チャンバーに入れられてアルミニウム（時にはニッケルやクロムなども用いられる）が物体の表面全体に均一な被膜を形成する。さらにトップコートが適用されることも多い。

● **典型的な用途**｜蒸気メタライジングされた部材は水による腐食に耐性を持つため、このプロセスはサイドミラーやドアの取っ手、そして窓のトリムなど、多くの車の部品に利用できる。台所用品やバスルームの調度品、そしてパーティー用の銀色をしたヘリウム風船にもよく用いられる。

　また蒸気メタライジングは、プラスチック材料に導電性の金属皮膜を形成するためにも使える。包装も、もうひとつの重要な領域だ。プラスチックフィルム上の金属皮膜の例が見たければ、ポテトチップスの袋を見てほしい。

● **持続可能性**｜電気めっきなど類似のプロセスよりも、蒸気メタライジングは環境にやさしい。よりクリーンで、有毒な化学物質を使わないからだ。

● **さらに詳しい情報**
www.apmetalising.co.uk

デカール印刷
Decallisation

デカール印刷は、写真画像などのグラフィックスを、さまざまな基質に適用するために使われる。これは、基礎材料をポリウレタンの層で被覆し、その後約200℃（390°F）の高温で、スクリーン印刷またはオフセット印刷を利用して印刷が行われる。熱によってインクとポリウレタンが融合し、耐久性が高く耐ひっかき性のある表面が形成される。

　デカール印刷の強靭さと、プラスチックや金属、ガラス、そしてMDFなど幅広い材料を被覆できる能力のため、このプロセスは非常に汎用的であり、建築の外装や内装、さまざまな種類の消費者向け製品の交通広告および屋外広告などに適している。

● **典型的な用途**｜デカール印刷は、バスルームや台所など、過酷な建築用途に最適であり、また紫外線や摩耗、そして落書きに強いため、外装に用いられることすらある。また公共交通機関や駅、そしてスポーツアリーナなど、維持管理の頻度の高い分野にも適している。

● **持続可能性**｜このプロセスによって被覆された表面はリサイクルできないが、多くの用途では強靭さと耐久性のため材料やメンテナンス、そして交換費用が節約できる。

● **さらに詳しい情報**
www.decall.nl

ピクリング（酸洗い）
Pickling

これは、食品をピクルスにして保存することではない。この文脈では、ピクリングはさまざまな金属表面を洗浄するための手法だ。切断から溶接まで、さまざまな製造プロセスでは酸化による残滓のため金属が汚れ、表面が変色してしまうことがある。塗装や皮膜など別の層を付け加える前に、この残滓を取り除かなくてはならない。そこで、ピクリングの出番だ。

　金属部材は洗浄用化学物質の槽に沈められ、加熱される。金属を取り出して洗浄できるまでにはほんの数分しかかからない場合もあれば、数時間もかかる場合もある。大型の部材には、化学物質をスプレーするか、特定の領域だけを処理するためブラシが使われることもある。

　耐腐食性が向上するため、ピクリングによって製品のライフサイクルは大幅に延長され、使用中の性能も向上する。使用される洗浄用化学物質は多岐にわたるが、一般的には処理される金属の種類によって決められる。洗浄用化学物質には酸が含まれ、これによって表面層がごくわずか取り除かれるため、スケールも除去される。

● **典型的な用途**｜ピクリングは宝飾品に用いられる場合が多い。金属（銅や銀、あるいは金を含む場合が多い）の状態が重要であり、ろう付け後のスケールを表面から取り除く必要があるためだ。ピクリング用のポットを購入すれば、小さなものなら家庭でも処理できる。

● **持続可能性**｜ピクリングによって作り出される廃棄物には有害なものもある。しかし、廃液は再処理して肥料に加工できる。あるいは、リサイクルして鉄鋼の製造に利用できる。

● **さらに詳しい情報**
www.anapol.co.uk

付着防止皮膜（有機）
Non-Stick Coating (organic)

植物細胞をベースとしたXylan®は、フッ素樹脂加工の有機版であり、幅広い材料の特性と有用性を改善できる。PTFE（通常はテフロン®と呼ばれる）と同様に、Xylanはくっつかない表面を作るために用いられる。主な違いは、通常PTFEを受け付けない表面にも非常に効果的に付着するという点だ。

　皮膜が適切に付着するように、被覆される製品はまず脱脂され、洗浄される。次に、フッ素樹脂を含むウェットスプレーの形で皮膜が塗布される。製品はオーブンの中で加熱され、Xylan®が硬化して薄い膜を形成する。皮膜の厚さは、皮膜の塗布回数によって決まる。

● **典型的な用途**｜さまざまな部材の寿命と性能を向上させるXylan®の能力は、自動車業界で特に効果的だ。この業界では軽量なアルミニウムがよく使われるが、この材料には比較的耐久性が低いという欠点があった。この領域でのXylan®の利用は、熱や油、そして摩擦のある環境でも、アルミニウムに耐摩耗性を与えるために役立っている。

● **持続可能性**｜部材の寿命と性能は大幅に伸び、原材料の使用量は削減される。

● **さらに詳しい情報**
www.ashton-moore.co.uk

付着防止皮膜（無機）
Non-Stick Coating (inorganic)

テフロン®はブランド名だが、モノ、あるいは人のくっつきにくさを表すためにさまざまな文脈で使われるほど人口に膾炙している。このプラスチック材料の化学的な名前はポリテトラフルオロエチレン（略称PTFE）と長くて発音しづらいので、このキャッチーなブランド名を考え出してくれたデュポン社のエンジニアには感謝すべきだろう。

　この材料を、通常のプラスチック成形手法を用いて加工するのは非常に困難であり、PTFEがほとんど常に他の材料を被覆するために用いられているのはこのためだ。このプロセスは、基質にスプレーすることによって行われ、次にその皮膜をオーブンの中で硬化させると、強靭で一様な仕上がりのPTFEが形成される。この皮膜には、優秀な自滑性と付着防止性という、注目すべき特性があり、さらに耐薬品性と耐熱性がある。テフロン®以外の付着防止皮膜には、Xylan®などがある（前項参照）。

● **典型的な用途**｜テフロン®とPTFEが調理用具に使われていることはよく知られているが、この皮膜は例えばゴアテックス®などのテキスタイル製品にも耐候性を高めるために広く使われている。また医療機器にも利用され、その耐熱性と耐薬品性が清浄度と無菌性の厳しい基準を満たすために役立っている。

● **持続可能性**｜PTFEと、特にその成分のひとつであるPFOAは、環境への脅威となるおそれがあると言われることが多い。デュポンが最近テフロン®の製造プロセスからPFOAを排除していること、付着防止調理器具やPTFEを使った全天候型衣服の通常の使用に米国環境保護庁が反対していないことは、注目に値する。

● **さらに詳しい情報**
www.dupont.com

装飾的・機能的

クロムめっき
Chrome Plating

クロムめっきは、特に耐食性や耐水性を必要とする物体を被覆するためによく用いられるテクニックだ。クロムめっきには大きく分けて2種類あり、より一般的な薄い装飾的でクロムの輝きを持つものは幅広い製品に用いられる。もう一方は硬質クロムめっきと呼ばれ、はるかに厚く、摩擦や摩耗を減らすために産業用機器に用いられることが多い。

部材はまず徹底的に洗浄され、そして平滑で均一な表面を得るためにバフがけされる。次に電気的に帯電させてから、やはり帯電しているクロム溶液に浸される。帯電によって部材の表面と溶液が引き付けあい、物体の表面全体に均一な層が形成される。

● 典型的な用途│クロムは優秀な耐食性を示すため、クロムめっきはまず自動車業界で主流となり、バンパーやハンドル、そしてミラーなどの装飾に用いられた。バスルームの調度品はクロムめっきが用いられるもうひとつの重要な分野であり、他にも湿り気や湿度が多い場所に適している。またRon AradのPizzaKobraライトなど、純粋に装飾的な用途にも用いられる。

● 持続可能性│クロムの化合物には有毒なものがあり、環境に害を与える可能性があるためリサイクルが難しい。クロムの生産によって有害な廃棄物が放出される可能性はあるが、1970年以降のプロセスは環境的に改善されている。

● さらに詳しい情報
www.advancedplating.com

陽極酸化処理
Anodising

この仕上げに関して最も興味深い事実は、これがアルミニウムから形成された保護皮膜であり、金属にもともと含まれていた天然の酸化物を強化し厚くしたものだ、ということだ。陽極酸化処理される部材は徹底的に洗浄されてから、硫酸溶液に浸される。アルミニウム製の部材を通して電流が流されると、アルミニウムの表面に酸化アルミニウムの層が形成されて行く。皮膜の厚さと硬さは、電流の強さと硫酸溶液の温度、そして部材が溶液に浸されている時間の長さによって決まる。製造または装飾のどちらが主に要求されるかによって、さまざまな形態の陽極酸化処理が選択される。陽極酸化処理に用いられる主な金属はアルミニウムだが、チタンやマグネシウムを陽極酸化処理することも可能だ。

● 典型的な用途│AppleのiPod MiniとiPod Shuffleには陽極酸化処理が使われ、アルミニウムのケースに丈夫な保護皮膜を作成すると同時に、魅力的な数々の色を実現している。また別の象徴的なデザインはMaglite®懐中電灯(24ページ)であり、陽極酸化処理によって武骨な美しさを表現している。アルミニウムの重量の軽さと、陽極酸化処理の耐久性や耐食性との組み合わせは、この種の用途にはぴったりだ。

● 持続可能性│陽極酸化処理は多くの他の金属仕上げプロセスよりも環境にやさしく、比較的有毒物質の放出も少ない。陽極酸化処理による仕上げには毒性がなく、プロセスに用いられる化学薬品溶液は回収・リサイクル・再利用される場合が多い。

● さらに詳しい情報
www.anodizing.org

収縮包装
Shrink-Wrap Sleeve

収縮包装は、膨大な範囲の製品の保護に使われているため、日常的に目にしているはずだ。この包装は薄いプラスチックのフィルムでできており、加熱されるときつく収縮して製品を包み込む。このように収縮するのは、分子がばらばらに配置されるようにフィルムが製造されているためだ。フィルムを加熱するとこれらの分子が整列するため、フィルムのサイズが縮小する。収縮包装はさまざまな厚さや透明度、強度、そして収縮率のものが利用可能だ。また一方向にだけ収縮する（単方向性）ようにも、どちらの方向にも収縮する（双方向性）ようにも製造できる。

フィルムには印刷が可能であり、ブランディングやその他のグラフィックスを追加できるすばらしい可能性がある。一次包装よりも、収縮包装のほうが簡単にグラフィックスを印刷できることが多い。

● **典型的な用途** | 収縮包装は、飲料の缶やボトル、CDやDVD、カートン、本、そして時にはパレット上の荷物全体など、さまざまな種類の包装の上包みとして広く用いられている。また、チーズや肉などの食品の一次包装としても利用できる。

● **持続可能性** | 収縮包装は、他のプラスチックと一緒にリサイクルできる。

ディップコーティング
Dip Coating

ディップコーティングのプロセスは、ディップ成形と似ているが、ひとつだけ大きな違いがある。ディップ成形ではプラスチックの物体が製造されると型は取り除かれるが、ディップコーティングでは、別の材料（普通は金属）でできた物体を覆うように、プラスチックの層が恒久的に作成されるのだ。ディップコーティングで作成される非常に安定した保護皮膜は装飾として利用される場合が多く、またハンドルなどの製品のグリップを向上させるために人間工学的に利用されることもある。

このプロセスはまず、被覆される材料を加熱することから始まる。その後、容器に入った材料にプラスチック粉末がすべての方向から噴射され、均一な層が作成される。材料の熱によってプラスチック粉末は融解し、表面に付着する。被覆された材料はオーブンに戻され、プラスチックの層が完全に平滑となるまで再加熱されてから、取り出されて自然乾燥される。

● **典型的な用途** | ディップコーティングは、基質よりも柔らかく快適なグリップがプラスチックの被膜によって提供されるため、ペンチやハサミなどの手工具のグリップとして最適だ。他の用途としては、屋外用家具や自動車用クリップ、そしてフィットネス機器などがある。

● **持続可能性** | ディップコーティングは、生産量が大きくなるほど同時に多数の製品をコーティングできるのでエネルギー効率的となる。

● **さらに詳しい情報**
www.omnikote.co.uk

8. Finishing Techniques

釉薬がけ
Ceramic Glazing

ほうろうがけ
Vitreous Enamelling

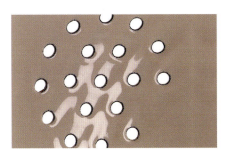

セラミック材料は多孔質であるため、釉薬の層なしでは大部分のセラミック製品は液体を保持できない。釉薬がセラミックスに作成するガラス状の表面は、不浸透性で釉薬の下の装飾を保護してくれる。

釉薬がけは、エアブラシを使ってセラミック製品の上に乾燥した粉末を振り掛けるか、製品を粉末に浸すことによって行われる。次に製品を炉で焼くと、柔らかくなった粉末はセラミックの表面を包み込む。セラミックと粉末との間の反応によって、これらは強く結びつく。しかし、注意が必要なのは、製品の炉と接する部分に釉薬をかけてはならないということだ。さもないと、製品が炉にくっついてしまう。ティーカップの糸底が他の部分と違ったテクスチャーなのはなぜだろうと不思議に思ったことはないだろうか。これがその理由だ。

● **典型的な用途** | 釉薬は何千年もの間、あらゆる種類のセラミック製品に用いられてきた。現在でも調理器具、植木鉢、保存容器など、何千もの用途に使い続けられている。
● **持続可能性** | 釉薬によって耐久性と耐水性のある強い皮膜が形成されるため、セラミック製品の寿命は大幅に伸びる。主な環境上の懸念点は、火入れするために必要な熱量だ。

ほうろうがけは何千年もの間、装飾や保護を目的として利用されてきた。これは基本的に、熱を使ってガラス粉末の薄い層を金属表面と融合させる、洗練されたプロセスだ。異なる種類の鉱物を使うことによって、さまざまな色合いが生み出せる。

ほうろうがけされる製品の金属表面に、まず必要とされるパターンや形状が刻み込まれる。次に粉末状のガラスが、彫り込まれた形状の溝へ慎重に注ぎ込まれ、そして製品が炉で火入れされる。熱によって粉末状のガラスが解け、それによって生じた液体が形状を均等に覆う。製品が冷却されるとほうろうが硬化して、硬く平滑なガラス状の表面が形成される。

● **典型的な用途** | ほうろうは耐熱性と耐摩耗性があるため、コンロのトッププレートやソースパン、そして洗濯機のドラムなどの家庭用品に用いられることが多い。皮膜は完全に不燃性で鮮やかな色を何百年も保つため、ほうろうがけは標識などのグラフィックスに有用だ。例としては、有名なロンドン地下鉄の駅名票や地図が挙げられる。
● **持続可能性** | ほうろうがけされた製品は非常に耐久性があり、元の鮮やかな色を何百年も保つ。主な懸念点は、炉で火入れするために必要な熱量だ。

接合
Joining

材料や部材の接合は、通常あまり考慮されることのない製造の一領域だ。しかし、材料をリサイクルするためにパーツを互いに分離することがますます重要になっているのと同じように、もっと接合も重要視される価値がある。このセクションでは、よく使われる手法を見て行くとともに、平面や立体部材を接合するための非常に革新的なソリューションもいくつか取り上げる。さまざまな機械部品に多種多様なテクニックを用いたり、巨大な圧力で異なる金属を融合させたり（メタルクラッディング）、目に見えない方法でガラスを接合したり（UV接着）、さらには超音波を利用して材料を互いに融合させたりするのだ（超音波溶着）。

接合の手法
Joining Methods

	接合の種別	可逆	異種材料の接合
接合手法			
メタルクラッディング	平面		★
UV 接着	立体		★
高周波 (HF) 溶着	平面		
超音波溶着	平面	★	★
スポット溶接	平面		
ガス溶接	立体		
アーク溶接	立体		
TIG 溶接			
ハンダ付け	立体	★	
線形および回転摩擦接合	平面		★
プラズマ表面処理	シート／立体	★	★
プラスチックと金属のナノ接合	立体		★
レーザー溶着・溶接	立体		
熱可塑性プラスチックの溶着	平面／立体	★	
摩擦攪拌接合		不完全	
摩擦スポット接合		不完全	★
接着	立体／平面	★	★
テキスタイルの接合手法			
縫合	平面	★	★
融着	平面		
超音波溶着	平面		★
熱溶着	平面		★
伝熱ラミネーション	平面		★
組立			
圧入	立体	★	★
片持ちスナップフィット	立体	★	★
環状スナップフィット	立体	★	★
スナップフィットピボット	立体	★	★

プラスチック	金属	大理石	ガラス	木材	テキスタイル
	★				
★	★	★	★		
★					
★	★				
	★				
	★				
	★				
	★				
★	★				
★	★	★	★		
★	★				
★	★				
	熱可塑性 プラスチック				
	★				
	★				
★	★	★	★		
				★	★
					★
				★	★
					★
				★	
★					
★					
★					
★					

メタルクラッディング
Metal Cladding

熱も接着剤も使わず、単純に巨大な圧力を掛けることによって異種金属を圧着し、永続的な結合状態とする手法だ。

この接合プロセスを始める前に、材料の原子間の結合が汚染物質によって妨げられることのないよう、金属の表面は清浄でなくてはならない。クリーニング後の金属は高圧のボンディングミルに入れられ、圧着される。

● 材料｜メタルクラッディングでは、銅、真ちゅう、青銅、ベリリウム銅、スチール、そしてアルミニウムなどの材料を接合できる。被覆材料としては、金、パラジウム、プラチナ、銀、またそれらの合金などがよく使われる。しかし貴金属以外に、ニッケル、スズ、鉛、アルミニウム、銅、チタン、そしてステンレス鋼なども被覆に利用される。これらの材料は、ハンダ付け性、溶接性、そして電気伝導度などを向上させるために選択される。
● 典型的な用途｜メタルクラッディングは電気・電子機器、自動車、通信、半導体、そして家電などの業界で利用されている。主要な用途のひとつは、熱伝導率の高い材料に装飾的な材料を組み合わせたヒートシンクだ。
● さらに詳しい情報
www.materion.com

UV 接着
UV Bonding

この手法を使う理由は2つある。ひとつは、非常に強い接着力が必要な場合。もうひとつは、接着面が完全に透明であることが必要な場合だ。このプロセスは、一液型接着剤を利用して、紫外線を照射して硬化させることによって行われる。専門家によれば、作成された接着面は、接着された材料よりも強くなる。接着面に紫外線を照射する必要があるため、透明な材料に最適であり、ガラス表面どうしを接合する最も有効な方法のひとつとなっている。さらに、時間がたっても接着剤は黄変や劣化しない。紫外線硬化時間は、利用される紫外線のスペクトラムや材料と接着剤の種類によるが、5秒から数分の間だ。

● 材料｜ガラス以外にも、金属や木材、そして大理石なども、一方の材料が透明でありさえすれば、接着が可能だ。
● 典型的な用途｜ガラスの接着には最もスマートで強力な手法であるため、このテクニックはガラス家具やガラス製のショーケースの製造に利用されている。また、光学機器業界や医療技術の分野でも使われている。
● さらに詳しい情報
http://na.henkel-adhesives.com/uv-cure-adhesive-14962.htm

高周波溶着
High Frequency (HF) Welding

無線周波数（RF）溶着とも呼ばれるこのプロセスは、接着剤や機械的な固定具を一切使わずに、圧力とともに電磁場の形で高周波エネルギーを供給することによって材料を接合する手法だ。一般的にはプラスチックの接合に利用され、電極からのエネルギーが材料内部の分子を振動させ、熱を発生するため材料が軟化して融合し、かみ合うことによってクリーンな接合が達成される。このプロセスでは熱が発生するが、外部からの加熱は必要としない。

———

● 材料 | このテクニックで溶着される熱可塑性プラスチックとしてはPVCとPUが最も普通だ。高周波溶接は、交流電界によって分子が振動するような材料にしか使えないからだ。他の溶着可能なポリマーとしては、ポリアミド、EVA、PET、そして一部のABSプラスチックなどがある。
● 典型的な用途 | 張力構造、液体タンク、ウォーターベッド、そして吊り天井などの最終製品に利用される。最も多く利用されている分野のひとつは、ビーチボール、ゴムボート、エア遊具など、空気を入れて膨らませる製品だ。
● さらに詳しい情報
https://www.ufpt.com/resource-center/rf-high-frequency-welding/

超音波溶着
Ultrasonic Welding

これは接着剤を使用しないプロセスで、名前が示すとおり、超音波を使って材料を振動させて2つの面を接合するものだ。この点は高周波の電磁エネルギーを利用する高周波溶着とは異なるが、どちらの手法も圧力を与えて部材を接合させるという点は似通っている。高速のプロセスであり、液体漏れを起こさない接合が得られることが特徴だ。

———

● 材料 | このテクニックは、半結晶性プラスチックなど、硬軟両方のプラスチックに利用できる。また、非鉄軟質金属やその合金（アルミニウム、銅、真ちゅう、銀および金）など金属の溶接や、チタンやニッケルなどの金属の接合にも利用可能だ。
超音波溶着は、例えばプラスチックと金属など、異種素材の接合にも適している。
● 典型的な用途 | このテクニックは、自動車部品の組み立て、医療機器、食品パッケージの封止、そしてランニングシューズの各種パーツなど、さまざまな業界で利用されている。テキスタイルの分野では、接着剤を使わずに縫い目のない衣服を作るために使われる。
● さらに詳しい情報
https://app.aws.org/wj/2001/01/feature/

スポット溶接
Spot Welding

溶接の最もシンプルな形態のひとつであるスポット溶接は、学校の工作室から重工業まで、板金を接合するために使われている。これは非常にシンプルなプロセスであり、重なり合う板金上に小さな融合部（スポット）を作成することによって行われる。このプロセスでは一点に集中した溶接を行うため、2つの小さな銅製の電極が使われる。これらの電極を通して、固定された板金に大電流が流され、それによって金属が互いに融合する。電流の大きさは、金属の種類や厚さによって変化する。その他の溶接テクニックとは異なりフラックスを必要としないため、比較的クリーンではあるが、表面には目に見えるスポットが残る。

———

● 材料｜このテクニックは通常、特定の種類の板金またはワイヤメッシュを溶接する際に使われる。アルミニウム合金や、熱伝導率や電気伝導率の高い金属は、より大電流を必要とする。

● 典型的な用途｜自動車の製造が最も普通の用途のひとつであり、組み立てラインでロボットが溶接を行っている様子がよく映像にとらえられている。

● さらに詳しい情報
https://ewi.org/resistance-spot-welding/

ガス溶接
Gas Welding

重工業分野で最も普通に行われている金属溶接プロセスのひとつが、酸素アセチレンガス溶接だ。これは通常、鉄系金属やチタンに用いられ、酸素とアセチレンがノズルで混合され点火されると約3,500℃（6,330°F）の高温の炎が発生する。金属はこの混合ガスによって予熱され、次に高純度の酸素が炎の中心に噴射されると、金属は急速に融解する。このプロセスは厚肉の材料や大規模な建築に適している。8mm（1/50インチ）未満の薄肉の金属は、このプロセスと高熱により歪んでしまうおそれがあるからだ。

———

● 材料｜通常は鉄系金属やチタン。

● 典型的な用途｜建築、造船、機械部品などの重工業。

● さらに詳しい情報
www.twi-global.com/technical-knowledge

アーク溶接
Arc Welding

スパークが飛び交う工場や建設現場で保護面をかぶった作業者たちを思い浮かべてみれば、この種の溶接の概要は理解できるだろう。重工業で電流を利用して金属を接合するために用いられるアーク溶接は、金属が溶けるほどの加熱を行って金属を接合する。アーク溶接という名前は、電極の棒またはワイヤと母材との間にアーク放電を起こして金属を溶かすことから来ている。電極の一方はバッテリーの＋／－端子に接続され、工作物は通常ワニ口クリップによって他方の＋／－端子に接続される。次に電極棒が、接合されるパーツの縁に沿って動かされる。この電極は、電流を流すためだけではなく、添加材（フィラー）としても用いられる。金属が非常な高温に達すると起こる空気中の元素との反応は、溶接部の強度に影響する。多くのアーク溶接プロセスは、シールドガスでアークと溶融した金属（溶融池）を保護しながら行われる。他の一部の金属溶接手法と同様に、アーク溶接は水中でも行える。

● 材料｜スチール、アルミニウム合金、そして鉄がアーク溶接で一般的な材料だが、薄肉の金属には適さない。
● 典型的な用途｜重工業や自動車産業以外には、船舶の修理、石油掘削装置やパイプラインなどの水中構造物にも多用される。
● さらに詳しい情報
www.bakersgas.com/weldmyworld/2011/02/13/understanding-arc-welding

TIG 溶接
Tungsten Inert Gas (TIG) Welding

TIG溶接は、アーク溶接と同様に電流を利用して熱を発生させて金属を接合する手法だが、いくつか異なる点もある。まず、タングステンの電極棒を使って電流を流すが、溶接部はシールドガスによって保護される。このプロセスはアーク溶接よりも厳密なコントロールが可能となり、はるかに強く、より正確な接合部が形成される。しかしこれは、（電極とガスのノズルに）両方の手を必要とするプロセスでもある。

このプロセスのバリエーションとして、プラズマアーク溶接がある。これは、アーク溶接と同様に、タングステン電極と工作物との間にアークが形成されるものだ。電極はトーチのボディ内に位置し、プラズマアークはシールドガスから分離される。そして小口径の銅製ノズルからプラズマが噴射される。

● 材料｜TIG溶接は通常、銅やマグネシウム合金などの非鉄金属、あるいは薄肉断面のステンレス鋼の溶接に利用される。
● 典型的な用途｜TIG溶接はあらゆる産業分野で利用されているが、高品質の溶接に特に適している。
● さらに詳しい情報
www.twi-global.com/technical-knowledge

ハンダ付け
Soldering
ロウ付け (silver soldering & brazing) を含む

ハンダ付けは金属の接合に古くから使われてきたプロセスで、5,000年前に使われたという証拠も残っている。ハンダ付けのプロセスには、ハンダ、熱、そしてフラックスの3つが必要だ。ハンダ付けと、その他の金属接合の手法（各種の溶接など）との最も顕著な違いは、接合される材料自体は融解しないという点だ。その代わりに、接合される部材よりも低い温度で融解するハンダと呼ばれる添加材（フィラー）が、金属同士をくっつける働きをする。用途によって、さまざまな種類のハンダが利用される。低温で融解するというハンダの性質により、このプロセスは可逆的で、単純に部材を加熱してハンダを溶かせば元に戻すことができる。接合される領域に塗布されるフラックスは、金属表面の不純物を除去して接合部の強度を高め、部材が接合されるべきスペースにハンダが流れ込みやすくする。

ロウ付けはハンダ付けと似ているが、融点の低いハンダの代わりに、より融点の高いロウを利用するため接合の強度は高まるが、可逆性はない。しかし、ロウ付けは高温で行われるため、ハンダ付けに利用される小型のハンダごてではなく、通常は火炎による加熱が必要となる。

● 材料｜銀ロウは、金、真ちゅう、銀、銅などの貴金属を接合するため宝飾品に用いられる。
● 典型的な用途｜ハンダ付けは、電子機器のプリント基板の組み立てに、また宝飾品を作るための銀ロウ付けなど、数多くの用途に利用されている。また、配管工事にも用いられる。
● さらに詳しい情報
www.copper.org/applications/plumbing/techcorner/soldering_brazing_explained.html

線形および回転摩擦接合
Friction Welding – Linear and Spin

これは、直線または回転運動する2つの表面が高速ですれ合うことにより発生する、摩擦熱によって接合を形成するプロセスだ。回転摩擦接合は、一方の部材を旋盤、ボール盤、またはフライス盤で16,000rpmもの速度で回転させることによって行われる。線形摩擦接合でも回転摩擦接合でも、接合される一方の部材が固定され、圧力を加えながらもう一方の部材を回転させることによって、高温の摩擦熱が発生し、部材が溶け合ってひとつになる。それぞれの材料の機械的特性により、部材が溶接されるのに十分なレベルに部材間の摩擦熱が達するまで、摩擦は継続される。この種類の溶接は、組み立てが簡単で、永続的な接合が行なえ、設備費が比較的低額で、すぐに取り扱え（硬化時間が必要ない）、追加的な材料を必要としない。

● 材料｜このプロセスは、金属と大部分の熱可塑性プラスチックによく使われている。また、異種材料を接合するためにも利用できる。
● 典型的な用途｜摩擦接合は、航空機や自動車向けのさまざまな用途で、金属や熱可塑性プラスチックに利用されている。
● さらに詳しい情報
www.weldguru.com/friction-weld

プラズマ表面処理
Plasma Treated Surfaces

このプロセスの重要な利点は、通常は互換性のない材料の表面を接着させることによって、新たな材料の表面の組み合わせを試す機会が生み出されることだ。

プラズマ処理は、表面へのディープクリーニング前処理であり、接着性を改善するとともに類似および異種材料間の永続的な結合を提供するために表面の反応性を変更する。印刷性を改善し、鮮明で耐ひっかき性のある装飾を長期間提供するために表面を処理することもできる。表面はプラズマジェットに数秒間暴露され、処理後の表面は大部分のよく使われる塗料や溶剤、天然水性システムあるいはモダンな溶剤を使わないUV接着剤などを使って接着できる。

● 材料｜大気圧下でのプラズマ前処理は、プラスチックや金属（アルミニウムなど）あるいはガラスなどの材料をクリーニングしたり、活性化したり、被覆するための最も効率的な表面処理技術のひとつだ。

● 典型的な用途｜他の方法では接合が難しい材料を接着させるために、包装、表面への印刷、消費者向け電子機器、疎水性表面などのさまざまな分野で広く利用されている。

● さらに詳しい情報
www.plasmatreat.com

プラスチックと金属のナノ接合
Nanobonding Plastic to Metal

このセクションで取り上げた他の手法が一般的に利用できるのに比べて、これは最近になって日本の会社によって開発されたという意味ではかなりユニークなプロセスだ。ナノ・モールディング・テクノロジー（NMT）と呼ばれるこの技術は、射出成形プロセス中にツール内でさまざまなプラスチック材料をアルミニウムと接合するために開発された。この技術は、ナノテクノロジーを駆使して、プラスチック樹脂のアンカーとして作用する凹凸をアルミニウムの表面に生成することによって行われる。このナノ表面は、アルミニウムを溶液に浸し、表面形状を平面から多孔質へと変化させることによって作成される。次にこの金属板は金型に挿入され、そこに樹脂が射出される。結果として得られた接合は驚くほど強く、材料そのものと同じ強度の接合が形成される。組み立て時間の削減によりコストが低減できるだけでなく、他の方法では問題が多かった機能や材料の組み合わせも可能となる。

● 材料｜現在のところ、このテクニックはアルミニウムとPBTやPPSなどの樹脂にのみ適用できる。

● 典型的な用途｜PDAなどのモバイル製品やコンピューター、自転車、自動車などの分野に加えて、建設向けの大規模な部材にも。この技術は柔らかい質感を生み出すので、衝撃吸収やすべり止めにも役立つ。

● さらに詳しい情報
https://taiseiplas.jp/nmt/

レーザー溶着・溶接
Laser Welding

レーザー溶着・溶接は、精密なレーザーを使って接合する表面を急速に加熱するプロセスだ。いくつかのバリエーションがあるが、このプロセスは金属とプラスチックの両方に使える。プラスチックのレーザー溶着では、接合する一方の表面はレーザーを透過しなくてはならないが、透明である必要はない。レーザーはこの透過表面を通過して、接合される第2の表面に当たって熱エネルギーを発生する。これによって2つの部材は溶着する。大部分のプラスチックはレーザーを透過するので、底面の層はレーザーを吸収して熱を発生するために特殊なプラスチックか添加剤を必要とする場合が多い。このプロセスは、精密で気密封止された接合を形成する。

レーザーによる金属の溶接ではスパークが発生するが、アーク溶接など他の溶接手法と異なるのは、電気的伝導性のある材料を必要としないという点だ。しかし、一般的にはより高額な初期投資が必要となる。プラスチックの場合と同様に、非常に精密であるため小さく複雑な薄肉断面の部材への使用に適している。

● 材料｜金属プロセスとしてのレーザー溶接は、大部分の種類のアルミニウムやスチール、チタンに利用できる。大部分の透明および半透明の熱可塑性プラスチックは、融点が近ければプラスチックのレーザー溶着に適している。金属とプラスチックとの間のハイブリッド接合を形成できる場合もあるが、この場合には金属は融解しない。
● 典型的な用途｜車のボディの溶接から医療分野における微細な溶接、さらには宝飾や電子機器業界での精密溶接に至るまで、レーザー溶接はさまざまな業界で利用されている。
● さらに詳しい情報
www.weldguru.com/laser-welding/#metals

熱可塑性プラスチックの溶着
Thermoplastic Welding

これは基本的に、ハンダごてに似たツールで再融解させた熱可塑性プラスチックを融合させることであり、融点の近い材料に限定されるプロセスだ。

この溶着プロセスはまず、熱可塑性材料の表面をその融点まで加熱する。次にその材料を圧接して冷却し、材料中の分子を別の部材の分子と結合させる。

● 材料｜熱可塑性プラスチックの溶着に最も普通に使われる材料はPP、PE、そしてPVCだ。
● 典型的な用途｜溶着される熱可塑性プラスチックの典型的な用途は包装で、PPをコーティングした布地がさまざまな用途に使われている。それ以外の用途としては、テント、バナー、標識、空調配管などがある。
● さらに詳しい情報
www.weldmaster.com/materials/thermoplastic-welding

摩擦攪拌接合
Friction Stir Welding

摩擦攪拌接合（FSW）は、溶解や添加材（フィラー）を必要としない固体接合プロセスだ。回転するFSWツールが、2枚の固定されたプレートの間に押し込まれると、ツールと材料との間の摩擦によって熱が発生し、ツールは接合線に沿って移動しつつ、2枚の金属板を練り混ぜて行く。アルミニウムなど、溶接が困難な材料でも高品質の溶接が行なえる。

● 材料｜アルミニウムなどの溶接が困難な材料。
● 典型的な用途｜このプロセスは、コンピューターやロボット工学、製造などいくつかの産業分野に利用されている。また、ボートや列車、航空機などの輸送機関で用いられる軽量構造の製造にも好んで採用されるようになってきた。
● さらに詳しい情報
www.twi-global.com

摩擦スポット接合
Friction Spot Welding

摩擦攪拌接合と同様に、これもまた添加材（フィラー）を必要としないテクニックだ。このプロセスは、回転するシリンダーツールを用いて板金に圧力を掛けることによって行われる。摩擦スポット接合では、ツールは1か所にとどまって動かない。

このテクニックのプロセスは、シリンダーツールが回転を始め、トップシートの表面に押し込まれるところから始まる。摩擦によって材料は加熱されるが、溶解はしない。「ピン」と呼ばれるツールの先端部は、軟質金属に圧入されるが、ボトムシートを貫通することはない。ツールは回転を続けながらピンが後退し、それに伴って材料は攪拌される。材料が混じり合ったら、ツールがシートから引き抜かれる。材料にもよるが、このプロセス全体にかかる時間は2秒ほどだ。

● 材料｜このプロセスは、異種材料の接合に適している。例えばアルミニウムとスチール、アルミニウム合金あるいは厚さが不均一な被覆材料などだ。また、軽合金（アルミニウムとマグネシウム）を熱可塑性プラスチックや複合材料と接合する方法としても研究されている。
● 典型的な用途｜BMW、フォルクスワーゲン、アウディなどさまざまな自動車メーカーが、未来の車にポリマーや複合素材の利用を検討してきた。重量と燃料の消費量を減らすためだ。そのような異なる材料を接合するためには、新しい接合テクニックが使われる必要がある。このテクニックは、航空機の構造部材にも使われている。
● さらに詳しい情報
www.assemblymag.com/articles/93337-friction-stirspot-welding

テキスタイルの接合手法
Joining Techniques for Textiles

縫合（Stitching）は、テキスタイルの複数の層を接合するために用いられ、層の表面に細い糸を通して縫い合わせることによって行われる。布地の縫い目がほつれないように仕上げるためには、さまざまなテクニックが利用できる。これは伝統的にテキスタイルのプロセスだが、最近では木材の薄板を接合するために産業的なスケールで利用されている。どんな場合でもこのプロセスは可逆的で、縫い目をほどけば元に戻る。

融着（Fusing）は、2枚の布地を永続的に接合するために用いられる。小型の手工芸品に用いられることもあり、また産業スケールでは少量生産の場合にはフラットベッドプレス、より大量生産の場合にはコンベヤプレスを用いて長尺ものの融着が行なえる。

超音波溶着（Ultrasonic welding）もテキスタイルに用いられるが、これについては303ページですでに説明した。

熱溶着（Heat sealing）もテキスタイルの成形に用いられるが、上記「融着」の項で説明している。

伝熱ラミネーション（Heat transfer lamination）は、テキスタイル（ゴムひもなど）に、機能的・装飾的で高品質な要素を永続的に作成するために用いられる。縫合のない熱溶着テクノロジーとも呼ばれる伝熱ラミネーションは、天然または合成繊維のテキスタイルを含む2枚の布地またはシート材料の間にサンドイッチされた熱可塑性樹脂系接着剤を利用する。この接着剤が高温で融解し始めると、圧力が掛けられて、永続的な接合が形成される。通常の縫合と比べて、耐久性や防水性や快適性に優れているなど、いくつかの特筆すべき利点がある。このテクノロジーはスポーツ用品の製造業界に革新をもたらし、通常の縫合テクニックに取って代わることになった。水着やランニングウェア、あるいはシューズの縫い目のない作りを考えてみてもらいたい。

伝熱ラミネーションには接着テープだけでなく、より大きなシートも利用でき、さまざまなグラフィックスを切り抜いてテキスタイルに適用し、装飾としたり、ディテールを強調したり、局所的にグリップ性を高めたりすることもできる。

接着
Adhesive Bonding

ほとんど無限のバリエーションがある一方でアプローチとしてはシンプルな接着は、接合の手法に関するこのセクションには欠かせない存在であり、膨大な可能性を包含している。接着は永続的なものも一時的なものも、また再利用可能なもの（ポストイット）もある。接着は、ポリマー接着剤が化学反応や物理反応を起こして接合を形成することによって行われる。接合される材料に応じて、表面には研磨または化学溶媒による前処理が必要な場合がある。利用される環境にもよるが、接着剤は時間とともに劣化するおそれがある。他の接合手法にはないもうひとつの欠点は、接着がダメになる場合には通常（だんだんとダメになるのではなく）瞬間的にダメになるということだ。

● 材料｜どんな材料も接着剤によって接着することは可能だ。問うべき主な質問は、接着をどれだけ長く持たせる必要があるのか、接着の強さ、そして接着の条件（熱、水、化学薬品など）だ。
● 典型的な用途｜建築物や航空機の組み立てから、学校の掲示板への掲示物の貼り付けまで。
● さらに詳しい情報
www.adhesives.org/adhesives-sealants/fastening-bonding/fastening-overview/adhesive-bonding

組立
Assemblies

圧入（Press-fit）は、2つの部材間の摩擦を利用して何かを固定することであり、例としてはレゴブロックが挙げられる。レゴブロックはABS樹脂製で、組み立てや分解が簡単にできるよう高精度に作られている。

片持ちスナップフィット（Cantilever snap joint）は最も普通の固定方法で、例としては電池ボックスのカバーが挙げられる。先端にフックの付いた片持ち梁が、穴に入る際にわずかにたわみ、フックが穴の縁を通り過ぎると、梁がまっすぐな状態に戻ってフックが引っかかる。

環状スナップフィット（Annular snap joint）は、ペンを使って書いている間、キャップをペンの上部にはめこんでおくための接合手法だ。もうひとつの例としては、子どもには開けにくいようになっている医薬品のボトルが挙げられる。スナップフィットが機能するためには一方の部材が他方の部材よりも柔軟でなくてはならず、同一の材料を使う場合には一方の部材がより薄く、より柔軟になっている必要がある。

スナップフィットピボット（Hinges-snap-fit pivots）は、回転ヒンジを作成したい場合に適した方法だ。ひとつの部材には、丸く、2分割されたペグの形をした突出部が作り込まれる。これが穴に差し込まれると、2分割されたピンがたわんですぼまり、穴の縁を超えると元に戻って部材を固定する。

用語解説
Glossary

焼きなまし（annealing）｜制御された方法で加熱することによって、材料中の応力を低減すること。これは、ガラスまたは金属を徐冷がま（オーブンまたは炉）の中でゆっくりと加熱するか、または冷却するか、あるいはその両方を行い、材料中の内部応力を緩和することによって行われる。

軸対称（axisymmetric）｜単一の軸の周りに対称な立体形状。典型的な例は円錐。

バール（bar、圧力単位）｜産業界で容器の中の圧力を示すために使われる用語。1バールは14.504ポンド毎平方インチ（psi）、0.98692気圧、あるいは100,000パスカル（Pa）と等しい。

ビレット（billet）｜エンジニアリングの用語では、ビレットは鋼鉄のソリッドなかたまりを意味し、ロッドやバーやセクションはビレットから作られる。

素焼き（biscuit/bisque）｜火入れされたが、釉薬のかかっていないセラミックを意味する。火入れは、約1000℃で行われる。素焼きされたセラミック片は多孔質だ。

バリ（burring）｜金属片が切断、鋳造、またはドリル加工された後に残る、荒くて多くの場合には鋭いエッジ。さまざまな製造形態の小さな副産物に過ぎないのだが、多くの会社がさまざまな方法でバリ取りを行っていると表明していることには注目すべきだ。

CAD（Computer Aided Design）｜コンピュータ支援設計。

チップフォーミング切断（chip-forming cutting）｜切断プロセスの結果として材料の破片（チップ）が作成される、部材の作成技術。典型的な例としては、フライス盤加工がある。「ノンチップフォーミング」も参照。

CNC（computer Numeric Control）｜コンピュータ数値制御。

CNC曲げ加工（CNC folding）｜コンピュータ制御によって、平たんなシート状の材料に折り目を付けて折り曲げることによって、立体的な中空形状を作成するプロセス。子どもの缶ペンケースを考えてみてほしい。

冷間加工（cold working）｜金属またはガラスをその再結晶化温度未満で（もっと簡単に言えば、熱を使わずに）加工および成形すること。「加工硬化」も参照。

汎用ポリマー（commodity polymers）｜エンジニアリングポリマー（その項を参照）よりも機械的性能が低いポリマーで、ポリプロピレンやポリエチレンが含まれる。

複合材料（composites）｜2種類以上の成分から構成される材料。一般的にこの用語は、ポリマー樹脂と繊維の組み合わせからなる先進的な特性を持つ材料を指して使われる。

小割れ（crazing）｜細かいひび割れのように見える、釉薬の欠陥。

深絞り（deep draw）｜長いパンチを使って金属を深い縦穴へ絞り出すことによって製品を製造することを指す。衝撃押出加工は、深絞りを行うプロセスの一例だ。

ダイ（die）｜「ダイ」と「金型」と言う用語は実質的に同じ意味で、一般的には鋼鉄製のキャビティを持つ形状であって、材料を流し込むことによってその形状を部材に写し取るために使われるものをいう。「ツール」も参照。

抜き勾配（draft angleまたはdraw）｜部材を設計する際、多くの型成形プロセスで考慮する必要のあるテーパーのことだ。一般的に、金型から部材を容易に抜き取れるようにわずかな角度をつけておくことを指す。

エンジニアリングポリマー（engineering polymers）｜性能に特長のあるプラスチック材料、例えばナイロン、熱可塑性エラストマー（TPE）など。「汎用ポリマー」と比較されたい。

組み立て（fabrication）｜金属加工用語では、さまざまな部品を組み合わせたり組み付けたりして部材を構築することを意味し、ひとつの工程で行われる型成形や鋳造などによる製造とは対比して使われる。

フェトリング（fettling）｜セラミック片を火入れする前に行われる最後の清掃作業。

フランジ（flange）｜唇状のディテールまたはリムであって、通常は直線的で、金属部品の端部に位置するもの。その機能は、剛性を高め他の部品との接合を容易にすることだ。

フラッシング（flashing）｜製造では、フラッシング（またはフラッシュ）とは、成形作業の後に部品に残された余分な金属のことだ。これは不要なので、一般的には取り除くことが必要とされる。

ゲート（gate）｜これは、プラスチックの型成形と関連して非常によく使われる用語だ。加熱されて溶解したプラスチックが金型キャビティへ流し込まれる開口部を意味する。

ゲルコート（gel coats）｜複合材料に特有の用語で、金型の内側表面へ適用される急結皮膜を意味し、これによって表面の仕上がりを向上させ、高い輝きを持たせ、また保護することができる。

ゴブ（gob）｜吹きガラス型成形に用いられる用語で、型に入って吹かれる前の、ソーセージの形をした一定量の溶けたガラスのことをいう。

「未焼成」の状態（'green' state）｜火入れされる前のセラミック部材の、水分を含んだ半硬質の状態。

ジグ（jig）｜製造では、部材または材料を加工や組み立て、あるいは接着する際に、その動きを制御または制約するために用いられる構造物をジグと言う。

旋盤加工（lathing）｜ターニング加工とも呼ばれるが、通常は金属加工の文脈で用いられる。

マンドレル（mandrel）｜金属スピニング加工に用いられることが多く、望ましい形状を実現するために板金が回転されながら押し付けられる、ソリッドな形状を指す。

母材（matrix）｜複合材料を利用する際、母材とは繊維を加える対象となる材料を意味する。液体ポリマーであることが多い。

ミクロン（micron）｜1mmの千分の一。

金型（mould）｜「ダイ」を参照。

ノンチップフォーミング切断（non-chip-forming cutting）｜成形される材料の破片（チップ）を出さない切断技法を指して使われる用語。このような技法は非常にクリーンで、例えばレーザー切断やウォータージェット切断が含まれ、材料が吹き飛ばされるか蒸発してしまうため、「破片」が残らない。

ガス放出（outgasing）｜プラスチックの加工、例えば射出成形中に揮発性のガスが放出されることを指して使われる用語。このようなガスを除去するためには、確立された方法が数多く存在する。

分割線（parting lines）｜部材の表面に盛り上がった細い線で、型成形後にできることが多い。基本的にこれは、2つ以上の型の部品が分割される部分にできる。当たり線とも呼ばれる。

後処理工程（post-process operations）｜主製造工程の後に行われる処理はすべて、「後（ポスト）」と呼ばれる。例えば、表面をきれいにする必要がある場合には後仕上げ、二次的なプロセスによって部材を完成させる場合には後成形や後加工、ポストマシニング加工と呼ばれる。これらには、ドリルによる穴あけやバリ取りが含まれる場合がある。

プリフォーム（pre-form）｜主に中空成形で、完全に成形される前の、射出成形によって半成形された部材を指して使われる。製品の、まだ胎児の状態のようなものだ。

psi｜圧力の単位で、ポンド毎平方インチの略。「バール」も参照。

凹入（re-entrant angles）｜「アンダーカット」を参照。

耐火性材料（refractory materials）｜非常に高い耐熱性を持ち、炉や窯に用いられる材料。多くのセラミックスは「耐火物」であり、これらの材料を記述するもうひとつの方法ともなっている。

押し湯（risers）｜金属鋳造で用いられる用語で、金属が冷却して凝固する際に起こる収縮を埋め合わせるため、溶けた金属が引き込まれるようにするためのリザーバとして働く、型にある縦穴を指す。「ランナー」も参照。

ランナー（runners）｜鋳造時に金属が注ぎ込まれる縦穴。「押し湯」も参照。

ヒケマーク（sink marking）｜これは射出成形によく見られ、たいていは簡単に解決できる問題だ。平面に成形されるべきプラスチックの表面に、わずかな凹みやへこみ（「ヒケ」）が見られることを指す。これは、部材の中で材料が局所的に収縮したためであることが多い。

固体成形（solid-state forming）｜通常は室温で行われる材料の加工を指して使われる総称的な用語。例としては、衝撃押出成形やロータリースウェージングがある。

スプルー（sprue）｜射出または圧縮成形の結果として部材に付着して残されたテーパー状のプラスチック片。これは、プラスチックがノズルから金型へ流し込まれる場所にできる。これが切り取られた跡は、安価な成形品に見られることが多い。

基質（substrate）｜二次的な材料の層が適用される、表面材料を指して一般的に用いられる用語。母材と同様なものと考えることもできる。

焼き戻し（tempering）｜焼き戻しの目的は、材料中の応力を軽減することによって鋼鉄の硬さを減少させることだ。このプロセスは、鋼鉄を変態範囲未満の温度に加熱し、それから空気中でゆっくりと冷却することによって行われる。

引っ張り強さ（tensile strength）｜長さが増加し断面積が減少するように材料が引き延ばされた際、材料が耐えられる応力の大きさが引っ張り強さとなる。

熱膨張（thermal expansion）｜大部分の材料は、加熱された際に膨張し、冷却された際に収縮する。熱膨張は、温度の上昇と材料の寸法の増加との比率として定義される。

熱可塑性樹脂（thermoplastics）｜熱硬化性樹脂（下記）とともに、この用語はプラスチックのグループ分けに用いられる主要な分類だ。熱硬化性樹脂とは異なり、熱可塑性プラスチックは再加熱して再成形できる。

熱硬化性樹脂（thermosets）｜いったん成形されてしまうと、再加熱や再成形が不可能なプラスチック。熱硬化性プラスチックとも呼ばれる。「熱可塑性樹脂」と比較されたい。

ツール（tools）｜大まかに金型（その項を参照）と呼ばれる製造設備の一部を指す一般的な用語（「成形型（tooling）」とも呼ばれる）。しかし、成形型は必ずしも雄型や雌型そのものではなく、材料と直接接触するメカニズム全体を意味する。金型やカッター、あるいは成形具のいずれかを指すこともある。

アンダーカット（undercuts）｜これは多くの種類の型成形で非常によく使われる用語で、型からの部材の取出しを妨げる可能性のある、部材のディテールを指す。また、凹入と呼ばれることも多い。

当たり線（witness lines）｜「分割線」を参照。

加工硬化（work hardening）｜この現象を最もよく説明しているのは、金属片を曲げる（「加工」する）ことを繰り返すと次第に固く曲げづらくなり、最終的には割れてしまうことだ。定期的に焼きなまし（その項を参照）を行うことによってこれを防ぎ、さらに加工を行うことができる。「冷間加工」も参照。

索引
Index

数字・アルファベット

3Dニッティング	264
CAD	312
CIM(セラミック射出成形)	226
CIP(コールドアイソスタティック成形)	
	176
CNC(コンピュータ数値制御)	
	027, 312
CNC曲げ加工	312
CO²ケイ酸塩鋳造	232
EBM(電子ビーム切断)	030
EDM(ワイヤ放電加工)	050
Exjection®	098
FDM(熱溶融積層方式)	268
HIP(ホットアイソスタティック成形)	
	174
i-SDシステム	284
Industrial Origami®	067
MuCell® 射出成形	207
psi	313
Pulshaping™	106
RIM(反応射出成形)	203
SLA(ステレオリソグラフィ)	250
SLM(選択的レーザー溶融)	256
SLS(選択的レーザー焼結)	256
TIG溶接	305
UV接着	302
VIP(真空含浸プロセス)	158
VPP(粘性塑性加工)	240

あ 行

アーク溶接	305
亜鉛めっき	291
当たり線	314
圧縮成形	178
圧入	311
圧力成形	070
後処理工程	313
アルミニウムのスーパーフォーミング	
	076

アンダーカット	314
板抜き	065
インクジェット印刷	244
インサート成形	210
インベストメント鋳造	228
ウォータージェット切断	048
打ち抜き加工	065
エンジニアリングポリマー	312
遠心処理	165
遠心鋳造	165
凹入	313
オートクレーブ成形	160
オーバーモールディング	283
押出成形	100
押出中空成形	136
押し湯	314

か 行

加圧焼結	172
加圧スリップキャスティング	238
加圧排泥鋳込み成形	238
加圧バッグ成形	156
回転成形	141
回転鋳造	141
化学研磨	292
加工硬化	314
加飾成形	216, 284
ガス切断	054
ガス放出	313
ガス溶接	054, 304
ガス利用射出成形	205
型打ち(落とし)鍛造	191
型抜き加工	046
片持ちスナップフィット	311
金型	313
紙	153
紙ベースのラピッドプロトタイピング	
	246
ガラス管ランプワーク加工	122
ガラスのプレス加工	235
ガラスプレスと中空成形	128
ガラス曲げ加工	058

カレンダー加工	094
環状スナップフィット	311
間接押出成形	150
基質	314
キャビティ成形	076
金属射出成形(MIM)	214
金属スピニング加工	062
金属切削加工	065
金属注気加工	082
金属の油圧成形	147
組立	311
組み立て	312
クロムめっき	295
ゲート	313
ケミカルミリング	044
ゲルコート	313
減圧バッグ成形	156
高圧ダイカスト	223
高エネルギー速度成形	073
高温塗装	288
高周波溶着	303
高速液体プリンティング	268
合板深絞り立体成形	087
合板プレス加工	090
合板曲げ加工	084
後方衝撃押出成形	150
厚膜蒸着	288
コールドアイソスタティック成形(CIP)	
	176
固体成形	056, 314
ゴブ	124, 313
小割れ	312
コンクリート	248
コンタークラフティング	248
コンピュータ数値制御(CNC)切削加工	
	027

さ 行

酸エッチング	279
酸素アセチレン切断	054
酸素切断	054
サンドブラスト加工	283

シェル型鋳造	232
ジガリング	035
ジグ	313
軸対称	312
自己修復性皮膜	285
事前成形織込み	112
射出延伸成形	133
射出成形	200
射出中空成形	133
収縮包装	296
住宅	248
自由鍛造	191
自由内圧成形鋼鉄	079
常圧焼結	172
昇華型印刷	278
蒸気メタライジング	292
焼結	172
焼結鍛造	194
ショットピーニング	290
ジョリイング	035
真空含浸プロセス（VIP）	158
真空蒸着	278
真空成形	070
水圧マシニング加工	048
スエード皮膜	282
据え込み鍛造	191
スクリーン印刷	280
ステレオリソグラフィ（SLA）	250
砂型鋳造	232
スナップフィットピボット	311
スパーク焼結	172
スピニング	062
スプルー	314
スプレーレイアップ成形	156
スポット溶接	304
素焼き	312
スライス	116
スリップキャスティング	144
ずり流動成形	062
静止スピンドルスウェージング	110
精密鋳込プロトタイピング（pcPRO®）	
	196
積層加飾成形	218
積層紙	246

接触圧成形	156
接触成形	074
接着	311
セラミック	035, 144, 178
セラミック射出成形（CIM）	226
セラミック皮膜	286
線形および回転摩擦接合	306
漸進的板金加工	261
選択的レーザー焼結（SLS）	256
選択的レーザー溶融（SLM）	256
せん断加工	065
旋盤加工	024, 313

た 行

ダイ	312
ダイアフラム成形	076
耐火性材料	313
ダイプレス焼結	172
多成分成形	210
縦型遠心鋳造	165
鍛造	191
タンポ印刷	281
チップフォーミング	024
非チップフォーミング	065
チップフォーミング切断	312
中空成形	082, 131
超音波溶着	310, 303
ツール	314
ディップコーティング	296
ディップ成形	138
テール	136
デカール印刷	293
テキスタイルの接合手法	310
デジタル光合成	266
手吹きガラス	120
電解研磨	281, 292
電気鋳造	254
電子ビーム切断（EBM）	030
電磁的鋼鉄加工	060
伝熱ラミネーション	310
同時押出中空成形	136
動的旋盤加工	032

トランスファー成形	180
ドリル加工	024
ドレープ成形	070

な 行

二次加工	024
二色成形	210
ニブリング	065
抜き勾配	312
ねじ切り加工	024
熱可塑性樹脂	314
熱可塑性プラスチックの溶着	308
熱硬化性樹脂	314
熱成形	070, 153
熱切断法	039
熱膨張	314
熱溶着	310
熱溶融積層方式（FDM）	268
粘性塑性加工（VPP）	240
ノンチップフォーミング切断	313

は 行

バール	312
背圧成形	076
箔押し	282
爆発成形	073
撥水性皮膜	285
発泡注入成形	182
バブル成形	076
バリ	312
バリ取り	291
パルプ成形	153
板金加工	056
ハンダ付け	306
パンチング	065
ハンドレイアップ成形	156
反応射出成形（RIM）	203
汎用ポリマー	312
引抜成形	103
ピクリング（酸洗い）	293

ヒケマーク	314	ほうろうがけ	297	ランナー	314
微小金型の電気鋳造	254	ボーリング加工	024	リーミング加工	024
引っ張り強さ	314	保護皮膜	288	リン酸塩皮膜処理	287
表面硬化	288	母材	313	冷間加工	312
ビレット	312	ホットアイソスタティック成形（HIP）		レーザー加工	052
フィラメントワインディング	162		174	レーザー切断	052
フィラメントワインディングの Smart		ポリジェット	272	レーザー彫刻	280
Mandrels™	259			レーザー溶着・溶接	308
フィルムインサート成形	284			ロウ付け	306
フェーシング加工	024	**ま** 行		ロータリーカット	116
フェトリング	312			ロータリースウェージング	110
フォトエッチング	044	曲げ加工	065	ロール成形	108
フォトポリマー	272	摩擦撹拌接合	309	ろくろ加工	024, 032
深絞り	312	摩擦スポット接合	309	ロストワックス鋳造	228
吹きガラスと中空成形	124	マシニング加工	024	ロト成形	141
吹込みフィルム	096	マルチジェットフュージョン	270	
複合材料	312	マルチジェットプリンティング	272	
付着防止皮膜（無機）	294	マルチショット射出成形	213	**わ** 行
付着防止皮膜（有機）	294	マンドレル	313	
フライス盤加工	024	ミクロン	313	ワイヤ放電加工（EDM）および切断
フラウンホーファー研究所	196	「未焼成」の状態	313		050
プラグ利用成形	070	ミシン目加工	065	
プラスチック	070, 200	水インジェクション射出成形	200	
プラスチック中空成形	131	メタルクラッディング	302	
プラスチックと金属のナノ接合	307	木材注気加工	188	
プラズマアーク切断	039			
プラズマアーク溶射	290			
プラズマ表面処理	307	**や** 行		
フラッシング	313			
フラットスウェージング	110	焼きなまし	312	
フランジ	313	焼き戻し	314	
プリフォーム	313	融着	310	
プレス成形	065	釉薬がけ	297	
プレス鍛造	191	陽極酸化処理	295	
ブローチング加工	024	溶射	287	
フロック加工	279	横型遠心鋳造	165	
分割線	313			
粉体塗装	286			
粉末鍛造	194	**ら** 行		
ベニヤ板外殻への発泡注入成形				
	185	ラグ	136	
ベニヤ単板切削	116	ラジアル成形	110	
縫合	310	ラフパルプ成形	153	
放電加工	050	ラム EDM	050	

写真クレジット
Photo Credits

著者と発行者は、この本で使用するため画像を親切にも提供してくれたすべての貢献者に感謝する。
著作権者に連絡するためにはあらゆる努力を尽くしたが、もし間違いや抜けがあれば今後の版で喜んで修正したい。

All illustrations by James Graham and Hayoung Je
Photographs by Chris Lefteri: 26, 34, 37, 38, 52, 72, 114, 146, 302 l and r, 307, 311
Photographs by Xavier Young: 24, 30, 35, 46, 56, 70, 103, 112–113, 124, 134 top, 138 right, 144, 155, 174, 178, 180, 191, 213, 223, 235, 240, 291, 297 right
Photographs by Gianni Diliberto: 153, 176, 200 right, 207, 210, 216, 218, 261
24 By permission of MagInstrument, Inc. MAGLITE and MAGLITE are registered trademarks of Mag Instrument, Inc.
27–28 DEMAKERSVAN
30 Courtesy of Arcam AB
32 Wade Ceramics Ltd
35 WWRD UK Ltd
39 Reproduced by permission of TWI Ltd
44 left Sam Buxton, Mikro Man Off Road, 2002, 95lx35wx40 hmm. Image courtesy of the artist.
50 right Sam Buxton, Mikro Man Player, 2002, 95lx35wx40h mm. Image courtesy of the artist.
46 Normann Copenhagen.
48 Design: Louise Campbell. Manufacturer: Hay.
56 Acme Whistles Co.
58 Setsu & Shinobu ITO. FIAM Italia SpA.
62 Peter Mallet.
64 Heatherwick Studio.
65 Rexam Beverage Can Europe & Asia.
67 & 68 Courtesy of Industrial Origami, Inc.
74 & 74 Courtesy 3D Metal Forming B.V.
76 Image Marc Newson.
79 & 80 All images Zieta Prozessdesign
82 Created by Stephen Newby/Full Blown Metals. Image taken by Joe Hutt.
84 Lapalma s.r.l., via E. Majorana 26, 35010 Cadoneghe (PD), Italy.
87 Komplot Design/Poul Christiansen & Boris Berlin. Production: Gubi, Denmark.
89 Photographs by Reholz GmbH.
90 left Nevilles UK Plc.
90 right Designed by the studio Zoocreative.
98 Photograph by Ida Riveros.
100 Heatherwick Studio.
101 Peter Mallet.
103 © Exel Composites Plc.
105 Photographs by Daniel Liden, taken at RBJ Plastics in Rickmansworth, www.rbjplastics.com
108 © Kaspar Grinvalds/Shutterstock.
112–113. Permission for LKP to use image has been granted by Potter & Soar Ltd. who are part of the Aughey Group of companies.
116 Designer: Antoni Arola. Photograph by Carme Masià.
120 left Mathmos Airswitch Flask Lamp is a trademark and a patented technology owned by Mathmos – www.mathmos.com.
120 right Courtesy of Kosta Boda. Photographer Vassilis Theodorou.
122 left Photograph by Goran Tacevski. The vases were developed with Mr. Karel Krajc, Head of the Technology Department of glassworks at Kavalier Sázava.
122 right Photograph by Craig Martin and Brian Godsman, property of Scott Glass Ltd.
124 Courtesy of KIKKOMAN Corporation.
127 Photographs courtesy of Beatson Clark Ltd.
128 © Bruni Glass SpA. Photograph by Bruni Glass SpA.
134 bottom Courtesy Marcel Wanders.
138 left Wade Ceramics Ltd.
139 Courtesy of Diptech.
141 & 142 Courtesy Marloes ten Bhömer.
147 & 148 Courtesy of Darmstadt University of Technology.
150 & 151 Sigg Switzerland AG
158 Courtesy of Polyworx. Infusion of the Southernwind 100' carbon/epoxy sailing yacht; technology designed and implemented by Polyworx BV.

162 Courtesy of Mathias Bengtsson.
163 Photographs courtesy of Goodrich Crompton Technology Group.
174 © KYOCERA.
180 By permission of Go-Ahead London.
183 Seggiolina Pop, Magis, photo by Carlo Lavatori. Magis SPA, Z.I. Ponte Tezze – Via Triestina Accesso E, 30020 Torre di Mosto (VE), Italy. Tel: +39 0421 319600, Fax: +39 0421 319700, info@magisdesign.com
185 & 187. Photographs courtesy of Alias.
188 WertelOberfell and Malcolm Jordan.
190 Photographs courtesy of Malcolm Jordan.
196 Fraunhofer Institute Material and Beam Technology IWS, Germany.
200 left Courtesy of BIC® Cristal®.
205 Air-chair designed by Jasper Morrison. Air-chair, Magis, photo by Tom Vack.Magis SPA, Z.I. Ponte Tezze – Via Triestina Accesso E, 30020 Torre di Mosto (VE), Italy. Tel: +39 0421 319600, Fax: +39 0421 319700, info@magisdesign.com
220 Courtesy of Metal Injection Mouldings Ltd.
223 Courtesy Mattel. LOTUS, EUROPA and the Europa car design are the intellectual property of Group Lotus plc. N.B. The rights of Group Lotus plc extend to the design of the car embodied in the toy featured in work and the trade marks LOTUS and EUROPA. Group Lotus owns no rights in the toy itself nor in the photographs of the toy to be reproduced in the book.
226 © Alexey Boldin/ Shutterstock.
228 Reproduced with permission of Rolls-Royce Motor Cars Limited. The Spirit of Ecstasy, Rolls-Royce name and logo are registered trade marks and are owned by Rolls-Royce Motor Cars Limited or used under licence in some jurisdictions. Photograph by permission ofPolycast.
230 Photographs by permission of Polycast.
232 Courtesy of Olof Kolte.
238 Marc Newson Ltd.
240 WWRD UK Ltd.
244 Homaro Cantu/Moto Restaurant, Chicago.
246 Models produced by Mcor on the Matrix 300 file provided by Paul Hermon Queen's University and photographed by CormacHawley.
248 Photographs courtesy of the Centre for Rapid Automated Fabrication Technologies (CRAFT), University of Southern California.
250 Black_Honey. MGX by Arik Levy for .MGX by Materialise.
252 top left & right, bottom left Patrick Jouin ID – Solid C1 – Patrick Jouin studio; bottom right Patrick Jouin ID – Solid C1 – Thomas Duval.
254 Courtesy of Mimotec.
257 Courtesy of Adidas.
260 Courtesy of Cornerstone Research Group.
262 Photograph by Martin McBrien. Courtesy of Dr Julian Allwood and University of Cambridge Department of Engineering.
264 Courtesy Nike.
266 Carbon Inc.
268 Self-Assembly Lab, MIT/Christophe Guberan
270 Courtesy Nike.
274 Self-Assembly Lab, MIT/Christophe Guberan.
278 (Sublimation Dye Printing) Alessandro Paderni; (Vacuum Metallizing) left: Courtesy Tom Dixon; right: Ida Riveros.
279 (Flocking) Courtesy Miele & Cie KG; (Acid Etching) Courtesy Studio Tord Boontje.
281 Courtesy Franc Fernandez and kxdesigners.
283 Adrian Niessler and Kai Linke.
285 (Self-healing coating) Courtesy Hyundai; (Liquid-Repellent Coatings) Courtesy p2i.
286 (Ceramic Coating) Courtesy of SRAM LLC; (Powder Coating) Courtesy Colnago.
290 Courtesy Wheelabrator Group.
295 (Chrome Plating) Amendolagine e Barracchia Fotografi ; (Anodising) image courtesy of Vertu, pioneer of luxury mobile phones.
297 (Ceramic Glazing) Courtesy Porzellan Manufaktur Nymphenburg www.nymphenburg.com

著者紹介

Chris Lefteri（クリス・レフテリ）

材料とそのデザインにおける応用についての国際的な第一人者。彼のスタジオの作品や出版物は、デザイナーや材料工学者たちの材料に対する考え方を変える重要な役割を果たしてきた。彼の著書には『Materials for Design』(2014年)をはじめ、6冊の「Materials for Inspirational Design」シリーズなどがあり、Chris Lefteri Design はロンドン、ソウル、そしてシンガポールを拠点として複数のフォーチュン100企業と協業している。彼はロンドンのロイヤル・カレッジ・オブ・アートで、ダニエル・ウェイル教授のもとでインダストリアルデザインを学んだ。

監訳者紹介

田中 浩也（たなか ひろや）

慶應義塾大学 環境情報学部 教授、博士（工学）。1975年北海道札幌生まれ。京都大学総合人間学部卒業、同・人間環境学研究科修了後、東京大学工学系研究科・社会基盤工学専攻にて博士号取得。2011年日本初のファブラボを鎌倉に設立。東京2020オリンピック・パラリンピックでは、世界初のリサイクル3Dプリントによる表彰台制作の設計統括を務めた。

訳者紹介

水原 文（みずはら ぶん）

翻訳者。訳書に『サンダー・キャッツの発酵の旅』『Raspberry Pi クックブック 第4版』『デザインと障害が出会うとき』(オライリー・ジャパン)、『ノーマの発酵ガイド』(角川書店)、『スタジオ・オラファー・エリアソン キッチン』(美術出版社)、『ビジュアル 数学全史 ── 人類誕生前から多次元宇宙まで』(岩波書店)など。ツイッター(X)のアカウントは @bmizuhara。

「もの」はどのようにつくられているのか？ 改訂版
プロダクトデザインのプロセス事典

2024年11月29日　　初版第1刷発行

著者　　　　Chris Lefteri（クリス・レフテリ）
監訳者　　　田中 浩也（たなか ひろや）
訳者　　　　水原 文（みずはら ぶん）

発行人　　　ティム・オライリー

デザイン　　中西 要介（STUDIO PT.）、寺脇 裕子

印刷・製本　日経印刷株式会社

発行所　　　株式会社オライリー・ジャパン
　　　　　　〒160-0002 東京都新宿区四谷坂町12番22号
　　　　　　Tel（03）3356-5227　Fax（03）3356-5263
　　　　　　電子メール japan@oreilly.co.jp

発売元　　　株式会社オーム社
　　　　　　〒101-8460 東京都千代田区神田錦町3-1
　　　　　　Tel（03）3233-0641（代表）　Fax（03）3233-3440

Printed in Japan（ISBN978-4-8144-0096-6）

乱丁、落丁の際はお取り替えいたします。本書は著作権上の保護を受けています。
本書の一部あるいは全部について、株式会社オライリー・ジャパンから文書による許諾を得ずに、
いかなる方法においても無断で複写、複製することは禁じられています。